高等教育土建类专业规划教材**卓越工程师系列**

理论力学

LILUN LIXUE

主　编　刘筱玲　陈国平
副主编　张代全　姚哲芳
李俊永　朱水文

重庆大学出版社

内容提要

本书内容主要包括绪论、质点运动学、点的合成运动、刚体的平面运动、静力学基础与牛顿定律、汇交力系和力偶系、一般力系、动量定理、动量矩定理等，依据教育部高等学校力学教学指导委员会力学基础课程教学指导分委员会制定的《高等学校理工科非力学专业力学基础课程教学基本要求》(2012 版)对理论力学课程教学的基本要求编写，主要面向土木、建筑、机械、交通等专业的学生，并兼顾工程力学专业学生，也可供其他相关专业学生参考，同时可作为成人教育、自考等相关专业的自学教材。

图书在版编目(CIP)数据

理论力学 / 刘筱玲，陈国平主编. -- 重庆 :重庆大学出版社，2018.2(2023.1 重印)
高等教育土建类专业规划教材.卓越工程师系列
ISBN 978-7-5689-0972-3

Ⅰ.①理… Ⅱ.①刘…②陈… Ⅲ.①理论力学—高等学校—教材 Ⅳ.①O31

中国版本图书馆 CIP 数据核字(2017)第 324879 号

高等教育土建类专业规划教材 · 卓越工程师系列
理论力学
主　编　刘筱玲　陈国平
副主编　张代全　姚哲芳
　　　　李俊永　朱水文
责任编辑:王　婷　　版式设计:王　婷
责任校对:关德强　　责任印制:赵　晟
*
重庆大学出版社出版发行
出版人:饶帮华
社址:重庆市沙坪坝区大学城西路 21 号
邮编:401331
电话:(023)88617190　88617185(中小学)
传真:(023)88617186　88617166
网址:http://www.cqup.com.cn
邮箱:fxk@cqup.com.cn (营销中心)
全国新华书店经销
重庆升光电力印务有限公司印刷
*
开本:787mm×1092mm　1/16　印张:12.5　字数:296 千
2018 年 2 月第 1 版　2023 年 1 月第 3 次印刷
印数:5 001—8 000
ISBN 978-7-5689-0972-3　定价:39.00 元

前　言

理论力学是众多力学理论的基础,所涉及的知识包括高等数学和物理学。在近代古典力学和物理学的基础上,形成了理论力学的科学体系,内容包含静力学、运动学和动力学三部分。理论力学是目前国内外高等院校工科类专业的一门专业基础课程。

本教材依据教育部高等学校力学教学指导委员会力学基础课程教学指导分委员会制定的《高等学校理工科非力学专业力学基础课程教学基本要求》(2012 版)对理论力学课程教学的基本要求编写,主要面向土木工程、机械工程、交通工程等专业的学生,并兼顾工程力学专业学生,也可供其他相关专业学生参考。

全书内容分为三大部分:

第一部分主要讲述质点和刚体的运动,运用矢量法、直角坐标法和自然法建立质点的运动方程。在研究刚体的基本运动基础上,运用矢量合成的原理对于复杂运动以及刚体上点的运动进行速度、加速度分析计算。

第二部分主要讲述刚体的受力分析、平面力系的等效简化,以及平面力系的平衡条件及其应用。在不考虑微小变形对平衡影响的条件下,刚体是指在外载荷的作用下不发生变形的物体。当然这种物体实际是不存在的,只是在研究物体的外部效应时可以有条件地忽略其内部效应。

第三部分主要在牛顿第二定律的基础上讲述物体及物体系统所受力的作用与物体运动之间的关系,包括质点和质点系的动量定理、动量矩定理、动能定理三个基本定理。

本书在编写过程中,力求内容翔实,概念清晰,深入浅出,通俗易懂,注重理论联系实际。书中所选例题主要围绕土木工程和机械制造工程,通过典型例题分析,帮助学生理解和掌握理论力学的基本理论和分析方法，培养学生分析和解决实际工程中相关力学问题的能力。

本书由西南科技大学土木工程与建筑学院工程力学系理论力学教学团队的部分老师承担并完成编写工作。刘筱玲、陈国平担任主编，张代全、姚哲芳、李俊永、朱水文担任副主编。具体分工为：陈国平编写绪论、第 1 章；张代全编写第 2 章和第 6 章；刘筱玲编写第 3 章；李俊永编写第 4、5 章，朱水文编写第 7 章、第 8 章；姚哲芳编写第 9 章。在编写过程中，得到了土建学院领导和力学系全体老师的大力支持，尤其是赵明波老师提出了许多宝贵的意见和建议，同时还参考了大量的国内同类优秀教材，选用了某些图表和习题，在此一并表示衷心的感谢。

由于编者水平有限，书中难免有不当和错误之处，恳请读者批评指正。

编　者

2017 年 6 月

目　录

0 绪　论

0.1　工程中物体的静平衡和动平衡

物体的平衡是指物体在力学条件下处于静止或者匀速直线运动的状态。物体的静平衡又称单面平衡,是指在静止条件下允许不平衡的力学量处于安全的范围内。物体的动平衡,是指在动态条件下允许不平衡的力学量处于安全的范围内,此时物体处于相对稳定的状态,为动平衡状态。

现代各个工程领域所涉及的自然物体、人类自制的设备和工具、大型综合体等,如土木工程(图 0.1)、机械工程(图 0.2)、航空航天工程(图 0.3)、水利水电工程(图 0.4)等,都和力学密切相关。这些工程都包含静力学和动力学问题,都必须遵循力学的理论和规律,以稳定的形态存在和运行,从而实现其设计任务和功能。

图 0.1　北京奥运会场馆“鸟巢”

图 0.2　全自动汽车生产线

图 0.3　神舟飞船

图 0.4　三峡水利枢纽工程

图 0.5　大风引发的魁北克大桥垮塌

图 0.6　哈尔滨超载卡车引发的垮桥

在工程中产生的严重工程事故，综合分析其事故原因，总是在复杂的力学环境下物体最终失去了平衡。例如：1917 年大风引发的垮桥，导致 19 000 t 钢材和 86 名工人掉入水中，其中只有 11 人得以生还（图 0.5）；2012 年 8 月 24 日晨，哈尔滨阳明滩跨江大桥数十米引桥发生整体塌落，4 台货车掉落地面，造成 3 人死亡、5 人重伤（图 0.6）；2012 年 1 月 16 日，"科斯塔·康科迪亚"号游轮在意大利吉廖岛附近触礁，事故造成 6 人死亡、16 人失踪（图 0.7）；2008 年 5 月 12 日，四川省汶川县发生的 8.0 级地震，共造成 69 227 人死亡、374 643 人受伤、17 923 人失踪，这是中华人民共和国成立以来破坏力最大的地震，也是唐山大地震后伤亡最严重的一次（图 0.8）。

图 0.7　意大利游轮在吉廖岛触礁

图 0.8　"5.12"汶川地震

0.2 工程中物体运动规律的几何特征和数学描述

因为从几何学的角度研究物体的运动,只针对物体的几何形态,不涉及物体的材料性质,所以在运动学的内容中不涉及力和质量的概念。因此,在运动学部分将实际物体抽象为力学模型的几何点或者具有一定几何形状的刚体来研究,具体分为点的运动学和刚体运动学两个部分。点是在空间中占有确定位置的几何点;刚体则指由无数点组成的不变形系统。

研究涉及的内容包括:①确定动点在选定参考系中的运动规律,也就是建立点的运动方程;②计算描述物体运动状态的速度、加速度、行程和时间历程等物理量。

研究点相对于某参考系的运动有多种方法,本章将在相应的数学基础上着重介绍以下三种研究方法——矢量法、直角坐标法、自然法,通过这三种方法发现运动规律,建立点和刚体的运动数学方程,并运用数学的方法进行变换。其中,直角坐标法和自然法在工程实际计算中应用最为普遍。

0.3 工程中物体运动和受力关系的描述与计算

牛顿第二定律描述了力和物体运动的基本关系,但是在工程实际中,物体和物体系统的复杂运动(如刚体的平面运动),就需要更为具体和全面的描述。当工程结构或机械工作时,构件一般都承受一定的外力或自身重力的作用,在如此复杂的力学环境下,刚体的运动往往不是单一的运动(如飞行器在飞行过程中,机体和内部构件都表现出不同的力与运动之间的关系),这就需要有进一步的理论和方法来进行更为准确的描述和研究。另外,更为复杂的运动任务要求对力的作用也需要进行精确的计划和设计。

为了保证工程结构或机械的正常运行或者需要的稳定状态,必须解决以下几个方面的问题:

①物体的质量与惯性:在没有外力作用的条件下,具有一定质量的物体或者物体系统所具有的运动状态或者运动特征。

②力作用的宏观效应:在有外力或者力系的作用下,具有一定质量的物体或者物体系统所具有的运动状态或者运动特征。

③运动的规划与设计:在外力或者力系的作用下,具有一定质量的物体或者物体系统所应有的运动状态和特征,并预测其运动的规律及动平衡所能保持的稳定状态。

0.4 研究对象和环境的合理假设

实际工程中,构成物质和物质系统的材料是各不相同的,例如有金属和非金属、均质和非均质、各向同性与各向异性等。不同材料的物质结构、密实度和质量分布都存在不同程度的差别,如果是复合材料则其情况更为复杂。因此,对物体进行各种合理的假设是必要的。

在研究物体的宏观属性时，抽象出合理的力学模型，掌握与问题有关的主要属性，略去一些次要属性，对物体作了下列假设：

①连续性假设：认为组成物体的物质不留空隙地充满了几何形体的体积。根据这一假设，可以在对物体进行受力分析时，从任意一点处截取一部分来进行研究。并且在正常条件下，物体仍满足连续性，即满足协调一致，不产生空隙，也不产生重叠。

②均匀性假设：认为在物体内的力学性能各处都相同。由于理论力学考察的物体几何尺寸都很有限，而且考察物体上的点都是宏观尺度上的点，所以可以假设物体内任意一点的力学性能都能代表整个物体的力学性能。

③各向同性假设：认为无论在物体的任何方向，物体的力学性能都是相同的。由于不考虑物体内部物质的运动和变化，物体的外部效应从宏观上来看，各个方向上表现出来的力学性能几近相同，因此认为是各向同性材料。对于纤维材料、复合材料来说，其整体的力学性能具有明显的方向性，从理论力学面对的宏观问题来看，仍可以将其作为各向同性材料来对待。

④刚性物体的假设：物体的变形在有限的力作用下总是有限的，发生的变形在大多数场合下局限于弹性变形范围内。也就是说，假设变形物体在力去除后，能够完全恢复其原有形状和几何尺寸，没有残余变形。另外，物体在力作用下发生变形，其位移和形变是局部的和微小的，即使变形不能恢复，也处于一种稳定的状态，假定在外力作用下，物体上各点的位移都远远小于物体本身的几何尺寸。在考察物体的静平衡或动平衡问题时，一般可以略去变形的影响，直接用变形前的尺寸来代替变形后的尺寸，建立起相应的平衡方程，其误差在允许的范围内。

1 运动学基础

理论力学的运动学是以几何学的点的运动为基础，用数学解析几何的方法，把物体轮廓范围内的空间视为由点集合起来的几何图形，即研究物体上的点的位置随时间的变化，而不考虑物体的质量及作用在物体上的力。

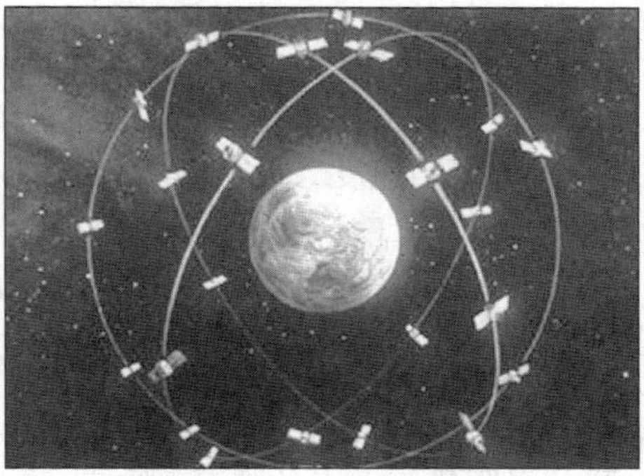

运动学中的点是指不计大小但在空间占有确定位置的几何点，刚体则是由这些点组成的不变形系统。研究点的运动，都必须选取所在空间的参考系，而参考系是指点所在物体以外的另一物体，点相对于这个物体的运动就是点在参考系中的运动。显然，选取不同的参考系来描述同一点的运动，其结果会不同。在参考系上选取适当的坐标系来确定点的时间和空间的位置关系，选取不同的坐标系来描述同一点的运动，运动轨迹不会发生变化。点的运动方程点是指点相对于某一参考系运动时，点的空间位置和时间的函数关系式，此方程式称为点的运动方程。点的运动轨迹是指点空间位置变化时的整个时间历程的曲线，运动方程是去掉时间参量的数学方程。

本章的内容包括：①确定动点在选定参考系中的运动规律，建立点的运动方程；②计算反映物体运动状态的特征物理量(如时间、路程、速度和加速度等)，涉及点的直线运动、平面和空间曲线运动、匀变速运动、变速运动等知识。

研究点相对于某上参考系的运动有多种方法，本章着重介绍在工程实际中，应用较为广泛的三种基本研究方法，即矢量法、直角坐标法和自然法。此外还有一些方法，如柱坐标和球坐标法等，适合研究某些特殊的针对性很强的问题，本书不作叙述。

1.1 矢量法

▶1.1.1 点的运动方程

点在空间的位置可以用矢量来表示。在矢量空间中,假设点 M 相对于某一参考系沿空间曲线 AB 运动(图 1.1),在参考系上任取一点 O 作为原点,自原点 O 到点 M 作一矢量 OM,用矢量 $\boldsymbol{r}$ 表示,$\boldsymbol{r}$ 称为点 M 对于原点的 O 的矢径或位置矢。点 M 运动时,在不同的瞬时占据不同的位置,其矢径 $\boldsymbol{r}$ 的大小和方向都随时间变化。因此,矢径 $\boldsymbol{r}$ 是时间 t 的单值连续函数,可用矢量方程表示为

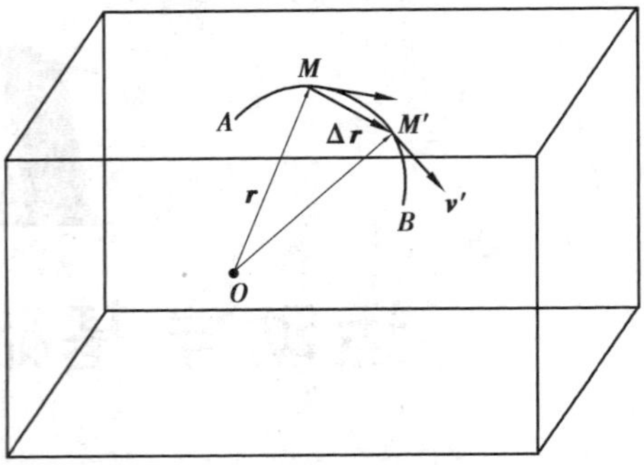

图 1.1

$$\boldsymbol{r} = \boldsymbol{r}(t) \tag{1.1}$$

式(1.1)反映了点位位置和时间的一一对应关系,描述了点的位置随时间变化的规律,此数学方程式就是用矢量表示的点的运动方程。

当点 M 运动时,其矢径 $\boldsymbol{r}$ 的端点在空间划过一条曲线,此曲线称为矢径 $\boldsymbol{r}$ 的矢径端图,矢径 $\boldsymbol{r}$ 的矢径端图就是该动点时间历程的运动轨迹。

▶1.1.2 点的速度

点的速度是描述点在空间的位置变化时,其变化的方向及快慢的物理量,分为瞬时运动速度和平均运动速度。设从瞬时 t 到瞬时 $t+\Delta t$,动点的位置由 M 移动到 M',其位置矢量分别为 $\boldsymbol{r}$ 和 $\boldsymbol{r}'$,如图 1.1 所示。动点的矢量在 Δt 时间的改变量为

$$MM' = \Delta\boldsymbol{r} = \boldsymbol{r}' - \boldsymbol{r}$$

$\Delta\boldsymbol{r}$ 为动点在 Δt 时间内的位移,比值 $\dfrac{\Delta\boldsymbol{r}}{\Delta t}$ 称为动点在 Δt 时间内的平均速度 $\boldsymbol{v}^*$,当 $\Delta t\to 0$ 时,$\dfrac{\Delta\boldsymbol{r}}{\Delta t}$ 的极限称为动点的瞬时 t 的速度 $\boldsymbol{v}$,即

$$\boldsymbol{v} = \lim_{\Delta t\to 0}\boldsymbol{v}^* = \lim_{\Delta t\to 0}\frac{\Delta\boldsymbol{r}}{\Delta t} = \frac{\mathrm{d}\boldsymbol{r}}{\mathrm{d}t} = \dot{\boldsymbol{r}} \tag{1.2}$$

得到动点的速度等于点的矢径函数对时间的一阶导数。速度是一个矢量,由图 1.1 可知,其方向由位移变化矢量 $\Delta\boldsymbol{r}$ 的极限方向确定,应在沿轨迹 AB 上 M 点处的切线上,并指向动点移动的方向。速度的大小表明动点运动的快慢,也称为速率,在国际单位制中,常用的单位为米/秒(m/s)。

▶1.1.3 点的加速度

点的加速度是描写点的速度大小和方向变化率的物理量。设动点从瞬时 t 到瞬时 $t+\Delta t$,

其位置由 M 移动到 M'，其速度由 $\boldsymbol{v}$ 变为 $\boldsymbol{v}'$，如图 1.2 所示。动点在 Δt 时间内速度的改变量为

$$\Delta \boldsymbol{v} = \boldsymbol{v}' - \boldsymbol{v}$$

比值$\frac{\Delta \boldsymbol{v}}{\Delta t}$称为动点在 Δt 时间内的平均加速度 $\boldsymbol{a}^*$。当 $\Delta t \to 0$ 时，$\frac{\Delta \boldsymbol{v}}{\Delta t}$的极限称为动点在瞬时 t 的加速度 $\boldsymbol{a}$，即

$$\boldsymbol{a} = \lim_{\Delta t \to 0} \boldsymbol{a}^* = \lim_{\Delta t \to 0} \frac{\Delta \boldsymbol{v}}{\Delta t} = \frac{\mathrm{d}\boldsymbol{v}}{\mathrm{d}t} = \dot{\boldsymbol{v}} = \ddot{\boldsymbol{r}} \tag{1.3}$$

动点的加速度等于其速度变化函数对于时间的一阶导数，或等于它的矢径函数对于时间的二阶导数。当 $\Delta t \to 0$ 时，加速度的方向沿 $\Delta \boldsymbol{v}$ 的极限方向，加速度的大小 $|\boldsymbol{a}| = \left|\frac{\mathrm{d}\boldsymbol{r}}{\mathrm{d}t}\right|$。在国际单位制中，加速度的常用单位为米/秒^2($\mathrm{m/s^2}$)。

当动点运动时，其速度的大小和方向都随时间而变化，在变化过程中其速度矢量的矢端画出一条曲线。如任选一固定点 O 作为速度矢量的原点，画出动点在不同瞬时的速度矢量，连接这些矢量的末端所得的曲线就得到速度矢端图（图 1.3）。由图可见，加速度 $\boldsymbol{a}$ 就是速度矢量 $\boldsymbol{v}$ 的端点 A 沿速度矢端图运动的切向矢量。因此，速度矢端曲线上对应于瞬时 t 的一点 A 的切线方向，也就是动点在瞬时 t 的加速度 $\boldsymbol{a}$ 的方向。

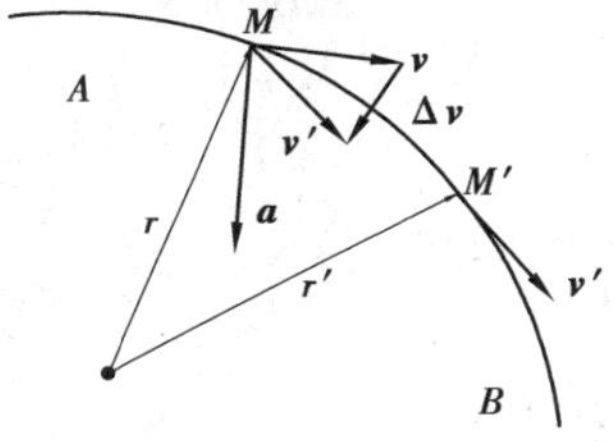

图 1.2

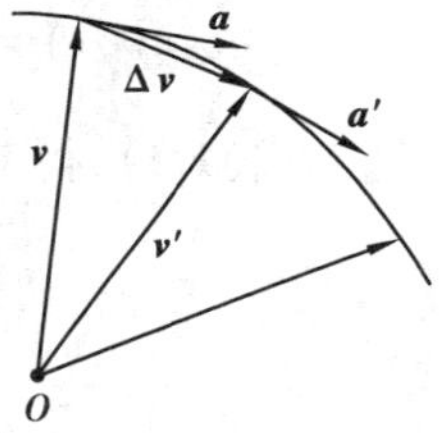

图 1.3

1.2 直角坐标法

分析点相对于某一参考系运动时，采用直角坐标法也能很好地建立运动方程。这种方法的特征是以直角坐标系为基础，让直角坐标系固结于参考系上（图 1.4），沿坐标轴 x、y、z 分别取单位矢量 $\boldsymbol{i}$、$\boldsymbol{j}$、$\boldsymbol{k}$，则点 M 的矢径 $\boldsymbol{r}$ 可表示为式(1.4)，式中 x、y、z 是 $\boldsymbol{r}$ 在相应坐标轴上的投影。点 M 运动时，其矢径 $\boldsymbol{r}=r(t)$ 为时间 t 和单值连续函数，即

$$\left.\begin{aligned} x &= f_1(t) \\ y &= f_2(t) \\ z &= f_3(t) \end{aligned}\right\} \tag{1.4}$$

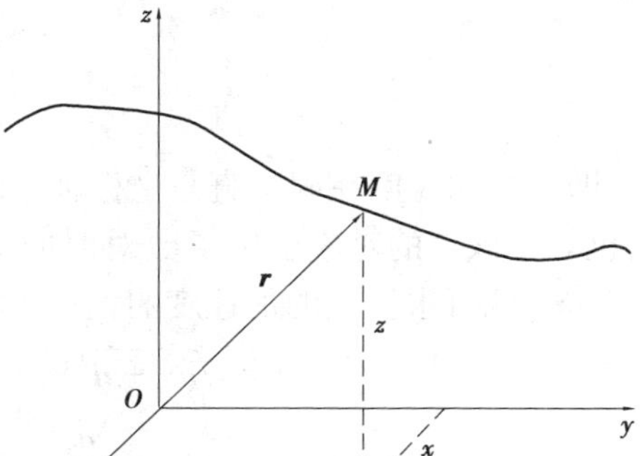

图 1.4

称为点的直角坐标形式的运动方程。若已知点的运动方程，则在任何瞬时 t，点在空间的位置均由式(1.4)的坐标(x、y、z)值一一对应。方程组(1.4)消

掉时间 t 参变量后获得点的轨迹方程。将式(1.4)代入式(1.2),注意到单位矢量 $\boldsymbol{i}$、$\boldsymbol{j}$、$\boldsymbol{k}$ 均为大小、方向不变的常矢量,它们对时间的导数为零,即

$$\boldsymbol{v}=\frac{\mathrm{d}\boldsymbol{r}}{\mathrm{d}t}=\frac{\mathrm{d}}{\mathrm{d}t}(x\boldsymbol{i}+y\boldsymbol{j}+z\boldsymbol{k})=\frac{\mathrm{d}x}{\mathrm{d}t}\boldsymbol{i}+\frac{\mathrm{d}y}{\mathrm{d}t}\boldsymbol{j}+\frac{\mathrm{d}z}{\mathrm{d}t}\boldsymbol{k}=\dot{x}\boldsymbol{i}+\dot{y}\boldsymbol{j}+\dot{z}\boldsymbol{k} \tag{1.5}$$

设速度 $\boldsymbol{v}$ 在 x、y、z 轴上的投影分别为 v_x、v_y、v_z,仿照式(1.4)有

$$\boldsymbol{v}=v_x\boldsymbol{i}+v_y\boldsymbol{j}+v_z\boldsymbol{k} \tag{1.6}$$

比较以上两式,得

$$\left.\begin{aligned} v_x &= \dot{x} \\ v_y &= \dot{y} \\ v_z &= \dot{z} \end{aligned}\right\} \tag{1.7}$$

即点的速度在固定直角坐标轴上的投影,等于点的对应坐标函数对时间的一阶导数。由此可见,若已知点的运动方程,则根据式(1.7)求得点的速度在直角坐标轴上的投影 v_x、v_y、v_z 后,由下列公式可求得点的速度的大小和方向余弦如下:

$$\left.\begin{aligned} & v=\sqrt{v_X^2+v_y^2+v_z^2}=\sqrt{\dot{x}^2+\dot{y}^2+\dot{z}^2} \\ & \cos(v,x)=\frac{v_x}{v};\ \cos(v,y)=\frac{v_y}{v};\ \cos(v,z)=\frac{v_z}{v} \end{aligned}\right\} \tag{1.8}$$

同理,将式(1.5)代入式(1.3),得

$$\begin{aligned} \boldsymbol{a} &= \frac{\mathrm{d}\boldsymbol{v}}{\mathrm{d}t}=\frac{\mathrm{d}}{\mathrm{d}t}\left(\frac{\mathrm{d}x}{\mathrm{d}t}\boldsymbol{i}+\frac{\mathrm{d}y}{\mathrm{d}t}\boldsymbol{j}+\frac{\mathrm{d}z}{\mathrm{d}t}\boldsymbol{k}\right) \\ &= \frac{\mathrm{d}^2x}{\mathrm{d}t^2}\boldsymbol{i}+\frac{\mathrm{d}^2y}{\mathrm{d}t^2}\boldsymbol{j}+\frac{\mathrm{d}^2z}{\mathrm{d}t^2}\boldsymbol{k} \\ &= \ddot{x}\boldsymbol{i}+\ddot{y}\boldsymbol{j}+\ddot{z}\boldsymbol{k} \end{aligned} \tag{1.9}$$

设加速度 $\boldsymbol{a}$ 在 x、y、z 轴上投影分别为 a_x、a_y、a_z,则加速度 $\boldsymbol{a}$ 还可表示为

$$\boldsymbol{a}=a_x\boldsymbol{i}+a_y\boldsymbol{j}+a_z\boldsymbol{k} \tag{1.10}$$

比较以上两式,得

$$\left.\begin{aligned} a_x &= \dot{v}_x=\ddot{x} \\ a_y &= \dot{v}_y=\ddot{y} \\ a_z &= \dot{v}_z=\ddot{z} \end{aligned}\right\} \tag{1.11}$$

即点的加速度在固定直角坐标轴上的投影,等于该点速度对应投影函数对时间的一阶导数,也等于该点的对应坐标函数对时间的二阶导数。已知加速度 $\boldsymbol{a}$ 在直角坐标轴上的投影 a_x、a_y、a_z,就可求得点的加速度的大小和方向余弦:

$$\left.\begin{aligned} & a=\sqrt{a_x^2+a_y^2+a_z^2}=\sqrt{\ddot{x}^2+\ddot{y}^2+\ddot{z}^2} \\ & \cos(a,x)=\frac{a_x}{a};\ \cos(a,y)=\frac{a_y}{a};\ \cos(a,z)=\frac{a_z}{a} \end{aligned}\right\} \tag{1.12}$$

应用点运动的直角坐标法求解实际问题,通常有以下两种类型:

①已知动点运动的某些条件,求动点的运动方程、轨迹、速度和加速度;或已知机构的运

动规律,求某一点的运动规律。

②已知动点的加速度及其运动初条件(即在 $t=0$ 时动点的位置坐标和速度),求动点运动方程。

下面举例分析点运动的直角坐标法的应用。

【例 1.1】曲柄连杆机构如图 1.5 所示。已知 $OA=AB=l$,曲柄 OA 按规律 $\varphi=\omega t$ 转动(ω 为常数)。试求连杆 AB 上点 $M(AM=b)$ 的运动方程、轨迹、速度和加速度。

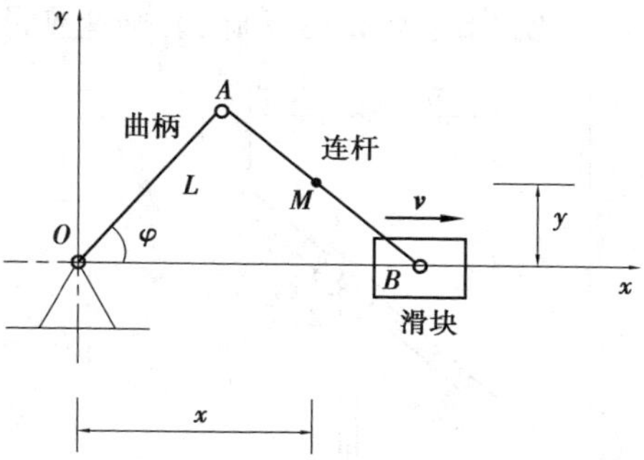

图 1.5

【解】(1)求点 M 的运动方程和轨迹。

取坐标系 OXY 如图 1.5 所示,已知点 M 到 A 点的距离为 b,由图可见,当机构在任意位置 $\varphi=\omega t$ 时,点 M 的坐标为

$$\left.\begin{aligned} x &= (OA + AM)\cos\varphi = (l+b)\cos\omega t \\ y &= BM\sin\varphi = (l-b)\sin\omega t \end{aligned}\right\} \quad (a)$$

方程组(a)对应为点 M 的直角坐标形式的运动方程。运用数学方法从方程(a)中消去时间 t,得到

$$\frac{x^2}{(l+b)^2} + \frac{y^2}{(l-b)^2} = 1 \quad (b)$$

方程(b)即是点 M 的运动轨迹方程,点 M 的运动轨迹是一个椭圆。改变点 M 在连杆 AB 上的位置,可以得到不同的椭圆。

(2)求点的速度和加速度

将式(a)对时间 t 求一次导数,得到点 M 的速度在坐标轴 x、y 上投影的速度方程

$$\left.\begin{aligned} v_x &= \dot{x} = -(l+b)\omega\sin\omega t \\ v_y &= \dot{y} = (l-b)\omega\cos\omega t \end{aligned}\right\} \quad (c)$$

每个瞬时点 M 的速度大小表示为

$$v = \sqrt{v_x^2 + v_y^2} = \omega\sqrt{(l+b)^2\sin^2\omega t + (l-b)^2\cos^2\omega t} \quad (d)$$

速度的方向为 M 点处的椭圆曲线的切线方向。

将式(c)对时间 t 再求一次导数,得到点 M 的加速度在坐标轴 x、y 上投影的加速度方程

$$\left.\begin{aligned} a_x &= \dot{v}_x = -\omega^2(l+b)\cos\omega t = -\omega^2 x \\ a_y &= \dot{v}_y = -\omega^2(l-b)\sin\omega t = -\omega^2 y \end{aligned}\right\} \quad (e)$$

每个瞬时点 M 的加速度大小为

$$\begin{aligned} a &= \sqrt{a_x^2 + a_y^2} = \omega^2\sqrt{(1+b)^2\cos^2\omega t + (l-b)^2\sin^2\omega t} \\ &= \omega^2\sqrt{x^2 + y^2} = \omega^2 r \end{aligned} \quad (f)$$

式中,r 代表每个时刻点 M 到椭圆中心(坐标原点)O 的距离,加速度的方向由方向余弦表示为

$$\left.\begin{aligned}\cos(a,x) &= \frac{a_x}{a} = -\frac{x}{r}\\ \cos(a,y) &= \frac{a_y}{a} = -\frac{y}{r}\end{aligned}\right\}\tag{g}$$

由此得知：点 M 运动时，其加速度总是指向椭圆的中心。

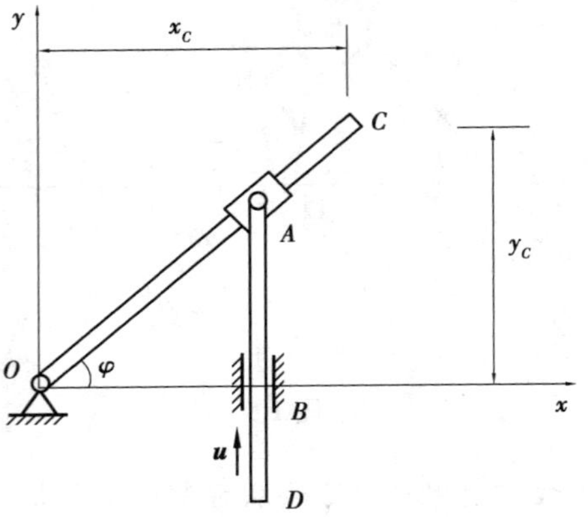

图 1.6

【例 1.2】如图 1.6 所示，摇杆机构的滑杆 AD 以速度 u 向上运动，摇杆 OC 绕 O 点转动，如初瞬时摇杆在水平位置，即 $\varphi=0$；摇杆 $OC=a$；滑道至铰支座的距离 $OB=l$。求 C 点的运动方程，以及 $\varphi=\frac{\pi}{4}$时 C 点的速度。

【解】取坐标系 Oxy 如图 1.6 所示，当机构在任意位置时，C 点的坐标为

$$\left.\begin{aligned}x_C &= a\cos\varphi\\ y_C &= a\sin\varphi\end{aligned}\right\}\tag{a}$$

在直角三角形 OAB 中，$OB=l$，$AB=ut$，$AO=\sqrt{l^2+(ut)^2}$，代入式(a)，得 C 点的运动方程得

$$\left.\begin{aligned}x_C &= \frac{al}{\sqrt{l^2+(ut)^2}}\\ y_C &= \frac{aut}{\sqrt{l^2+(ut)^2}}\end{aligned}\right\}\tag{b}$$

将式(b)对时间 t 求导数，简化后得 C 点速度在坐标轴上的投影为

$$\left.\begin{aligned}v_{Cx} &= \dot{x}_C = \frac{-au^2lt}{[l^2+(ut)^2]^{3/2}}\\ v_{Cy} &= \dot{y}_C = \frac{aul^2}{[l^2+(ut)^2]^{3/2}}\end{aligned}\right\}\tag{c}$$

故 C 点速度的大小为

$$\begin{aligned}v_C &= \sqrt{v_{Cx}^2+v_{Cy}^2} = \frac{aul^2}{l^2+u^2t^2}\\ &= \frac{au}{l\left[1+\left(\frac{ut}{l}\right)^2\right]} = \frac{au}{l(1+\tan^2\varphi)}\end{aligned}\tag{d}$$

当 $\varphi=\frac{\pi}{4}$时，$\tan\varphi=\tan\frac{\pi}{4}=1$，则得此瞬时 C 点速度的大小为

$$v_C = \frac{au}{2l}$$

1.3 自然坐标法

点的运动的自然坐标表示法，也称自然法，是一种与运动轨迹的几何性质相关的点的运动分析方法。当点的运动轨迹已知时，运用这一方法分析点的运动，较直角坐标法更为直观和简便，点的运动特征量速度和加速度的物理意义可以被明显地表示出来。

▶1.3.1 点的运动方程

设动点 M 的运动轨迹曲线 AB 已知(图 1.7)，在曲线上选定一点 O' 为起始原点，从 O' 点到动点所处的位置 M 的弧长 S 即为点 M 的弧坐标。规定从 O' 点出发，沿一边运动为正，向另一边运动为负。动点的位置由 S 完全确定，弧长 S 是时间的函数，描述了点运动时弧坐标 S 随时间 t 而变化，是时间 t 的单值连续函数，可表示为 $S=f(t)$。此关系式表示点沿已知轨迹的运动规律，称为用自然法表示的点的运动方程。

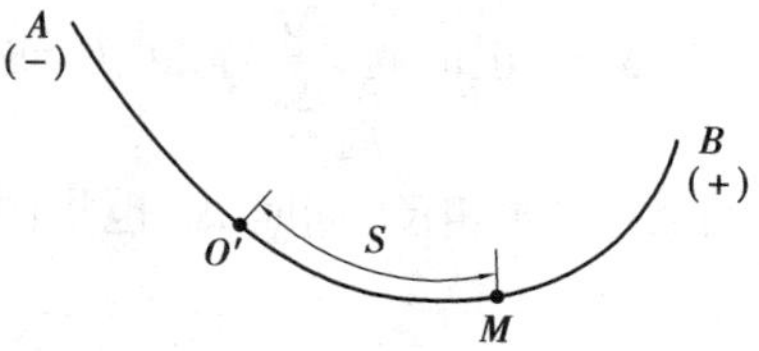

图 1.7

由以上讨论可知，在自然法中，点的运动是由其轨迹和沿轨迹的运动方程两者来决定的，因此只有当动点的轨迹为已知时，才能用自然法表示的运动方程确定点的运动。

▶1.3.2 自然轴系

当点沿已知轨迹运动时，轨迹曲线的几何性质与点的速度及加速度有密切的关系，而速度和加速度是矢量，因此，自然轴系是必须建立的相应概念。关于自然轴系及其性质，通过曲线上的点 M 以及曲线所处的平面来表示，此平面称为曲线在点 M 处的密切面或曲率平面(图 1.8)。通过点 M 而与密切面垂直的平面称为曲线在点 M 的法面。法面与密切面的交线称为主法线，用 N 表示，其上的单位矢量用 $\boldsymbol{n}$ 表示。法面内与主法线垂直的直线称为副法线，用 B 表示，其上的单位矢量用 $\boldsymbol{b}$ 表示。以 M 为原点，点 M 的切线用 T 表示，其上的单位矢量用 $\boldsymbol{\tau}$ 表示。以主法线、副法线和切线为相互垂直的三轴所组成的坐标称为自然轴系。各轴的正向规定如下：三个轴的轴向单位矢量 $\boldsymbol{\tau}$ 指向弧坐标 S 增加的一边，$\boldsymbol{n}$ 指向曲线内凹的一边，则 $\boldsymbol{b}=\boldsymbol{\tau}\times\boldsymbol{n}$。可见，$\boldsymbol{\tau}$、$\boldsymbol{n}$、$\boldsymbol{b}$ 之间的关系与固定直角坐标系的三个单位矢量 $\boldsymbol{i}$、$\boldsymbol{j}$、$\boldsymbol{k}$ 之间的关系相同。应该注意的是，当点运动时，自然轴系将随 M 点的运动而改变，因此，$\boldsymbol{\tau}$、$\boldsymbol{n}$、$\boldsymbol{b}$ 都不是常矢量，这是自然轴系和固定的直角坐标系的一个重要区别。

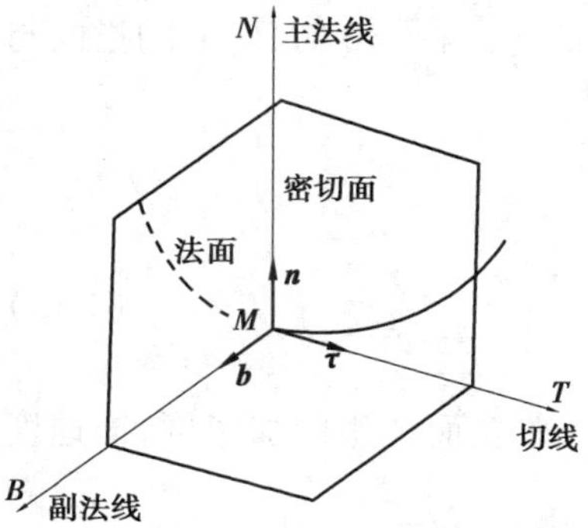

图 1.8

▶1.3.3 点的速度和加速度

设已知点 M 的运动轨迹为曲线 AB(图 1.9)，其运动方程 $S=f(t)$。以固定点 O 为原点，设在 t 时刻动点 M 的矢径为 $\boldsymbol{r}$，且 Δt 时间间隔后变为 $\boldsymbol{r}'$，矢径变化为 $\Delta\boldsymbol{r}$，路程变化为 Δs，因此点的速度有

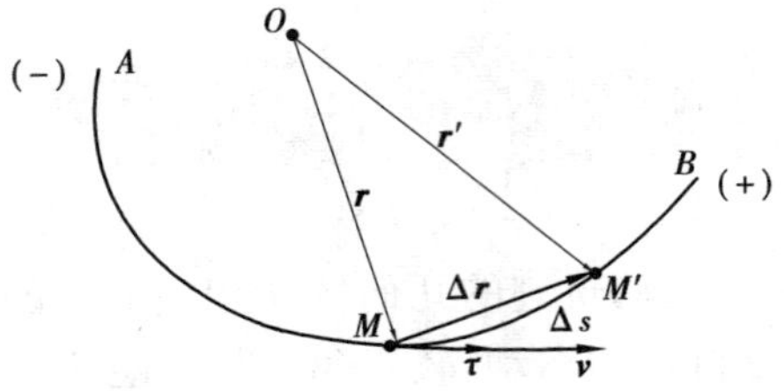

图 1.9

$$\boldsymbol{v} = \lim_{\Delta t \to 0} \boldsymbol{v}^* = \lim_{\Delta t \to 0} \frac{\Delta \boldsymbol{r}}{\Delta t} = \frac{\mathrm{d}\boldsymbol{r}}{\mathrm{d}t}$$

式中有

$$\boldsymbol{v} = \frac{\mathrm{d}\boldsymbol{r}}{\mathrm{d}t} = \frac{\mathrm{d}s\mathrm{d}\boldsymbol{r}}{\mathrm{d}t\mathrm{d}s} \qquad \frac{\mathrm{d}\boldsymbol{r}}{\mathrm{d}s} = \lim_{\Delta s \to 0} \frac{\Delta \boldsymbol{r}}{\Delta s}$$

当 Δs 趋近于零时，弦与弧长之比 $\left|\frac{\Delta \boldsymbol{r}}{\Delta s}\right|$ 的极限值趋于 1，而 $\frac{\Delta \boldsymbol{r}}{\Delta s}$ 的方向则趋近于点 M 的切线方向 $\boldsymbol{\tau}$。当 Δs 是正值时，$\frac{\Delta \boldsymbol{r}}{\Delta s}$ 与 $\Delta \boldsymbol{r}$ 方向相同，这时 $\Delta \boldsymbol{r}$ 则指向 S 增加的一边；反之，当 Δs 是负值时，$\frac{\Delta \boldsymbol{r}}{\Delta s}$ 与 $\Delta \boldsymbol{r}$ 方向相反，同时 $\Delta \boldsymbol{r}$ 也指向 S 减小的一边，因此

$$\frac{\mathrm{d}\boldsymbol{r}}{\mathrm{d}s} = \lim_{\Delta s \to 0} \frac{\Delta \boldsymbol{r}}{\Delta s} = \boldsymbol{\tau}$$

自然法的速度公式可以表示为

$$\boldsymbol{v} = \frac{\mathrm{d}\boldsymbol{r}}{\mathrm{d}s}\frac{\mathrm{d}s}{\mathrm{d}t} = \dot{s}\boldsymbol{\tau} \tag{1.13}$$

动点的速度方向总是沿着轨迹的切线方向。用 v 表示动点沿轨迹运动速度的代数值，则有

$$v = \frac{\mathrm{d}s}{\mathrm{d}t} = \dot{s}$$

于是式(1.13)可写作

$$\boldsymbol{v} = \dot{s}\boldsymbol{\tau} = v\boldsymbol{\tau} \tag{1.14}$$

由此可知：动点沿轨迹的速度代数值，等于它的弧坐标对时间的一阶导数。当 $\frac{\mathrm{d}s}{\mathrm{d}t}>0$ 时，S 随时间而增大，因此 $\boldsymbol{v}$ 指向 S 增加一边，即 $\boldsymbol{v}$ 的指向与 $\boldsymbol{\tau}$ 相同；反之，当 $\frac{\mathrm{d}s}{\mathrm{d}t}<0$ 时，则 $\boldsymbol{v}$ 的指向与 $\boldsymbol{\tau}$ 相反。

将 $\boldsymbol{v}=v\boldsymbol{\tau}$ 代入点的加速度公式(1.3)，得

$$\boldsymbol{a} = \frac{\mathrm{d}\boldsymbol{v}}{\mathrm{d}t} = \frac{\mathrm{d}v}{\mathrm{d}t}\boldsymbol{\tau} + v\frac{\mathrm{d}\boldsymbol{\tau}}{\mathrm{d}t} \tag{1.15}$$

式(1.15)右边第一项 $\frac{\mathrm{d}v}{\mathrm{d}t}\boldsymbol{\tau}$ 的物理意义表示由于速度大小的改变而产生的加速度，即速度的代数值随时间的变化率，方向沿切线方向，称为切向加速度，以 $\boldsymbol{a}_\tau$ 表示之，则

$$\boldsymbol{a}_\tau = \dot{v}\boldsymbol{\tau} = \ddot{s}\boldsymbol{\tau}$$

当 $\boldsymbol{a}_\tau$ 与 v 同号时，v 的值随时间增大，点作曲线加速运动；反之，当 $\boldsymbol{a}_\tau$ 与 v 异号时，v 的值随时间而减小，点作减速曲线运动。

式(1.15)右边第二项 $v\frac{\mathrm{d}\boldsymbol{\tau}}{\mathrm{d}t}$ 表示由速度方向的改变而产生的加速度，即速度方向随时间的

变化率。$\frac{\mathrm{d}\boldsymbol{\tau}}{\mathrm{d}t}$的变化可以写成

$$\frac{\mathrm{d}\boldsymbol{\tau}}{\mathrm{d}t}=\frac{\mathrm{d}\boldsymbol{\tau}\,\mathrm{d}s}{\mathrm{d}s\mathrm{d}t}=v\frac{\mathrm{d}\boldsymbol{\tau}}{\mathrm{d}s}$$

式中:$\Delta\boldsymbol{\tau}$是Δt时间内切线单位矢量的改变量,Δs是动点的弧坐标改变量(图1.10)。当Δs趋近于零时,$|\Delta\boldsymbol{\tau}|=2|\boldsymbol{\tau}|\sin\frac{\Delta\varphi}{2}\approx2\times1\times\frac{\Delta\varphi}{2}=\Delta\varphi$,且$\Delta\boldsymbol{\tau}$的极限方向垂直于$\boldsymbol{\tau}$而沿着主法线指向曲率中心,由此可知

$$\frac{\mathrm{d}\boldsymbol{\tau}}{\mathrm{d}t}=v\frac{\Delta\boldsymbol{\tau}}{\Delta s}=v\frac{\Delta\varphi}{\Delta s}\boldsymbol{n}=v\frac{1}{\rho}\boldsymbol{n}\qquad(1.16)$$

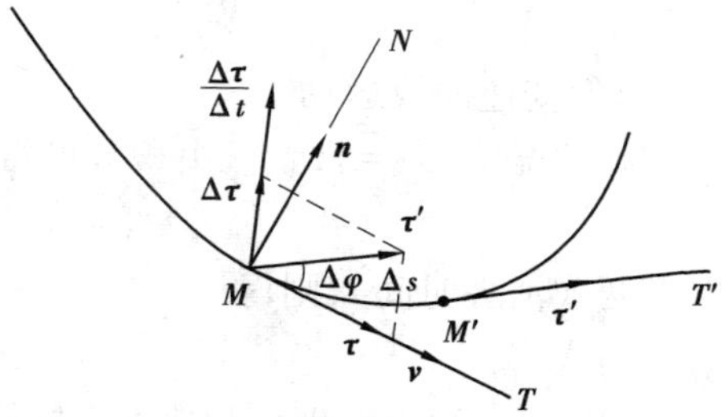

图 1.10

将上式代入式(1.15),即得用自然法表示的加速度公式

$$\boldsymbol{a}=\frac{\mathrm{d}v}{\mathrm{d}t}\boldsymbol{\tau}+v\frac{\mathrm{d}\boldsymbol{\tau}}{\mathrm{d}t}=\frac{\mathrm{d}v}{\mathrm{d}t}\boldsymbol{\tau}+\frac{v^2}{\rho}\boldsymbol{n}\qquad(1.17)$$

如式(1.17)所示,加速度的第二个分量的大小为$\frac{v^2}{\rho}$。由于$\frac{v^2}{\rho}$始终是正值,所以其方向与主法线单位矢量$\boldsymbol{n}$同向(即沿主法线指向曲率中心),因而加速度的这一分量被称为法向加速度或向心加速度,用$\boldsymbol{a}_n$表示

$$\boldsymbol{a}_n=\frac{v^2}{\rho}\boldsymbol{n}$$

所以,当点沿曲线轨迹运动时,其加速度有两个分量,一个是切向分量$\boldsymbol{a}_\tau=\dot{v}\boldsymbol{\tau}=\ddot{s}\boldsymbol{\tau}$,它是由速度大小的变化而产生的;另一个是法向分量$\boldsymbol{a}_n=\frac{v^2}{\rho}\boldsymbol{n}$,它是由速度方向的变化产生的。

设a_τ、a_n、a_b分别代表加速度在切线、主法线和副法线三个自然轴上的投影,得加速度的解析表达式

$$\boldsymbol{a}=a_\tau\boldsymbol{\tau}+a_n\boldsymbol{n}+a_b\boldsymbol{b}$$

其中

$$\left.\begin{aligned}a_\tau&=\frac{\mathrm{d}v}{\mathrm{d}t}=\frac{\mathrm{d}^2s}{\mathrm{d}t^2}\\a_n&=\frac{v^2}{\rho}\\a_b&=0\end{aligned}\right\}\qquad(1.18)$$

如已知$\boldsymbol{a}_\tau$与$\boldsymbol{a}_n$,加速度$\boldsymbol{a}$的大小及方向可由下式求出

$$\left.\begin{aligned}a&=\sqrt{a_\tau^2+a_n^2}=\sqrt{\left(\frac{\mathrm{d}v}{\mathrm{d}t}\right)^2+\left(\frac{v^2}{\rho}\right)^2}\\\tan\alpha&=\frac{|\boldsymbol{a}_\tau|}{|\boldsymbol{a}_n|}\end{aligned}\right\}\qquad(1.19)$$

α 角表示加速度 $\boldsymbol{a}$ 与主法线正向的夹角。

下面是两种常见的曲线运动形式：

(1)匀速曲线运动

在此情况，速度 $v=S$ 是常量，因此 $\alpha_\tau=0$，则点沿轨迹的运动方程为

$$s = s_0 + vt \tag{1.20}$$

(2)匀变速曲线运动

在此情况下，α_τ = 常量。由积分可得

$$v = v_0 + a_\tau t \tag{1.21}$$

从以上两式消去时间 t，则得

$$v^2 - v_0^2 = 2a_\tau(s - s_0) \tag{1.22}$$

式中：s_0 和 v_0 分别为弧坐标和速度在初瞬时的值。以上三式分别与点作直线运动时相应的公式完全类似，只是这里的加速度为切向速度 a_τ，而不是全加速度 a。这是因为点作曲线运动时，表示速度大小变化的只是切向加速度。

【例 1.3】在半径 $r=10$ cm 的固定铁圈上套一小环 M，有杆 AB 穿过小环 M 并绕铁圈上 A 点转动(图 1.11)。已知杆与水平直径的夹角 $\varphi=\frac{\pi}{10}t$ (φ 以 rad 计，t 以 s 计)，试求小环 M 的速度和加速度。

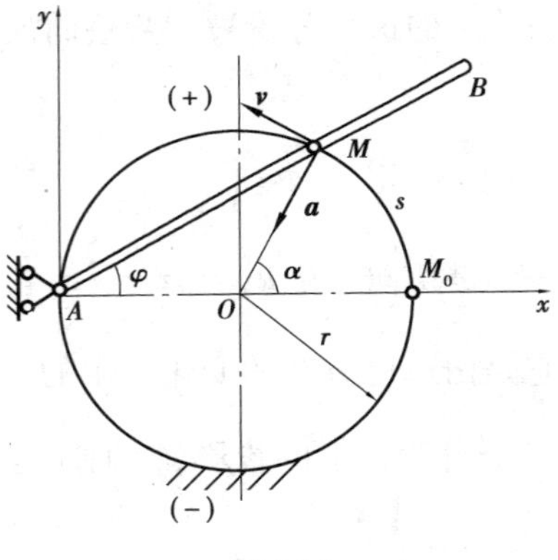

图 1.11

【解】由于已知小环的轨迹是半径为 r 的圆弧，用自然法求解。

取小环初瞬时($t=0$)在轨迹上的位置 M_0 为弧坐标 s 的原点，并规定其正向如图 1.11 所示。因 $\varphi=\frac{\pi}{10}t$，故 $\alpha=2\varphi=\frac{\pi}{5}$，由图示的几何关系，可得小环 M 沿轨迹的运动方程为

$$s = M_0M = r\alpha = 10 \times \frac{\pi}{5}t = 2\pi t$$

小环的速度

$$v = \frac{\mathrm{d}s}{\mathrm{d}t} = 2\pi = 6.28 \text{ cm/s}$$

由于 v 为正值，故 v 的方向沿轨迹切线的正向，如图 1.11 所示。小环 M 的切向加速度和法向加速度分别为

$$a_\tau = \frac{\mathrm{d}v}{\mathrm{d}t} = 0$$

$$a_n = \frac{v^2}{\rho} = \frac{4\pi^2}{10} = 3.95 \text{ cm/s}^2$$

因此，小环 M 的加速度 $\boldsymbol{a}$ 的大小为

$$a = \sqrt{a_\tau^2 + a_n^2} = a_n = 3.95 \text{ cm/s}^2$$

加速度 $\boldsymbol{a}$ 的方向沿着圆弧在 M 点的法线，并指向圆心 O 点，如图 1.11 所示。

1.4　刚体的基本运动

刚体的运动描述要考虑其本身形状和尺寸大小，由于刚体的几何形状不变，所以研究它在空间的位置就不必一个点一个点地确定，只要根据刚体的各种运动形式，确定刚体内某一个有代表性的直线或平面的位置即可。

►1.4.1　刚体的平行移动

刚体在运动中，其上任意两点的连线始终与它的初始位置平行，这种运动称为平行移动，简称平动（平移）。例如汽缸内活塞 B 的运动（图 1.12），振动筛筛子 AB 的运动（图 1.13），机车平行推杆 AB 的运动（图 1.14）以及各种电梯（住宅电梯、医用电梯、观光电梯、载货电梯、自动扶梯、自动人行道）的运动，等等。

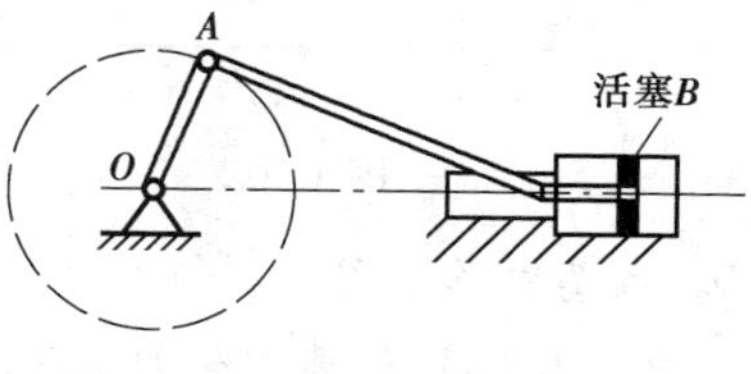

图 1.12　汽缸内活塞 B

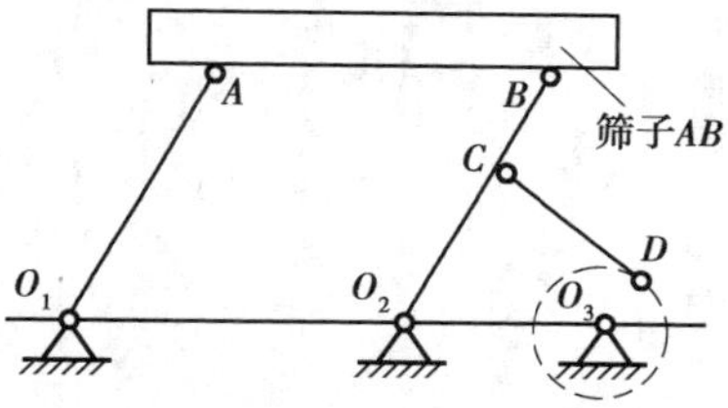

图 1.13　振动筛筛子 AB

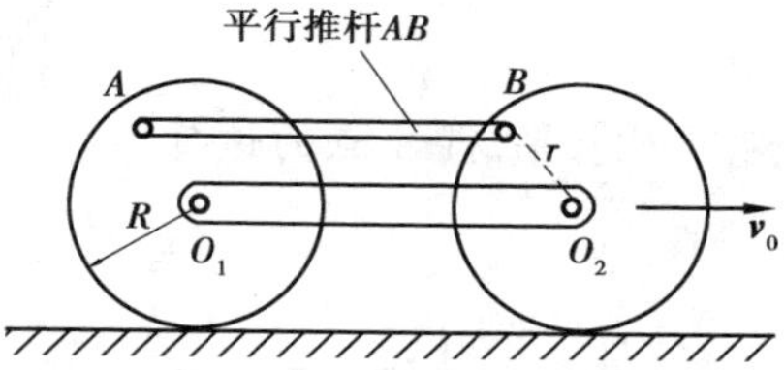

图 1.14　机车平行推杆 AB

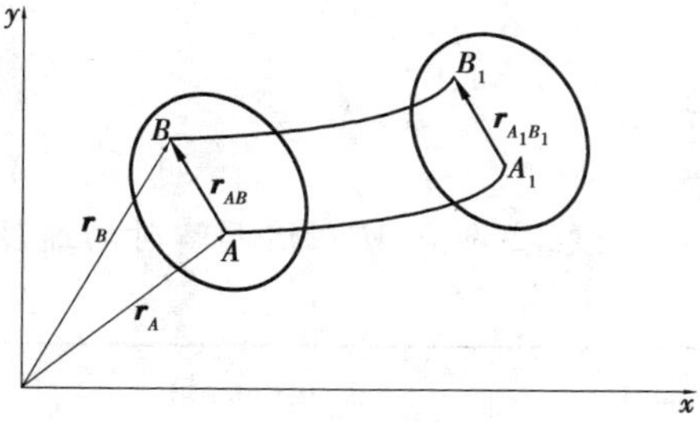

图 1.15

设刚体作平动，如图 1.15 所示，在刚体上任意选取两点 A 和 B，令点 A 的矢径为 $\boldsymbol{r}_A$，点 B 的矢径为 $\boldsymbol{r}_B$，则两条矢端曲线就是两点的轨迹。由图可知

$$\boldsymbol{r}_B = \boldsymbol{r}_A + \boldsymbol{BA} \tag{1.23}$$

按照刚体平动的定义，刚体运动时线段 AB 的长度和方向都不改变，所以 $\boldsymbol{BA}$ 是恒矢量。可见，点 A 和点 B 的轨迹形状完全相同。若刚体上各点的轨迹为直线，这种平动称为直线平动；若其上各点的轨迹为曲线，这种平动称为曲线平动。

$$\boldsymbol{v}_B = \frac{\mathrm{d}\boldsymbol{r}_B}{\mathrm{d}t} = \frac{\mathrm{d}}{\mathrm{d}t}(\boldsymbol{r}_A + \boldsymbol{r}_{AB}) = \frac{\mathrm{d}\boldsymbol{r}_A}{\mathrm{d}t} = \boldsymbol{v}_A \quad \left(\frac{\mathrm{d}\boldsymbol{r}_{AB}}{\mathrm{d}t} = 0\right) \tag{1.24}$$

同理

$$\boldsymbol{a}_B = \frac{\mathrm{d}^2\boldsymbol{r}_B}{\mathrm{d}t^2} = \frac{\mathrm{d}^2}{\mathrm{d}t^2}(\boldsymbol{r}_A + \boldsymbol{r}_{AB}) = \frac{\mathrm{d}^2\boldsymbol{r}_A}{\mathrm{d}t^2} = \boldsymbol{a}_A \tag{1.25}$$

式中：$\boldsymbol{v}_A$ 和 $\boldsymbol{v}_B$ 分别表示点 A 和点 B 的速度，$\boldsymbol{a}_A$ 和 $\boldsymbol{a}_B$ 分别表示点 A 和点 B 的加速度。

上述结果表明：刚体作平动时，其上各点的轨迹形状相同，在同一瞬时，各点的速度和加速度相同。

因此，对于作平动的刚体，只需确定出刚体上任一点的运动（例如质心），也就确定了整个刚体的运动，即刚体的平动问题可以归结为点的运动问题来讨论，也即前一章里所研究过的点的运动学问题。

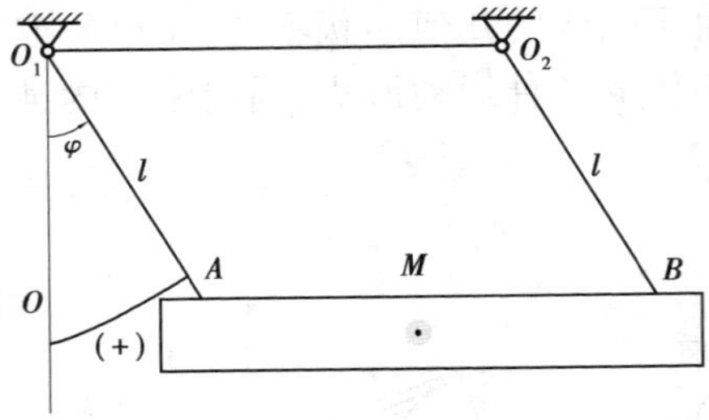

图 1.16

【例 1.4】荡木用两条等长的钢索平行吊起，如图 1.16 所示。钢索长为 l，单位为 m。当荡木摆动时，钢索的摆动规律为 $\varphi=\varphi_0\sin\frac{\pi}{4}t$（其中 t 为时间，单位为 s）；转角 φ 的单位为 rad，试求当 $t=0$ 和 $t=2$ s 时，荡木的中点 M 的速度和加速度。

【解】由于两条钢索 O_1A 和 O_2B 的长度相等，并且相互平行，于是荡木 AB 在运动中始终平行于直线 O_1O_2，故荡木作平移。

为求中点 M 的速度和加速度，只需求出 A 点（或 B 点）的速度和加速度即可。点 A 在圆弧上运动，圆弧的半径为 l。如以最低点 O 为起点，规定弧坐标 s 向右为正，则 A 点的运动方程为

$$s=\varphi_0 l\sin\frac{\pi}{4}t$$

将上式对时间求导，得 A 点的速度

$$v=\frac{ds}{dt}=\frac{\pi}{4}l\varphi_0\cos\frac{\pi}{4}t$$

再求一次导，得 A 点的切向加速度

$$a_t=\frac{dv}{dt}=-\frac{\pi^2}{16}l\varphi_0\sin\frac{\pi}{4}t$$

A 点的法向加速度

$$a_n=\frac{v^2}{l}=\frac{\pi^2}{16}l\varphi_0^2\cos^2\frac{\pi}{4}t$$

代入 $t=0$ 和 $t=2$，就可求得这两瞬时 A 点的速度和加速度，亦即点 M 在这两瞬时的速度和加速度。计算结果列表如下：

T(s)	φ(rad)	v(m/s)	a_t(m/s^2)	a_n(m/s^2)
0	0	$\frac{\pi}{4}\varphi_0$（水平向右）	0	$\frac{\pi^2}{16}\varphi_0^2 l$（铅直向上）
2	φ_0	0	$-\frac{\pi}{16}\varphi_0 l$	0

►1.4.2　刚体的定轴转动

当刚体运动时，若其体内或其体外的扩展部分存在一条始终保持不动的直线，则这种运动称为刚体的**定轴转动**，这条固定不动的直线称为**转轴**。在工程上，许多运动机构中的物体

具有这一特点，例如汽缸外曲柄 OA 的运动（图 1.12）、振动筛中的曲柄 O_3D 及摇杆 O_1A 和摇杆 O_2B 的运动（图 1.13），以及电动机转子的运动、机器上的传动齿轮的运动、机床的主轴的运动等。

1）转动方程

为确定转动刚体的位置，取其转轴为 z 轴，正方向如图 1.17 所示，通过轴线作一固定平面 Ⅰ。此外，通过轴线再作一动平面Ⅱ，这个平面与刚体固结，一起转动。两个平面间的夹角用 φ 表示，称为刚体的转角。当刚体转动时，转角 φ 是时间 t 的单值、连续函数，即

$$\varphi = f(t) \tag{1.26}$$

式（1.26）称为刚体绕定轴转动的运动方程。绕定轴转动的刚体，只用一个参变量（转角 φ）就可以确定它的位置。转角 φ 是一个代数量，它的符号按右手螺旋定则确定：从 z 轴的正端向负端看，从固定面起按逆时针转向计算角 φ，取正值；反之取负值。其单位用弧度（rad）表示。

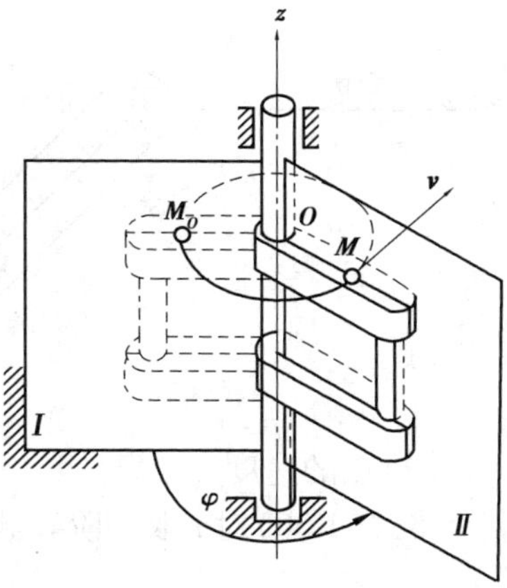

图 1.17

2）角速度

转角 φ 对时间 t 的一阶导数，称为刚体的瞬时**角速度**，用字母 ω 表示，即

$$\omega = \frac{d\varphi}{dt} \tag{1.27}$$

角速度 ω 表征刚体转动的快慢和方向。角速度也是代数量，它的符号按右手螺旋定则确定：从 z 轴的正端向负端看，刚体逆时针转动时，角速度取正值，反之取负值，其单位一般用 rad/s 表示。工程上也常用转速 n 来表示刚体转动快慢，单位一般用 r/min 表示。此时 n 与 ω 的换算关系为

$$\omega = \frac{2\pi n}{60} = \frac{\pi n}{30} \tag{1.28}$$

3）角加速度

角速度 ω 对时间 t 的一阶导数，称为刚体的瞬时角加速度，用字母 α 表示，即

$$\alpha = \frac{d\omega}{dt} = \frac{d^2\varphi}{dt^2} \tag{1.29}$$

角加速度 α 表征角速度变化的快慢，角加速度也是代数量。若 α 与 ω 符号相同，刚体作加速转动；若 α 与 ω 符号相反，则刚体作减速转动。角加速度的单位为 rad/s^2。

4）转动刚体内各点的速度和加速度

当刚体绕定轴转动时，除了转轴上各点固定不动外其他各点都在通过该点并垂直于转轴的平面内作圆周运动，点到轴线的垂直距离就是该点作圆周运动的半径 R。由于定轴转动刚体上各点的轨迹已知，宜采用自然法研究各点的运动。

（1）点的运动方程

设刚体由定平面 Ⅰ 绕定轴 O 转动任一角度 φ，到达平面Ⅱ所在的位置，其上任一点由 M_O 运动到 M，如图 1.18 所示。以固定点 M_O 为弧坐标 s 的原点，按 φ 角的正向规定弧坐标 s 的正

向,则点 M 的运动方程为

$$s = R\varphi \tag{1.30}$$

式中:R 为点 M 到轴心 O 的距离。

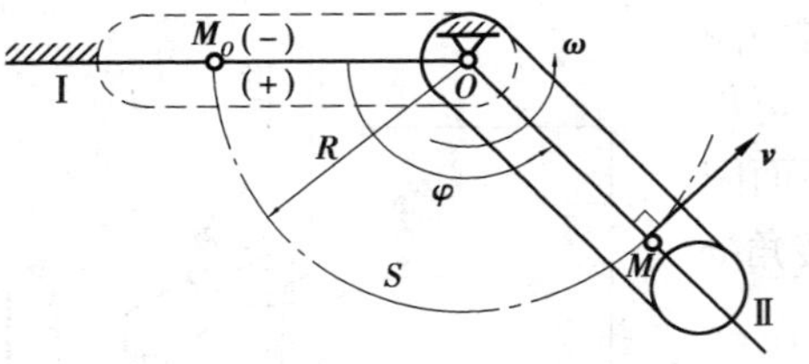

图 1.18

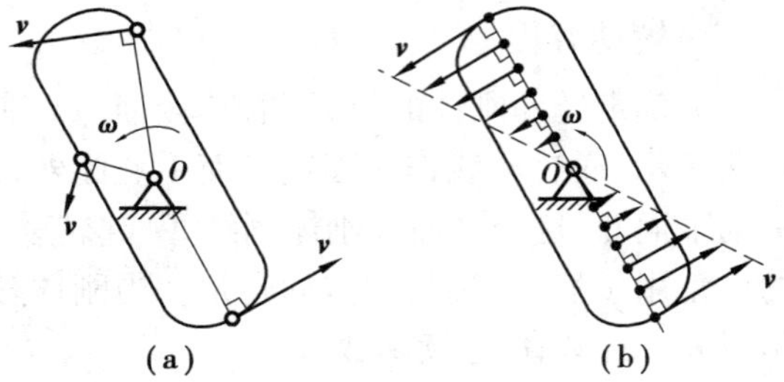

图 1.19

(2)点的速度

将式(1.30)对 t 取一阶导数,得点 M 的速度

$$v = \frac{\mathrm{d}s}{\mathrm{d}t} = R\frac{\mathrm{d}\varphi}{\mathrm{d}t} = R\omega \tag{1.31}$$

上式表明:转动刚体内任一点的速度 v 的大小,等于刚体的角速度 ω 与该点到轴线的垂直距离 R 的乘积,而速度 v 的方向沿圆周的切线并指向转动的一方,转动刚体内各点的速度按线性规律分布,如图 1.19 所示。

(3)点的加速度

下面求点 M 的加速度,包括圆周运动的切向加速度和法向加速度。

切向加速度为

$$a_\tau = \frac{\mathrm{d}v}{\mathrm{d}t} = \frac{\mathrm{d}R\omega}{\mathrm{d}t} = R\alpha \tag{1.32}$$

即:转动刚体内任一点的切向加速度 $\boldsymbol{a}_\tau$ 的大小,等于刚体的角加速度 α 与该点到轴线垂直距离 R 的乘积,而 $\boldsymbol{a}_\tau$ 的方向沿圆周的切线方向,$\boldsymbol{a}_\tau$ 指向应与 α 转向一致。

法向加速度为

$$a_n = \frac{v^2}{\rho} = \frac{(R\omega)^2}{R} = R\omega^2 \tag{1.33}$$

式中:ρ 为曲率半径,对于圆,$\rho=R$。

即:转动刚体内任一点的法向加速度 $\boldsymbol{a}_n$ 的大小等于刚体角速度 ω 的平方与该点到轴线的垂直距离 R 的乘积,而 $\boldsymbol{a}_n$ 的方向与速度 $\boldsymbol{v}$ 垂直并指向轴心 O。

点 M 的(全)加速度 $\boldsymbol{a}$ 的大小:

$$a = \sqrt{a_\tau^2 + a_n^2} = R\sqrt{\alpha^2 + \omega^4} \tag{1.34}$$

而点 M 的(全)加速度 $\boldsymbol{a}$ 的方向,可用 $\boldsymbol{a}$ 与点所在半径 MO 之间的交角 θ 表示。由几何关系得

$$\tan\theta = \frac{a_\tau}{a_n} = \frac{\alpha}{\omega^2} \quad 或 \quad \theta = \arctan\frac{|a_\tau|}{a_n} = \frac{|\alpha|}{\omega^2} \tag{1.35}$$

注意到刚体运动的每一瞬时,表征刚体整体运动的角速度 ω 和角加速度 α 各有一个确切的数值,致使每一瞬时 θ 也有一个确切的对应数值,它不会因点的位置不同而不同。再由式(1.31)至式(1.35)可知:

①在每一瞬时,转动刚体上各点的速度的大小和(全)加速度的大小分别与各点到转轴的距离 R 成正比。

②在每一瞬时,刚体内所有各点的(全)加速度 a 与半径间的夹角 θ 都有相同的值。

根据上述结论,转动刚体内各点的(全)加速度也按线性规律分布,如图 1.20 所示。

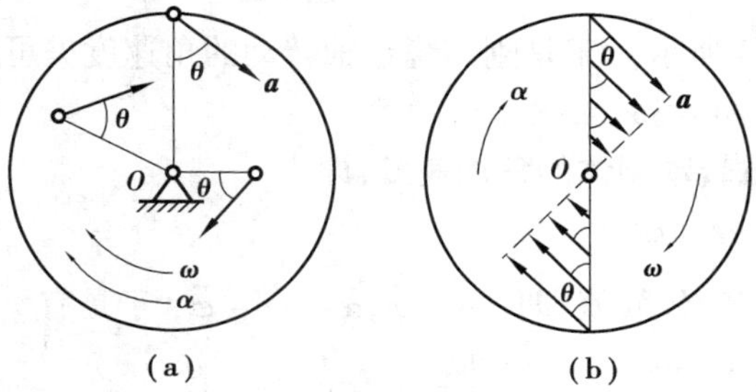

图 1.20

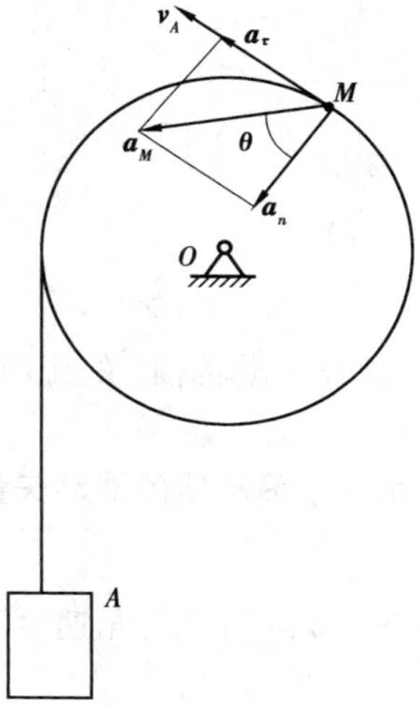

图 1.21

【例 1.5】滑轮的半径 $r=0.2$ m,可绕水平轴 O 转动,轮缘上缠有不可伸长的细绳,绳的一端挂有物体 A 如图 1.21 所示。已知滑轮绕轴 O 的转动规律 $j=0.15t^3$,其中 t 以 s 计,j 以 rad 计。试求 $t=2$ s 时轮缘上 M 点和物体 A 的速度和加速度。

【解】首先根据滑轮的转动规律,求得它的角速度和角加速度:

$$\omega = \dot{\varphi} = 0.45t^2,\ \alpha = \ddot{\varphi} = 0.9t$$

代入 $t=2$ s,得:$\alpha=1.8\ \text{rad/s}^2$,$\omega=1.8$ rad/s,轮缘上 M 点上在 $t=2$ s 时的速度为 $v_M=r\omega=0.36$ m/s。

加速度的两个分量为

$$a_\tau = r\alpha = 0.36\ \text{m/s}^2 \quad a_n = r\omega^2 = 0.648\ \text{m/s}^2$$

总加速度 $\boldsymbol{a}_M$ 的大小和方向为

$$a_M = \sqrt{a_\tau^2 + a_n^2} = 0.741\ \text{m/s}^2 \quad \tan\theta = \frac{\alpha}{\omega^2} = 0.556, \theta = 29°$$

5)以矢量表示的角速度和角加速度

(1)用矢量表示定轴转动刚体的角速度

刚体的角速度 ω 和角加速度 α 有大小和转向,角速度矢 $\boldsymbol{\omega}$ 的大小等于角速度 ω 的绝对值,即

$$|\boldsymbol{\omega}| = |\omega| = \left|\frac{\mathrm{d}\varphi}{\mathrm{d}t}\right| \tag{1.36}$$

角速度矢 $\boldsymbol{\omega}$ 沿轴线,它的指向按照右手螺旋定则表示刚体转动的方向,即右手的四指代表转动的方向,拇指代表角速度矢 $\boldsymbol{\omega}$ 的指向,如图 1.22 所示。角速度矢是滑动矢,因此角速

度矢的起点可在轴线上任意选取。

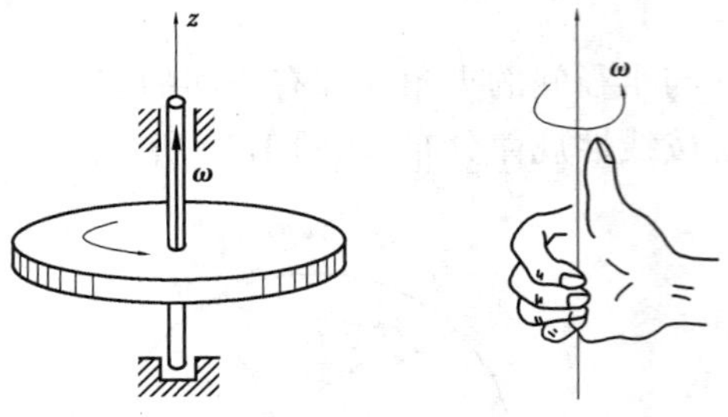

(a) (b)

图 1.22

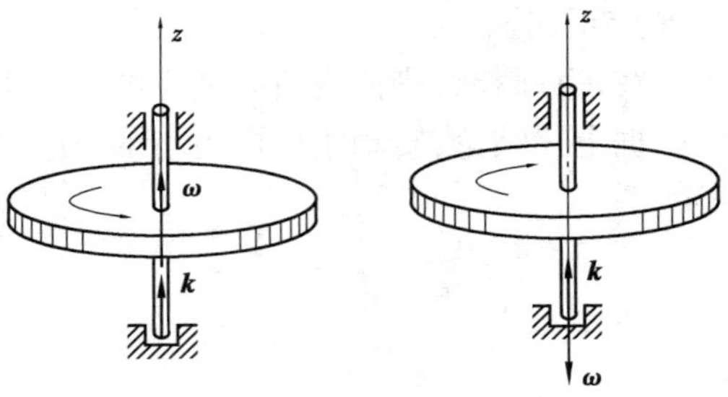

(a) (b)

图 1.23

取单位矢 $\boldsymbol{k}$ 沿转轴 z 的正向(如图 1.23 所示),于是刚体绕定轴转动的角速度矢可写成

$$\boldsymbol{\omega} = \omega\boldsymbol{k} \tag{1.37}$$

同样,**可用一个沿轴线的滑动矢量表示定轴转动刚体的角加速度**,即

$$\boldsymbol{\alpha} = \alpha\boldsymbol{k} \tag{1.38}$$

以上二式中,ω、α 分别为角速度和角加速度的代数值,即:$\omega = \dot{\varphi}$,$\alpha = \dot{\omega} = \ddot{\varphi}$,于是有

$$\boldsymbol{\alpha} = \frac{\mathrm{d}\omega}{\mathrm{d}t}\boldsymbol{k} = \frac{\mathrm{d}(\omega\boldsymbol{k})}{\mathrm{d}t}, \quad \boldsymbol{\alpha} = \frac{\mathrm{d}\boldsymbol{\omega}}{\mathrm{d}t} \tag{1.39}$$

即角加速度矢 $\boldsymbol{\alpha}$ 为角速度矢 $\boldsymbol{\omega}$ 对时间的一阶导数。

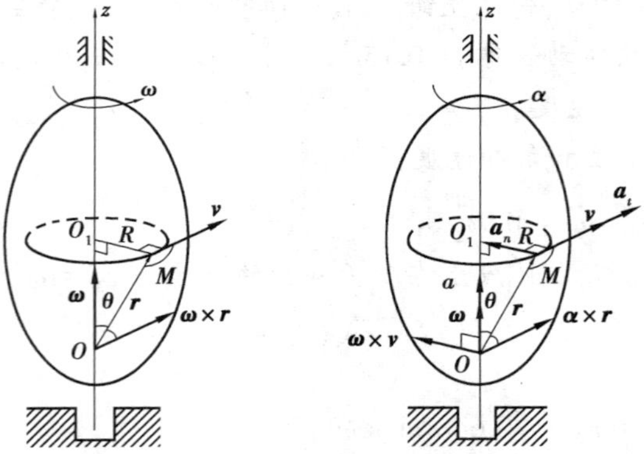

(a) (b)

图 1.24

(2)用矢积表示定轴转动刚体内任一点的速度

任选轴线上一点 O 为原点,刚体内任一点 M 的矢径以 $\boldsymbol{r}$ 表示,如图 1.24 所示。那么,点 M 的速度可以用角速度矢与它的矢径的矢量积表示,即

$$\boldsymbol{v} = \boldsymbol{\omega} \times \boldsymbol{r} \tag{1.40}$$

这是因为矢量积 $\boldsymbol{\omega}\times\boldsymbol{r}$ 也是一个矢量,有大小和方向。

$\boldsymbol{\omega}\times\boldsymbol{r}$ 的大小为

$$|\boldsymbol{\omega}\times\boldsymbol{r}| = |\boldsymbol{\omega}| \cdot |\boldsymbol{r}| \sin\theta = |\boldsymbol{\omega}| \cdot \boldsymbol{R} = |\boldsymbol{v}|$$

式中:θ 是角速度矢 $\boldsymbol{\omega}$ 与矢径 $\boldsymbol{r}$ 间的夹角,表明矢积 $\boldsymbol{\omega}\times\boldsymbol{r}$ 的大小等于速度的大小。

$\boldsymbol{\omega}\times\boldsymbol{r}$ 的方向必然垂直于 $\boldsymbol{\omega}$ 和 $\boldsymbol{r}$ 所组成的平面,$\boldsymbol{\omega}\times\boldsymbol{r}$ 的指向按右手螺旋定则确定,由图 1.24(a)容易看出,矢积 $\boldsymbol{\omega}\times\boldsymbol{r}$ 的方向正好与点 M 的速度方向相同,因此 $\boldsymbol{v}=\boldsymbol{\omega}\times\boldsymbol{r}$ 成立。同样,**可用矢积表示定轴转动刚体内任一点的加速度**。

将 $\boldsymbol{v}=\boldsymbol{\omega}\times\boldsymbol{r}$ 代入任一点 M 的加速度 $\boldsymbol{a}=\dfrac{\mathrm{d}\boldsymbol{v}}{\mathrm{d}t}$ 中,得

$$\boldsymbol{a} = \frac{\mathrm{d}(\boldsymbol{\omega}\times\boldsymbol{r})}{\mathrm{d}t} = \frac{\mathrm{d}\omega}{\mathrm{d}t}\times\boldsymbol{r} + \boldsymbol{\omega}\times\frac{\mathrm{d}\boldsymbol{r}}{\mathrm{d}t} = \boldsymbol{\alpha}\times\boldsymbol{r} + \boldsymbol{\omega}\times\boldsymbol{v}$$

即

$$\boldsymbol{a}=\boldsymbol{\alpha}\times\boldsymbol{r}+\boldsymbol{\omega}\times\boldsymbol{v} \tag{1.41}$$

式(1.41)右边第一项的大小为 $|\boldsymbol{\alpha}\times\boldsymbol{r}|=|\boldsymbol{\alpha}|\cdot|\boldsymbol{r}|\sin\theta=|\boldsymbol{\alpha}|\cdot R=|\boldsymbol{a}_\tau|$,正是点的切向加速度的大小;第二项的大小为 $|\boldsymbol{\omega}\times\boldsymbol{v}|=|\boldsymbol{\omega}|\cdot|\boldsymbol{v}|\sin 90°=R\omega^2=|\boldsymbol{a}_n|$,这正是点的法向加速度的大小。这两个矢积的指向按右手螺旋定则确定,由图 1.24(b)容易看出,它们分别与 $\boldsymbol{a}_t$ 和 $\boldsymbol{a}_n$ 的方向相一致,则

$$\boldsymbol{a}_t=\boldsymbol{\alpha}\times\boldsymbol{r} \tag{1.42}$$

$$\boldsymbol{a}_n=\boldsymbol{\omega}\times\boldsymbol{v} \tag{1.43}$$

故式(1.41)可写为

$$\boldsymbol{a}=\boldsymbol{a}_t+\boldsymbol{a}_n \tag{1.44}$$

【例 1.6】如图 1.25 所示,半径 $R=100$ mm的圆盘绕其圆心转动,在图 1.25(a)所示瞬时,点 A 的速度为 $v_a=200\boldsymbol{j}$ mm/s,点 B 的切向加速度 $a_B^\tau=150\boldsymbol{i}$ mm/s^2。求角速度 ω 和角加速度 α,并进一步写出点 C 的加速度与矢量表达式。

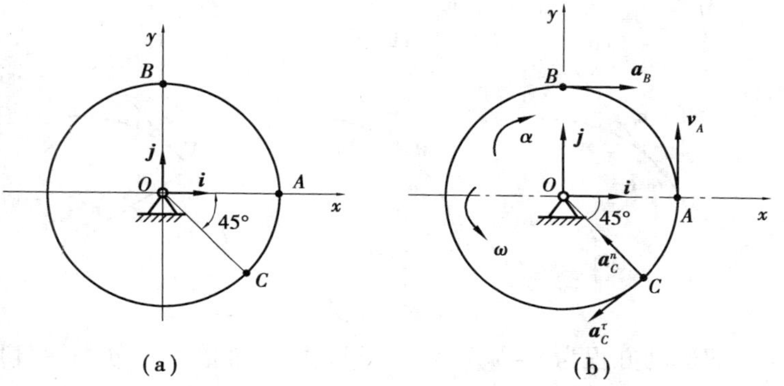

图 1.25

【解】由图 1.25(b)有

$$\boldsymbol{v}_A=0.2\boldsymbol{j}\ \text{m/s},\ \boldsymbol{v}_A=\boldsymbol{\omega}\times R\boldsymbol{i}$$

$$\boldsymbol{\omega}\times 0.1\boldsymbol{i}=0.200\boldsymbol{j},\ \boldsymbol{\omega}=2\boldsymbol{k}$$

$$\boldsymbol{a}_B^\tau=\alpha\times R\boldsymbol{j},\ 0.150\boldsymbol{i}=\alpha\times 0.1\boldsymbol{j},\ \boldsymbol{\alpha}=-1.5\boldsymbol{k}$$

$$\boldsymbol{a}_C=\boldsymbol{a}_C^n+\boldsymbol{a}_C^\tau=R\omega^2(-\cos 45°\boldsymbol{i}+\sin 45°\boldsymbol{j})+R\alpha(-\sin 45°\boldsymbol{i}-\cos 45°\boldsymbol{j})$$

$$\boldsymbol{a}_C=0.1\times 2^2\times\frac{\sqrt{2}}{2}(-\boldsymbol{i}+\boldsymbol{j})-0.1\times 1.5\times\frac{\sqrt{2}}{2}(\boldsymbol{i}+\boldsymbol{j})=-0.389\boldsymbol{i}+0.177\boldsymbol{j}$$

习　题

1.1　设动点从 x 轴上 O 点按 $x=v_0t-2t^2$ 的规律运动,求动点速度为零的位置,动点回到 O 点时其速度的大小。

1.2　一点按 $x=t^3-12t+2$ 的规律沿直线运动(其中 t 以 s 计,x 以 m 计)。试求:(1)最初 3 s内的位移;(2)改变运动方向的时刻和所在位置;(3)最初 3 s 内经过的路程;(4)$t=3$ s 时的速度和加速度;(5)点在哪段时间作加速运动,哪段时间作减速运动?

1.3　分析下列论述是否正确:

(1)点作曲线运动时,加速度的大小等于速度的大小对时间的导数。

(2)点作直线运动时,法向加速度等于零。因此,若已知某瞬时点的法向加速度等于零,则该点作直线运动。

(3)点作曲线运动时,即使加速度的方向始终与速度方向垂直,点也不一定作匀速圆周运动。

1.4　设点作曲线运动,试问如习题 1.4 图所示的各种速度与加速度的情形,哪些是可能的,哪些是不可能的?为什么?

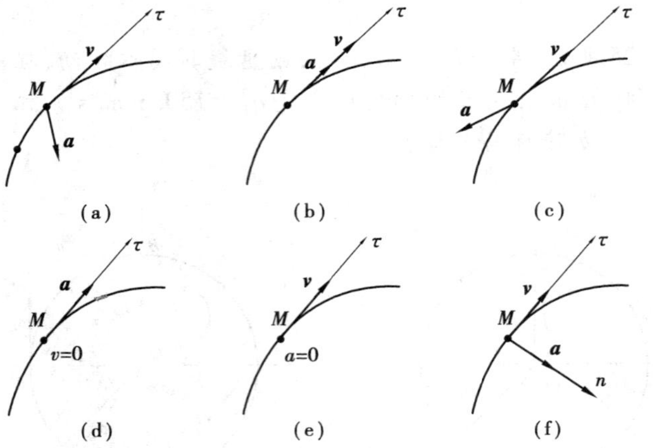

习题 1.4 图

1.5　已知动点的运动方程为 $y=bt$,$\varphi=ct$,b 和 c 均为常数。试分别用直角坐标和极坐标写出点的轨迹。

1.6　如图所示,杆 AB 长 l,以等角速度 ω 绕点 B 转动,其转动方程为 $\varphi=\omega t$。而与杆连接的滑块 B 按规律 $s=\alpha+b\sin\omega t$ 沿水平轴作谐振动。a 和 b 均为常数,求点 A 的轨迹。

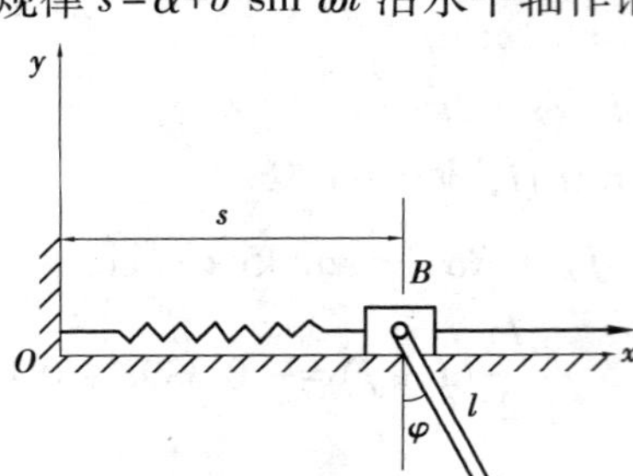

习题 1.6 图

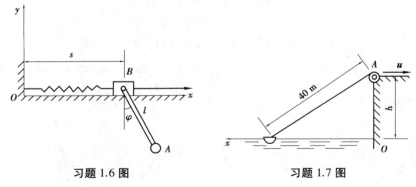

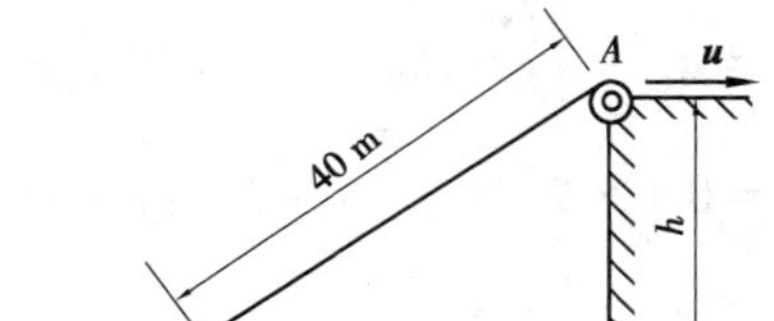

习题 1.7 图

1.7　如图所示,从水面上方高 $h=20$ m 的岸上一点 A,用长 40 m 的绳系住小船。设以等速 $u=3$ m/s 拉绳,使船靠岸。试求在 5 s 末船的速度多大?在 5 s 内船走了多少路程?

1.8　如图所示,一根杆子穿过可绕定点 B 转动的套管,杆的 A 端以匀速 C 沿固定水平直线 O_x 滑动。求杆上 M 点的轨迹方程、速度与加速度(以角 φ 的函数来表示)。设 $AM=OB=h$。

1.9　如图所示,曲柄 OB 的转动规律为 $\varphi=2t$,它带动杆 AD,使杆 AD 上的 A 点沿水平轴

O_x运动，C 点沿铅直轴 O_y运动，如 $AB=OB=BC=CD=12$ cm，求当 $\varphi=45°$时杆上 D 点的速度，并求 D 点的轨迹方程。

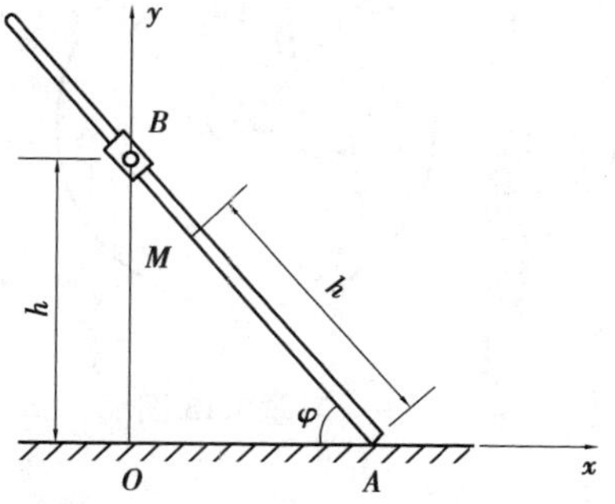

习题 1.8 图

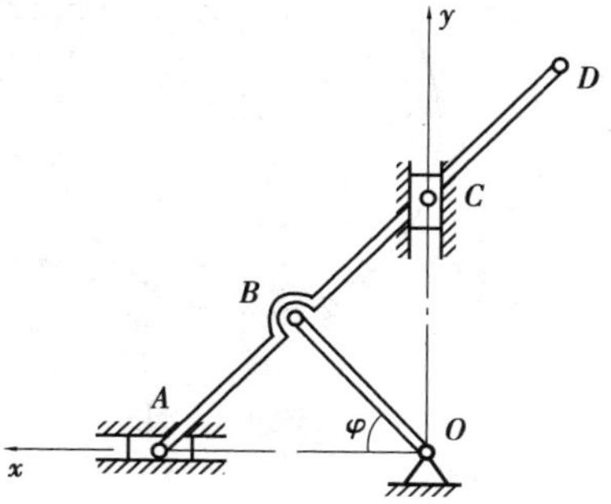

习题 1.9 图

1.10 刨床急回机构如习题 1.10 图所示。r、h、H 均为已知，曲柄 OA 的转动规律为 $\varphi=\omega t$（ω 为常数）。求滑块 C 沿水平轨道滑动的速度和加速度。

1.11 如图所示，若三级火箭在 A 点脱离时，其速度为 $u=15\ 000$ km/h，然后在没有推力作用的情况下飞行到 B 点，到 B 点后发动机才打开，这时轨道与水平线的夹角为 20°。在从 A 到 B 这段时间间隔内，引力加速度的大小和方向均可设为不变，取 $g=9$ m/s^2。求从 A 到 B 所需的时间 t。

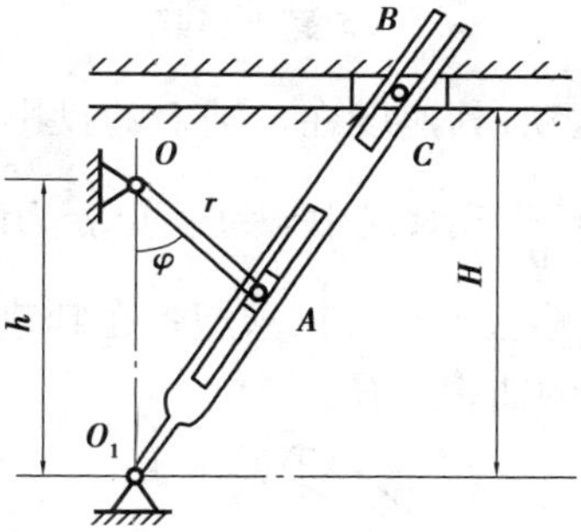

习题 1.10 图

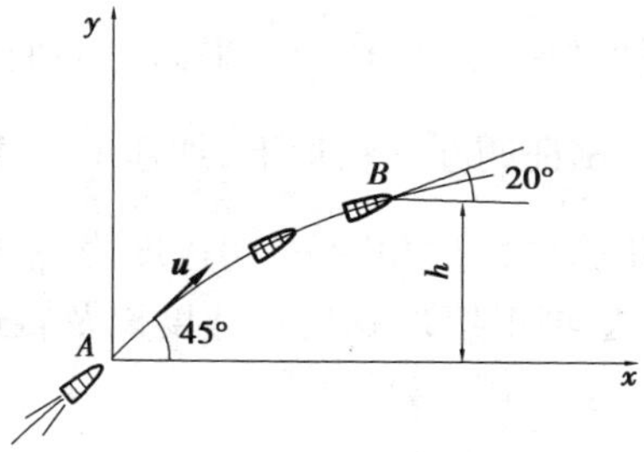

习题 1.11 图

1.12 如图所示，杆 AB 在半径等于 r 的固定圆环半面中以匀速度 u 沿垂直于杆本身的方向移动。求同时套在杆与圆环上的小环 M 的自然形式的运动方程及其速度。设初瞬时，小环 M 在大环的最高点 M，以后向右运动。

1.13 如图所示，一点 M 由静止开始作匀速圆周运动。试证明该点的全加速度和切向速度的夹角 α 与经过的那段圆弧对应的圆心角 β 之间存在如下关系：$\tan\alpha=2\beta$。

1.14 如图所示，摇杆机构的滑杆 AB 在某段时间内以等速 u 向上运动，试用自然法建立摇杆上 C 点的运动方程，并求此点在 $\varphi=\dfrac{\pi}{4}$时速度的大小(假设初瞬时 $\varphi=0$，摇杆长 $OC=a$)。

1.15 如图所示，半圆形凸轮以等速 $u=1$ cm/s 沿水平方向向左运动，而使活塞杆 AB 沿铅直方向运动。当运动开始时，活塞杆 A 端在凸轮的最高点上。如凸轮的半径 $R=8$ cm，求活塞 B 相对于地面和相对于凸轮的运动方程和速度。

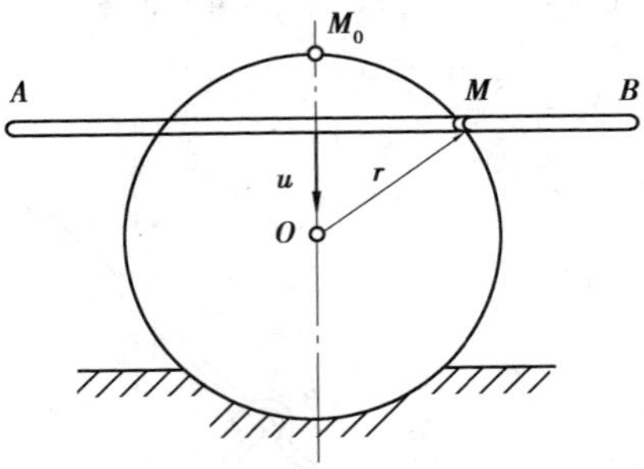

习题 1.12 图

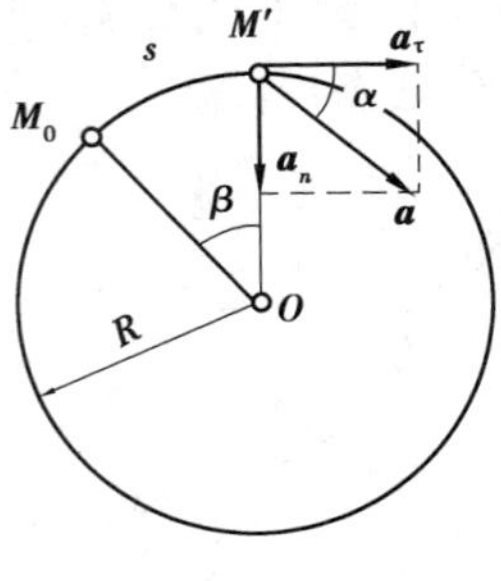

习题 1.13 图

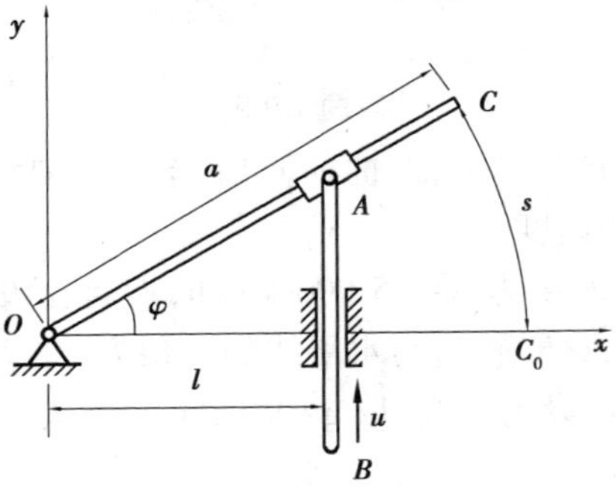

习题 1.14 图

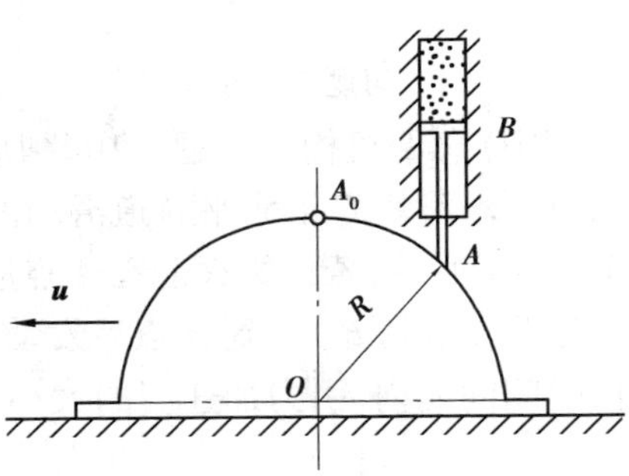

习题 1.15 图

1.16 如图所示,点 M 沿一平面上的曲线轨迹运动,其速度在 y 轴上的投影在任何时刻均为常数 c。试证明在此情形下,加速度的值可用 $a=\dfrac{v^3}{c\rho}$ 表示,式中 v 为速度,ρ 为曲率半径。

1.17 炮弹的发射角为 α,初速度为 v_0,空气阻力略去不计。试求炮弹在其速度与水平线成 θ 角处的法向加速度、切向加速度以及轨迹在该点的曲率半径。

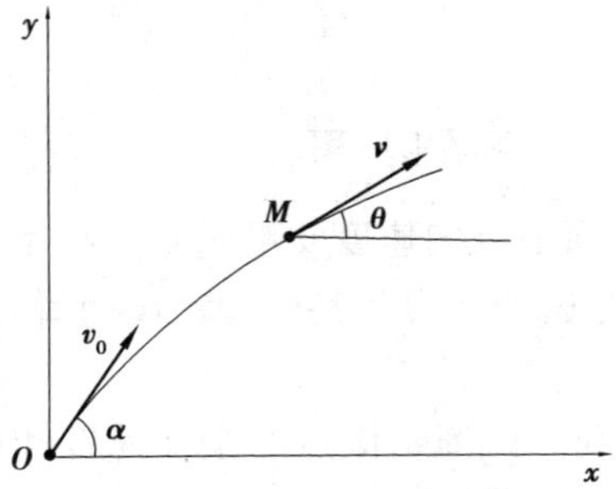

习题 1.17 图

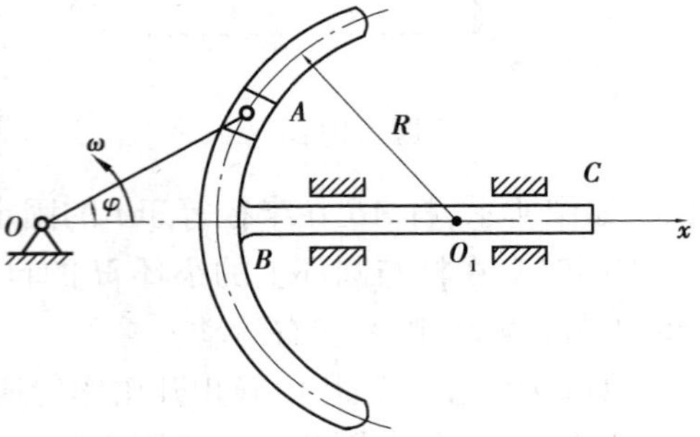

习题 1.19 图

1.18 已知某动点用极坐标表示的运动方程为:$\rho=3+4t^2$,$\varphi=1.5t^2$。求 $\varphi=60°$时点的速度与加速度(ρ 的单位为 m,φ 的单位为 rad,t 的单位为 s)。

1.19 如图所示的曲柄滑杆机构中,滑杆有一圆弧形滑道,其半径 $R=100$ mm,圆心 O_1 在导杆 BC 上。曲柄长 $OA=100$ mm,以等角速度 $\omega=4$ rad/s 绕轴 O 转动。求导杆 BC 的运动规律,以及当轴柄与水平线间的交角为 30°时,导杆 BC 的速度和加速度。

1.20 如图所示,曲柄 CB 以等角速度 ω_0 绕轴 C 转动,其转动方程为 $\varphi=\omega_0 t$。滑块 B 带

动摇杆 OA 绕轴 O 转动。设 $OC=h$，$CB=r$。求摇杆的转动方程。

1.21　如图所示，纸盘由厚度为 a 的纸条卷成，令纸盘的中心不动，而以等速 v 拉纸条。求纸盘的角加速度（以半径 r 的函数表示）。

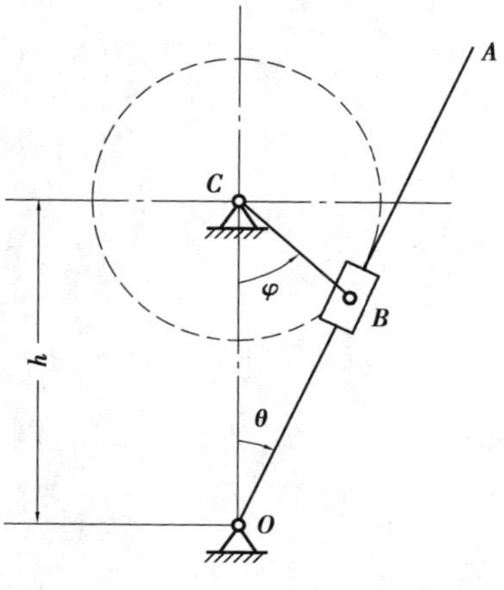

习题 1.20 图

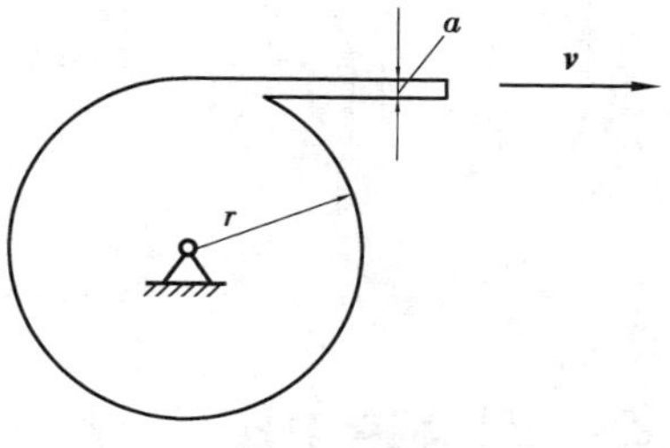

习题 1.21 图

1.22　如图所示的机构中，齿轮 1 紧固在杆 AC 上，$AB=O_1O_2$，齿轮 1 和半径为 r_2 的齿轮 2 啮合，齿轮 2 可绕 O_2 轴转动且和曲柄 O_2B 没有联系。设 $O_1A=O_2B=l$，$\varphi=b\sin\omega t$，试确定 $t=\dfrac{\pi}{2\omega}$ s时，轮 2 的角速度和角加速度。

1.23　图示飞轮绕固定轴 O 转动，在运动过程中，其轮缘上任一点的全加速度与轮半径的交角恒为 60°。当运动开始时，其转角 φ_0 等于零，其角速度为 ω_0，求飞轮的转动方程，以及角速度和转角间的关系。

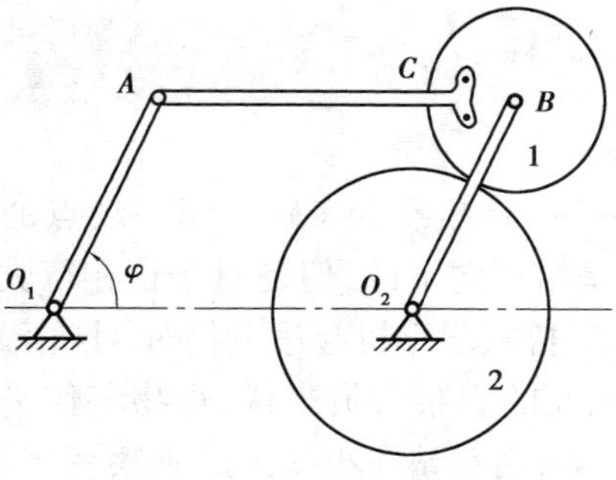

习题 1.22 图

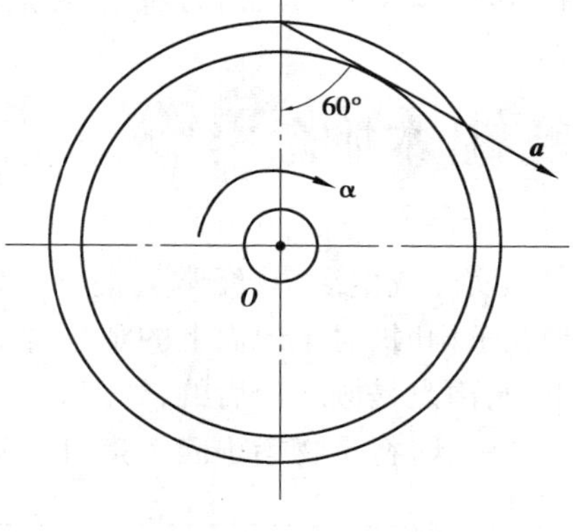

习题 1.23 图

2

点的合成运动

前一章中我们研究点和刚体的简单运动，一般都是以地面为参考体的。然而在实际问题中，往往不仅要知道物体相对地球的运动，而且还需要知道被观察物体相对于地面有运动的参考系的运动情况。在运动学中，所描述的一切运动都只具有相对的意义。同时，在不同的参考系中观察到的同一物体的不同运动特征之间存在着一定的联系。

本章利用运动的分解、合成的方法对点的速度、加速度进行分析，研究同一个点在不同参考系中的运动，以及它们之间的联系，即**点的合成运动**。

2.1 基本概念

在工程实际或生活中，经常会遇到同时在两个不同参考系中来研究同一动点的运动问题。例如在下雨时，对于地面上的观察者来说，雨点是铅直向下的，但是对于正在行驶的车上观察者来说，雨点是倾斜向后的，如图 2.1 所示。又如，桥式起重机起吊重物时，小车沿横梁作直线平动，并同时将重物铅垂向上提升。对于站在地面的观察人员来说，重物将作平面曲线运动；而对站在小车上的观察者来说，重物将作向上的直线运动，如图 2.2 所示。

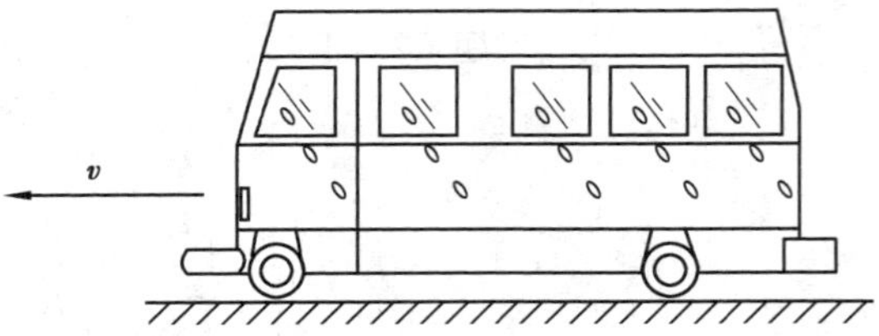

图 2.1

下面举例引出关于点的合成运动里的一些基本概念。如图 2.3 所示，一个水平放置的圆板绕过中心 O 的铅垂轴以角速度 ω 旋转，在圆板上有一光滑直槽 AB，槽内放一个小球 M。思考：若以圆板为参考系，小

球 M 将如何运动？若以地面为参考系,小球 M 又将如何运动？

运用点的合成运动理论来分析点的运动时,必须先掌握以下几个基本概念。

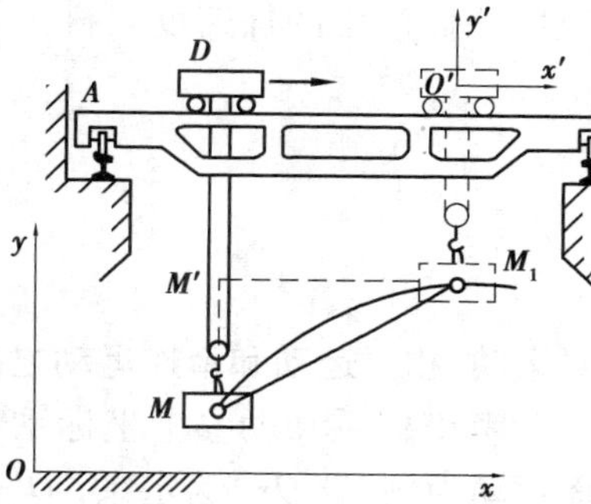

图 2.2

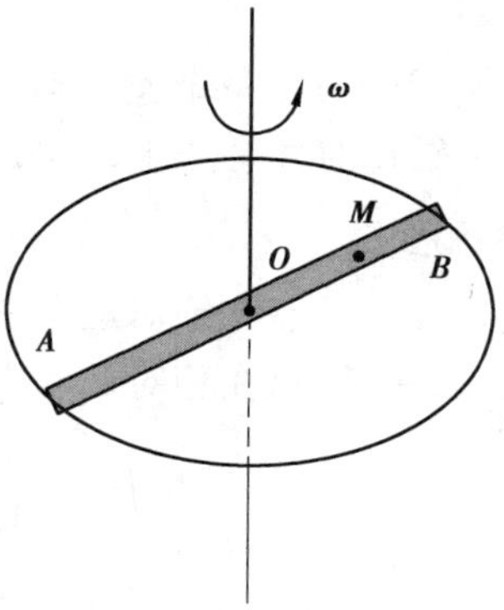

图 2.3

1)两个坐标系

必须选定两个参考系来分析点的运动。即

定参考系(O—xyz):固接于地面的坐标系;

动参考系(O'—$x'y'z'$):固接于相对定系运动的物体上的坐标系。

对于上面这个问题,两个坐标系如图 2.4 所示。

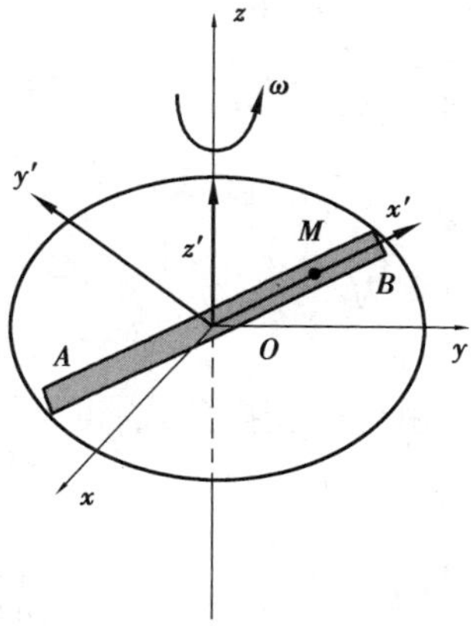

图 2.4

2)三种运动

绝对运动——动点相对于定参考系的运动(点的运动);

相对运动——动点相对于动参考系的运动(点的运动);

牵连运动——动参考系相对于定参考系的运动(刚体的运动)。

槽内动点 M 的三种运动分别是:

绝对运动:平面曲线运动;

相对运动:沿光滑直槽 AB 的直线运动;

牵连运动:绕铅直轴的定轴转动。

一般来讲,绝对运动可看成运动的合成,相对运动和牵连运动可看成运动的分解,合成与分解是研究点的合成运动的两个方面,不可单独看待,必须用联系的观点去学习。值得注意的是,绝对运动可看成由牵连运动与相对运动复合而成,称为合成运动。

3)三种速度

绝对速度($\boldsymbol{v}_a$)——动点相对于定参考系的速度;

相对速度($\boldsymbol{v}_r$)——动点相对于动参考系的速度;

牵连速度($\boldsymbol{v}_e$)——动参考系上与动点重合的那一点(即牵连点)相对于定参考系的速度。简言之,牵连点的绝对速度为牵连速度。

4)四种加速度

绝对加速度($\boldsymbol{a}_a$)——动点相对于定参考系的加速度;

相对加速度($\boldsymbol{a}_r$)——动点相对于动参考系的加速度;

牵连加速度($\boldsymbol{a}_e$)——动参考系上与动点重合的那一点(牵连点)相对于定参考系的加速度。

科氏加速度($\boldsymbol{a}_c$)——牵连运动与相对运动相互影响而产生的加速度。科氏加速度只有当牵连运动为转动时才会产生,在第 2.3 节会涉及。

5)两种轨迹

绝对轨迹——动点在绝对运动中的轨迹;

相对轨迹——动点在相对运动中的轨迹。

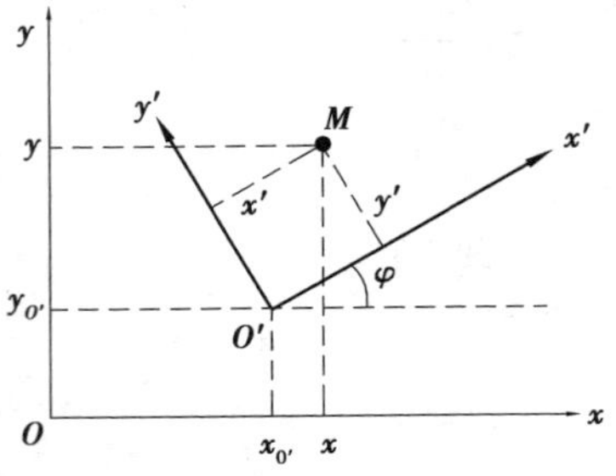

图 2.5

动点的绝对运动、相对运动和牵连运动之间的关系可以通过动点在定参考坐标系和动参考坐标系中的坐标变换得到。以平面运动为例,设 Oxy 为定系, $O'x'y'$为动系, M 为动点,坐标变换关系如图 2.5 所示。

点 M 的绝对运动方程为

$$x = x(t),\quad y = y(t)$$

点 M 的相对运动方程为

$$x' = x'(t),\quad y' = y'(t)$$

牵连运动是动系 $O'x'y'$相对于定系 Oxy 的运动,其运动方程为

$$x_{O'} = x_{O'}(t),y_{O'} = y_{O'}(t),\varphi = \varphi(t)$$

由坐标变换公式,得

$$\begin{cases} x = x_{O'} + x'\cos\varphi - y'\sin\varphi \\ y = y_{O'} + x'\sin\varphi + y'\cos\varphi \end{cases}$$

【例 2.1】如图 2.6(a)所示,曲柄导杆机构的运动由滑块 A 带动,已知 $OA=r$,且转动的角速度为 ω,试分析滑块 A 的运动。

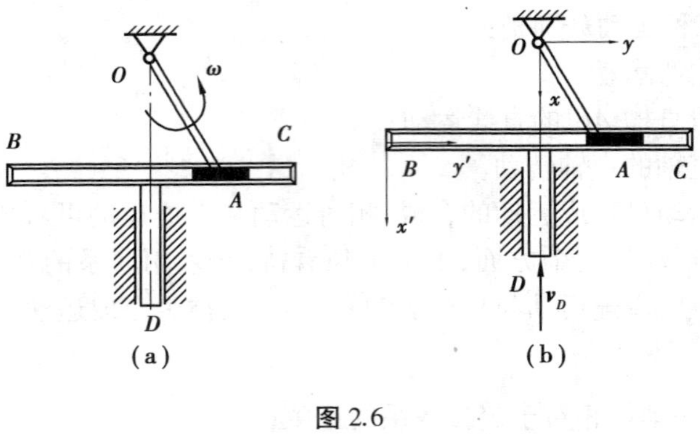

图 2.6

【解】取滑块 A 点(OA 杆上 A 点)为动点,有

动系:如图 2.6(b)所示,在 BCD 杆上建立动坐标系 $Bx'y'$。

绝对运动:以 O 为圆心,OA 为半径的圆周运动。

相对运动:沿 BC 杆的直线运动。

牵连运动:沿铅垂方向的直线平动。

机构运动特点:运动物体上有一固定点始终与另一运动物体接触,且在其上运动。

因此,滑块 A 始终以 O 为圆心、OA 为半径作角速度为 ω 的圆周运动。

【例 2.2】用车刀切削工件的直径端面,车刀刀尖 M 沿水平轴做往复运动,如图 2.7 所示。设 Oxy 为定坐标系,刀尖的运动方程为 $x=b\sin(\omega t)$,工件以等角速度 ω 逆时针转向转动。试求车刀刀尖 M 的相对运动轨迹。

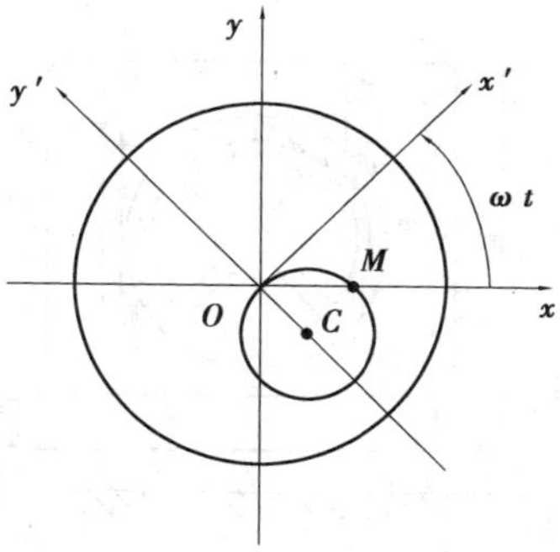

图 2.7

【解】取动点为车刀尖 M,建立动系为 $O'x'y'$

相对运动方程为:

$$x' = OM\cos\omega t = b\sin\omega t\cos\omega t = \frac{b}{2}\sin 2\omega t$$

$$y' = -OM\sin\omega t = -b\sin^2\omega t = -\frac{b}{2}(1-\cos 2\omega t)$$

相对运动轨迹为:

$$x'^2 + \left(y' + \frac{b}{2}\right)^2 = \frac{b^2}{4}$$

2.2　点的速度合成定理

在图 2.8 中,在瞬时 t,动点位于曲线 AB 上点 M 处。经过一段时间 Δt 后,AB 运动到新位置 $A'B'$,同时动点沿弧 MM'运动到 M'处。

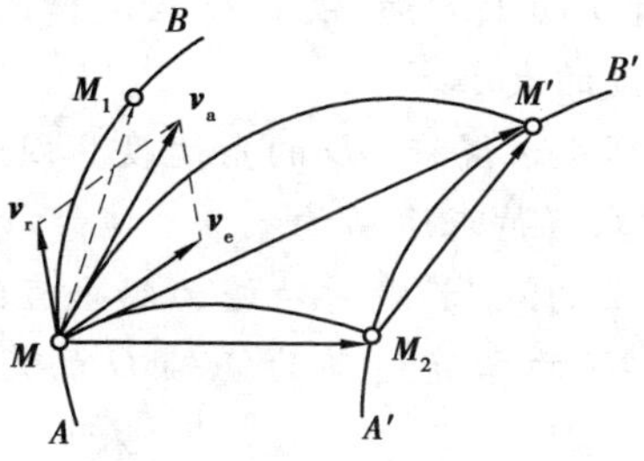

图 2.8

在静系中观察点的运动,动点的绝对轨迹为弧 MM_2,则随 AB 运动至 M_1 处,而将弧 MM_2 称为 t 瞬时牵连点的轨迹。作矢量 $\boldsymbol{MM'}$、$\boldsymbol{MM_1}$ 和 $\boldsymbol{MM_2}$ 分别表示动点的绝对位移、相对位移和牵连点的位移。作矢量 $\boldsymbol{M_2M'}$,由图中矢量关系可得

$$\boldsymbol{MM'} = \boldsymbol{MM_2} + \boldsymbol{M_2M'}$$

以 Δt 除等式两边,并令 $\Delta t\to 0$,取极限,得

$$\lim_{\Delta t\to 0}\frac{\boldsymbol{MM'}}{\Delta t} = \lim_{\Delta t\to 0}\frac{\boldsymbol{MM_1}}{\Delta t} + \lim_{\Delta t\to 0}\frac{\boldsymbol{M_1M'}}{\Delta t}$$

分析式中各项,等式左端就是动点 t 瞬时的绝对速度 $\boldsymbol{v}_a$,它沿动点的绝对轨迹 MM'在点 M 的切线方向。等式右端第一项是 t 瞬时牵连点的速度 $\boldsymbol{v}_e$,即动点的牵连速度,它沿曲线 $MM1$ 在点 M 的切线方向;而第二项则是动点在 t 瞬时的相对速度 $\boldsymbol{v}_r$,因 $\Delta t\to 0$ 时曲线 AB 和曲线$A'B'$重合,所以方向沿曲线 AB 在点 M 的切线方向。于是,上式可改写为

$$\boldsymbol{v}_a = \boldsymbol{v}_e + \boldsymbol{v}_r \tag{2.1}$$

在任一瞬时,速度动点的绝对速度等于牵连速度和相对速度的矢量和,这称为点的速度合成定理。根据这一定理,在动点上作速度平行四边形时,绝对速度应在速度平行四边形的对角线方向。速度合成定理的公式里包含有 $\boldsymbol{v}_a$,$\boldsymbol{v}_e$,$\boldsymbol{v}_r$ 三者的大小和方向共 6 个量,只要知道其中 4 个量,便可求出其余 2 个未知量。

在推导点的速度合成定理时，对动系作何种运动，未作任何限制。因此，无论牵连运动还是平动、转动还是复杂运动，速度合成定理都成立。

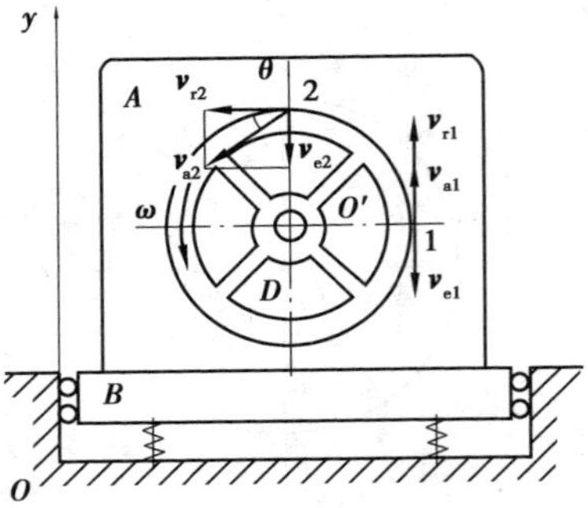

图 2.9

【例 2.3】如图 2.9 所示，机器 A 连同基座 B 安装在弹性基础上，按规律 $y=k\cos\omega_0 t$ 沿铅直方向振动，式中 k、ω_0 均为常量。机器的飞轮 D，半径为 r，以匀角速度 ω 转动。$t=\pi/2\omega_0$ 时，轮缘上 1、2 两点在图示位置。试求这两点在该瞬时相对于地面的速度。

【解】取 1、2 两点为动点，机器为动系。动点的绝对轨迹为平面曲线，相对轨迹为圆，牵连运动为平动。由所给条件可得 1、2 两点的相对速度 $\boldsymbol{v}_{r1}$、$\boldsymbol{v}_{r2}$ 为：$v_{r1}=r\omega$，方向向上；$v_{r2}=r\omega$，方向向左。

由于牵连运动为平动，平动刚体上各点的速度相同。因 $\dot{y}=-k\omega_0\sin\omega_0 t$，当 $t=\pi/2\omega_0$ 时 $\dot{y}=-k\omega_0$，故此时 1、2 两点的牵连速度大小为 $v_{e1}=v_{e2}=k\omega_0$，方向与 y 轴方向相反，如图 2.9 所示。

作出动点 1、2 的速度平行四边形，如图 2.9 所示。由图可见，$\boldsymbol{v}_{a1}$ 的大小为

$$v_{a1}=v_{r1}-v_{e1}=r\omega-k\omega_0$$

设 $r\omega>k\omega_0$，则 $\boldsymbol{v}_{a1}$ 的方向和 $\boldsymbol{v}_{r1}$ 相同。

因 $\boldsymbol{v}_{r2}\perp\boldsymbol{v}_{e2}$，故 $v_{a2}=\sqrt{v_{e2}^2+v_{r2}^2}=\sqrt{(k\omega)^2+(r\omega)^2}$

$\boldsymbol{v}_{a2}$ 与 $\boldsymbol{v}_{r2}$ 的夹角 θ 为：$\theta=\arctan\dfrac{v_{e2}}{v_{r2}}=\arctan\dfrac{k\omega_0}{r\omega}$

【例 2.4】如图 2.10 所示的摆杆机构中的滑杆 AB 以匀速 u 向上运动，铰链 O 与滑槽间的距离为 l，开始时 $\varphi=0$，试求 $\varphi=\pi/4$ 时摆杆 OD 上 D 点的速度的大小。

【解】D 是作定轴转动刚体上的点，要求点 D 的速度，必须先求得杆 OD 的角速度。因此，应通过对两运动部件的连接点 A 的运动分析，由已知运动量求得待求运动量。

取 A 为动点，杆 OD 为动系。A 为作直线平动的杆 AB 上的点，其绝对轨迹为铅垂直线。滑块在 OD 上滑动，A 的相对轨迹为沿 OD 的直线。动系 OD 的牵连运动为绕轴 O 的定轴转动。

作动点的速度平行四边形如图 2.10 所示。作速度图时，先作大小、方向已知的矢量 $\boldsymbol{v}_a$；$\boldsymbol{v}_r$ 大小未知，方向沿相对轨迹；$\boldsymbol{v}_e$ 大小未知，方向垂直于 OD 连线。根据 $\boldsymbol{v}_a$ 应在速度平行四边形的对角线方向，可定出 $\boldsymbol{v}_e$、$\boldsymbol{v}_r$ 的正确指向。

由图可见，$v_e=v_a\cos 45^\circ=\dfrac{\sqrt{2}}{2}u$

杆 OD 作定轴转动，得 $\omega=\dfrac{v_e}{OA}=\dfrac{\dfrac{\sqrt{2}}{2}u}{l\sqrt{2}}=\dfrac{u}{2l}$

由图可知，ω 为逆时针转向，D 点的速度大小 $v_D=b\omega=\dfrac{bu}{2l}$，方向垂直于 OD，指向如图 2.10 所示。

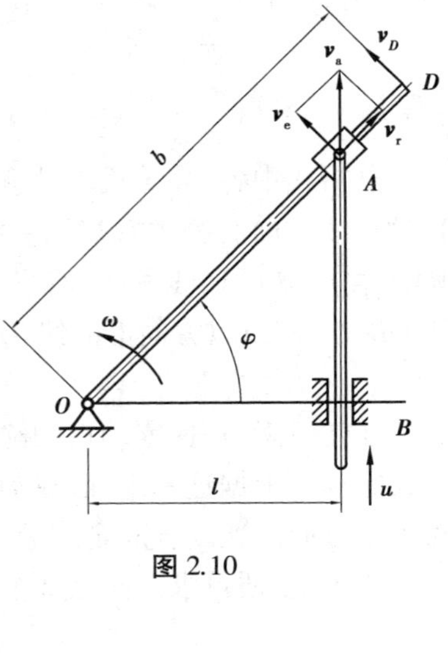

图 2.10

【例 2.5】图 2.11 所示的曲柄滑道机构中，杆 BC 为水平，杆 DE 保持铅直。曲柄长 $OA=0.1$ m，并以匀角速度 $\omega=20$ rad/s 绕 O 轴转动，通过滑块 A 使杆 BC 作往复运动。求当曲柄水平线的交角 φ 分别为 0°、30°、90°时杆 BC 的速度。

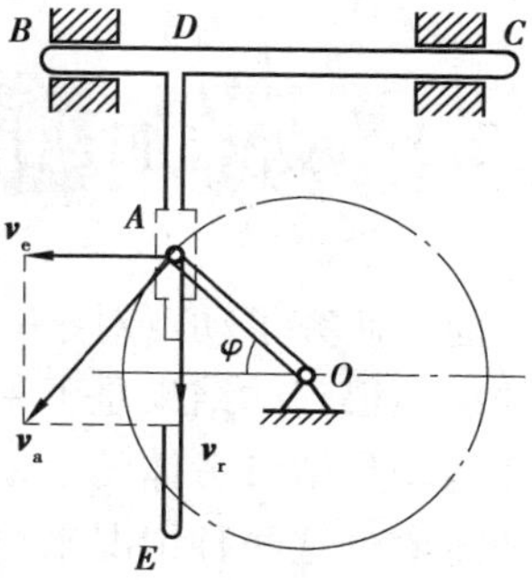

图 2.11

【解】取滑块 A 为动点，动系固接于 BCE 杆。

$$v_a = OA \cdot \dot{\varphi} = 2 \text{ m/s}$$

由 $v_a=v_e+v_r$ 得 $v_e=v_a\sin\varphi$

当 $\varphi=0°$时，$v_e=0$；

当 $\varphi=30°$时，$v_e=1$ m/s；

当 $\varphi=90$ 时，$v_e=2$ m/s。

【例 2.6】如图 2.12 所示，车 A 沿半径为 150 m 的圆弧道路以匀速 $v_A=45$ km/h 行驶，车 B 沿直线道路以匀速 $v_B=60$ km/h 行驶，两车相距 30 m，求：(1) A 车相对 B 车的速度；(2) B 车相对 A 车的速度。

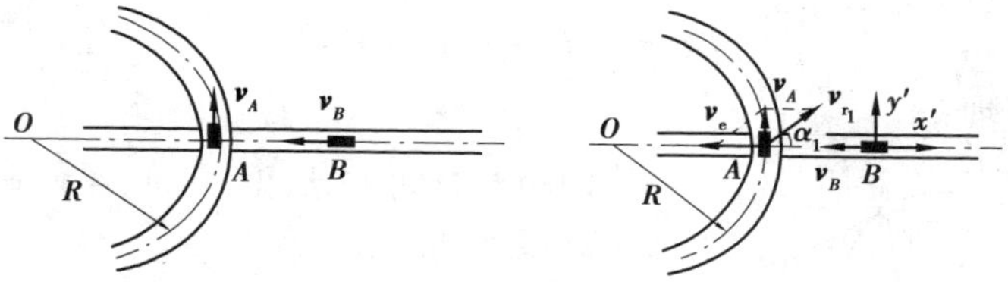

(a)　　　　　(b)

图 2.12

【解】(1) 以车 A 为动点，静系取在地面上，动系取在车 B 上，动点的速度合成矢量图如图 2.12(b) 所示，有

$$v_{r_1} = \sqrt{v_a^2 + v_e^2} = \sqrt{v_A^2 + v_B^2} = 75 \text{ km/h}$$

$$\sin\alpha_1 = \frac{v_A}{v_{r_1}} = \frac{45}{75} = 0.6$$

$$\alpha_1 = 36.9°$$

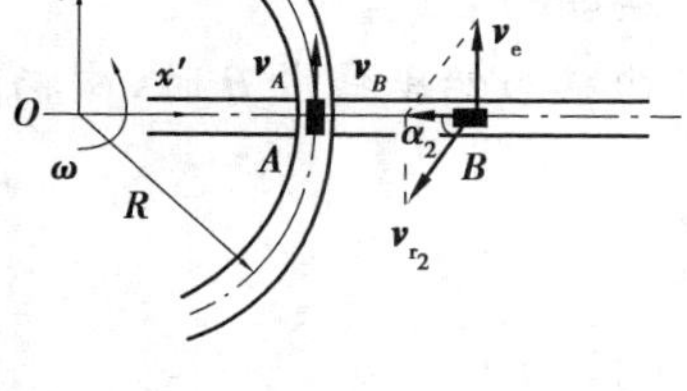

图 2.13

(2) 以车 B 为动点，静系取在地面上，动系取在车 A 上，动点的速度合成矢量图如图 2.13 所示。

$$\omega = \frac{v_A}{R} = \frac{45 \times 10^3}{3\,600 \times 150} = 0.083 \text{ (rad/s)}$$

$$v_e = 180 \times 0.083 = 15 \text{ (m/s)} = 54 \text{ km/s}$$

$$v_{r_2} = \sqrt{v_B^2 + v_e^2} = 80.72 \text{ km/h}$$

$$\sin\alpha_2 = \frac{v_e}{v_{r_2}} = \frac{54}{80.72} = 0.669\text{，则：}\alpha_2 = 42°$$

2.3　点的加速度合成定理

前面研究了动点对于一个参考坐标系的运动。在不同的参考坐标系中,对同一个点的运动的描述得到的结果是不一样的。我们知道动点的绝对运动和相对运动都是指点的运动,而牵连运动是指参考体的运动,是刚体的运动,刚体运动主要分为平动和转动,因此加速度合成定理需要分这两种情况来讨论。

▶2.3.1　牵连运动为平动时加速度合成定理

如图 2.14 所示,设 $O'x'y'z'$ 为平动参考系,动点 M 相对于动系的相对坐标为 x'、y'、z',则动点 M 的相对速度和加速度为

$$\boldsymbol{v}_{\mathrm{r}} = \dot{x}'\boldsymbol{i}' + \dot{y}'\boldsymbol{j}' + \dot{z}'\boldsymbol{k}' \tag{2.2}$$

$$\boldsymbol{a}_{\mathrm{r}} = \ddot{x}'\boldsymbol{i}' + \ddot{y}'\boldsymbol{j}' + \ddot{z}'\boldsymbol{k}' \tag{2.3}$$

由点的速度合成定理:　$\boldsymbol{v}_{\mathrm{a}} = \boldsymbol{v}_{\mathrm{e}} + \boldsymbol{v}_{\mathrm{r}}$

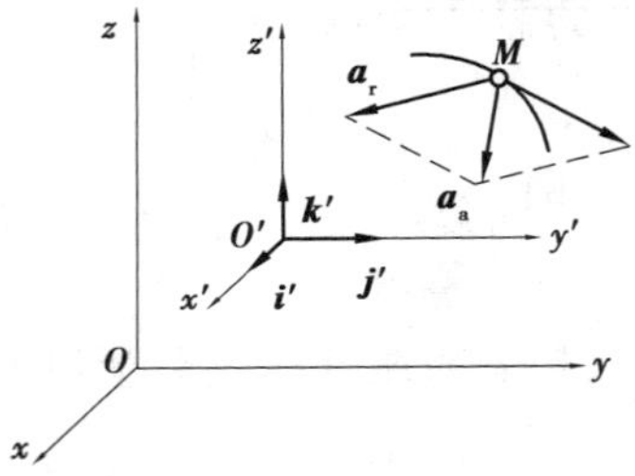

图 2.14

两边对时间求导,得:　$\dot{\boldsymbol{v}}_{\mathrm{a}} = \dot{\boldsymbol{v}}_{\mathrm{e}} + \dot{\boldsymbol{v}}_{\mathrm{r}}$

动系平动时有:

$$\dot{\boldsymbol{v}}_{\mathrm{r}} = \ddot{x}'\boldsymbol{i}' + \ddot{y}'\boldsymbol{j}' + \ddot{z}'\boldsymbol{k}' = \boldsymbol{a}_{\mathrm{r}}$$

$$\dot{\boldsymbol{v}}_{\mathrm{e}} = \dot{\boldsymbol{v}}'_{O} = \boldsymbol{a}'_{O} = \boldsymbol{a}_{\mathrm{e}}$$

于是可得:

$$\boldsymbol{a}_{\mathrm{a}} = \boldsymbol{a}_{\mathrm{e}} + \boldsymbol{a}_{\mathrm{r}} \tag{2.4}$$

即:当牵连运动为平动时,动点在某瞬时的绝对加速度等于该瞬时它的牵连加速度与相对加速度的矢量和。这就是牵连运动为平动时点的加速度合成定理。

式(2.4)即为牵连运动为平动时点的加速度合成定理的基本形式。其最一般的形式为:

$$\boldsymbol{a}_{\mathrm{a}}^{\tau} + \boldsymbol{a}_{\mathrm{a}}^{n} = \boldsymbol{a}_{\mathrm{e}}^{\tau} + \boldsymbol{a}_{\mathrm{e}}^{n} + \boldsymbol{a}_{\mathrm{r}}^{\tau} + \boldsymbol{a}_{\mathrm{r}}^{n} \tag{2.5}$$

具体应用时,只有分析清楚三种运动,才能确定加速度合成定理的形式。

【例 2.7】如图 2.15 所示的曲柄滑杆机构,曲柄长 $OA=r$,当曲柄与铅垂线成 θ 时,曲柄的

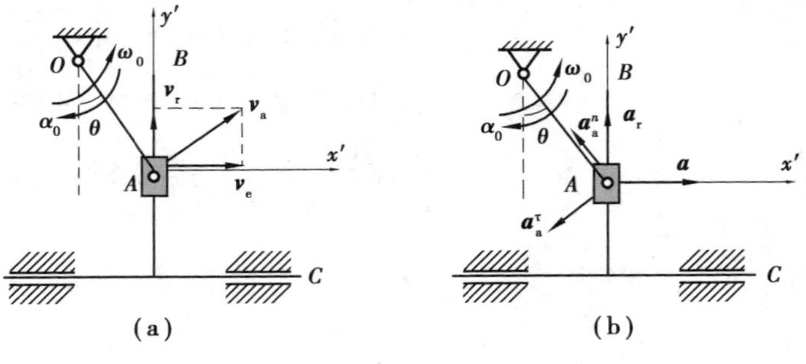

图 2.15

角速度为 ω_0，角加速度为 α_0，求此时 BC 的速度和加速度。

【解】以滑块 A 为动点，动系固连在 BC 杆上，动点的速度合成矢量图如图 2.15(a)所示。

建立如图的投影坐标轴 $Ax'y'$，由 $\boldsymbol{v}_a=\boldsymbol{v}_e+\boldsymbol{v}_r$ 将各矢量投影到投影轴 x' 上，有：$v_a\cos\theta=v_e$，即：$v_e=v_a\cos\theta=r\omega_0\cos\theta$，该速度即为 BC 的速度。

动点的加速度合成矢量图如图 2.15(b)所示。

其中：$a_a^\tau=r\alpha_0 a_a^n=r\omega_0^2$

建立如图的投影坐标轴 $Ax'y'$，由 $\boldsymbol{a}_a^\tau+\boldsymbol{a}_a^n=\boldsymbol{a}_e+\boldsymbol{a}_r$ 将各矢量投影到 x' 轴上，得：

$$-a_a^\tau\cos\theta-a_a^n\sin\theta=a_e$$

于是可得：$a_e=-r(\alpha_0\cos\theta+\omega_0^2\sin\theta)$，该加速度即为 BC 的加速度。

【例 2.8】半径为 r 的半圆形凸轮在水平面上滑动，使直杆 OA 可绕轴 O 转动。已知 $OA=r$，在图示瞬时杆 OA 与铅垂线夹角 $\theta=30°$，杆端 A 与凸轮相接触，点 O 与 O_1 在同一铅直线上，凸轮的速度为 $\boldsymbol{v}$，加速度为 $\boldsymbol{a}$。求在图 2.16 所示瞬时 A 点的速度和加速度，并求 OA 杆的角速度和角加速度。

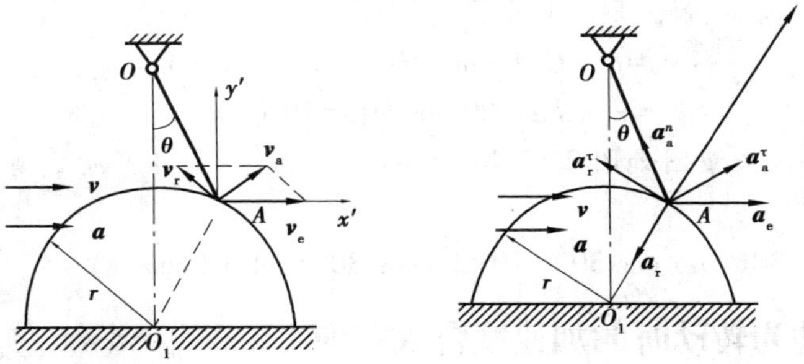

图 2.16

【解】以杆端 A 为动点，静系取在地面上，动系取在凸轮上，动点的速度合成矢量图如图 2.16(a)所示。

建立如图的投影坐标轴 $Ax'y'$，由 $\boldsymbol{v}_a=\boldsymbol{v}_e+\boldsymbol{v}_r$，将各矢量投影到投影轴上，得：

$$v_a\cos\theta=v_e-v_r\cos\theta v_a\sin\theta=v_r\sin\theta$$

解得：
$$v_a=v_r=\frac{v_e}{2\cos\theta}=\frac{v}{2\cos30°}=\frac{v}{\sqrt{3}}=\frac{\sqrt{3}}{3}v$$

OA 杆的角速度为
$$\omega_{OA}=\frac{v_a}{OA}=\frac{\sqrt{3}}{3r}v$$

动点的加速度合成矢量图如图 2.16(b)所示。

其中
$$a_a^n=r\omega_{OA}^2=\frac{v^2}{3r},a_r^n=\frac{v_r^2}{r}=\frac{v^2}{3r}$$

建立如图的投影轴，由 $\boldsymbol{a}_a^\tau+\boldsymbol{a}_a^n=\boldsymbol{a}_e+\boldsymbol{a}_r^\tau+\boldsymbol{a}_r^n$，将各矢量投影到投影轴 η 上，得

$$a_a^\tau\cos30°+a_a^n\cos60°=a_e\cos60°-a_r^n$$

所以
$$a_a^\tau=\frac{1}{\sqrt{3}}(a_e-2a_r^n-a_a^n)=\frac{\sqrt{3}}{3}\left(a-\frac{v^2}{r}\right)$$

故 OA 杆的角加速度 $\alpha_{OA}=\frac{a_a^\tau}{OA}=\frac{\sqrt{3}}{3r}\left(a-\frac{v^2}{r}\right)$

【例 2.9】如图 2.17 所示的铰接四边形机构中，$O_1A=O_2B=10$ cm，$O_1O_2=AB$，杆 O_1A 以匀角速度 $\omega=2$ rad/s绕 O_1 轴转动。AB 杆上有一滑套 C，滑套 C 与 CD 杆铰接，机构各部件在同一铅直面内。求当 $\varphi=60°$时，CD 杆的速度和加速度。

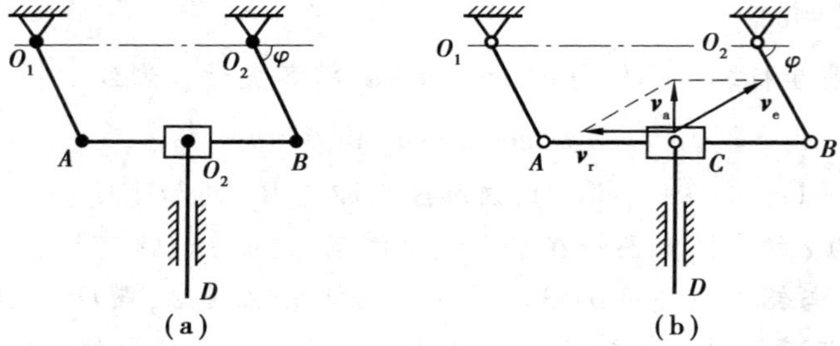

图 2.17

【解】以滑套 C 为动点，静系取在地面上，动系取 AB 上。

由于 $v_e=v_A=O_1A\cdot\omega=10\times2=20$ (cm/s)

所以有 $v_a=v_e\cos\varphi=20\cos 60°=10$ (cm/s)

动点的加速度合成矢量图如图 2.17(b)所示。

由于 $a_e=a_A=r\omega^2$

所以有 $a_a=a_e\cos 30°=r\omega^2\cos 30°=10\times2^2\times\cos 30°=34.6$ (cm/s²)

►2.3.2 牵连运动为转动时的加速度合成定理

设一圆盘以匀角速度 ω 绕定轴 O 逆时针转动(图 2.18)，盘上边缘圆槽内有一点 M 以相对速度 $v_r=\omega R$ 沿槽作匀速圆周运动，那么 M 点相对于定系的绝对加速度是多少呢？

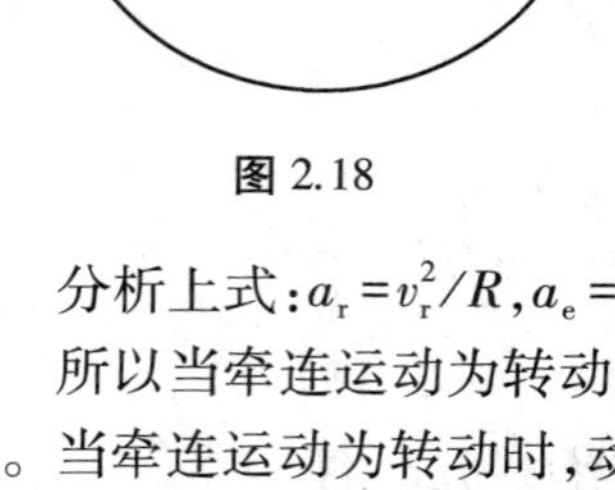

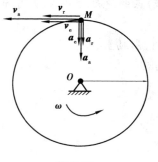

图 2.18

选点 M 为动点，动系固结与圆盘上，则 M 点的牵连运动为匀速转动：

$$v_e=\omega R,a_e=\omega^2 R$$

相对运动为匀速圆周运动，所以 v_r 为常数，$a_r=\frac{v_r^2}{R}$

因为绝对运动也为匀速圆周运动，所以有

$$a_a=\frac{v_a^2}{R}=\frac{(R\omega+v_r)^2}{R}=R\omega^2+\frac{v_r^2}{R}+2\omega v_r$$

方向指向圆心 O 点。

分析上式：$a_r=v_r^2/R$，$a_e=R\omega^2$，还多出一项 $2\omega v_r$。

所以当牵连运动为转动时，加速度合成的结果和牵连运动为平动时加速度合成的结果不同。当牵连运动为转动时，动点的绝对加速度a_a 并不等于牵连加速度a_e 和相对加速度a_r 的矢量和。那么它们之间的关系是什么呢？

当牵连运动为转动时，$\boldsymbol{v}_a=\boldsymbol{v}_e+\boldsymbol{v}_r$ 中 $\boldsymbol{v}_e=\boldsymbol{\omega}\times\boldsymbol{r}$，于是$\frac{d\boldsymbol{v}_e}{dt}=\frac{d}{dt}(\boldsymbol{\omega}\times\boldsymbol{r})=\frac{d\boldsymbol{\omega}}{dt}\times\boldsymbol{r}+\boldsymbol{\omega}\times\frac{d\boldsymbol{r}}{dt}=\boldsymbol{\alpha}\times\boldsymbol{r}+\boldsymbol{\omega}\times$

$\boldsymbol{v}_a=\boldsymbol{\alpha}\times\boldsymbol{r}+\boldsymbol{\omega}\times(\boldsymbol{v}_e+\boldsymbol{v}_r)=(\boldsymbol{\alpha}\times\boldsymbol{r}+\boldsymbol{\omega}\times\boldsymbol{v}_e)+\boldsymbol{\omega}\times\boldsymbol{v}_r$。

由于牵连加速度定义为动系中与动点重合点的加速度，有

$$\boldsymbol{a}_e=\frac{d\boldsymbol{v}_e}{dt}=\boldsymbol{\alpha}\times\boldsymbol{r}+\boldsymbol{\omega}\times\boldsymbol{v}_e \tag{2.6}$$

$$\frac{d\boldsymbol{v}_e}{dt}=\boldsymbol{a}_e+\boldsymbol{\omega}\times\boldsymbol{v}_r \tag{2.7}$$

$$\frac{d\boldsymbol{v}_r}{dt}=\frac{d\boldsymbol{v}_r}{dt}+\boldsymbol{\omega}\times\boldsymbol{v}_r=\boldsymbol{a}_r+\boldsymbol{\omega}\times\boldsymbol{v}_r \tag{2.8}$$

因为 $\boldsymbol{v}_a=\boldsymbol{v}_e+\boldsymbol{v}_r$，两边同时对 d$t$ 求导得

$$\frac{d\boldsymbol{v}_a}{dt}=\frac{d\boldsymbol{v}_e}{dt}+\frac{d\boldsymbol{v}_r}{dt} \tag{2.9}$$

所以

$$\boldsymbol{a}_a=\boldsymbol{a}_e+\boldsymbol{a}_r+2\boldsymbol{\omega}\times\boldsymbol{v}_r \tag{2.10}$$

由于动坐标系为转动，牵连运动和相对运动的相互影响而产生了一个附加的加速度，称为科里奥利加速度，简称科氏加速度，用 $\boldsymbol{a}_c$ 表示。其大小为：

$$a_c=2\omega v_r\sin(\omega,v_r) \tag{2.11}$$

其方向按右手法则确定。

所以

$$\boldsymbol{a}_a=\boldsymbol{a}_e+\boldsymbol{a}_r+\boldsymbol{a}_c \tag{2.12}$$

【例 2.10】计算点 M_1 和 M_2 的科氏加速度大小，并在图 2.19 中标示方向。

【解】点 M_1 的科氏加速度大小为：$a_{c1}=2\omega v_1\sin\theta$

方向：垂直板面向里

点 M_2 的科氏加速度大小为：$a_{c2}=0(\boldsymbol{\omega}//\boldsymbol{v}_2)$

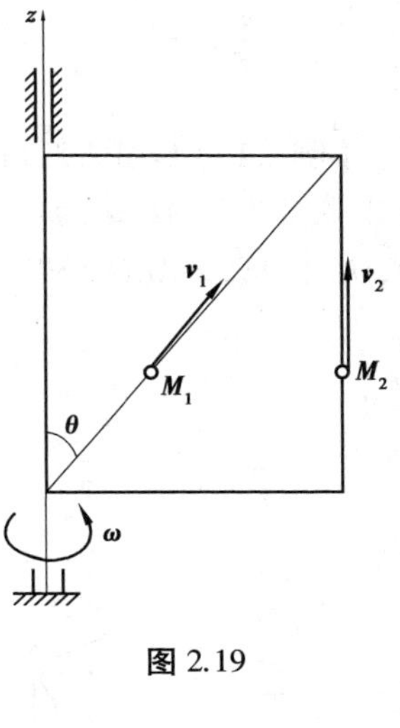

图 2.19

【例 2.11】如图 2.20(a)所示，直角折杆 OBC 绕 O 轴转动，带动套在其上的小环 M 沿固定直杆 OA 滑动，如图。已知：$OB=10$ cm，折杆的角速度 $\omega=0.5$ rad/s，角加速度为 O。求当 $\varphi=60°$ 时，小环 M 的速度和加速度。

【解】以小环 M 为动点，静系取在地面上，动系取在折杆上，动点的速度合成矢量图如图 2.20(b)所示。

建立如图的投影坐标轴，由 $\boldsymbol{v}_a=\boldsymbol{v}_e+\boldsymbol{v}_r$ 将各矢量投影到投影轴 x' 上，得

$$v_a=v_r\cos 30°$$

$$0=-v_e+v_r\sin 30°$$

因为 $$v_e=OM\cdot\omega=\frac{OB}{\cos 60°}\omega=\frac{10}{0.5}\times 0.5=10\ (\text{cm/s})$$

解得 $v_r=20$ cm/s，$v_a=10\sqrt{3}$ cm/s

动点的加速度合成矢量图如图 2.20(c)所示，其中

$$a_e=a_e^n=OM\cdot\omega^2=5\ \text{cm/s}$$

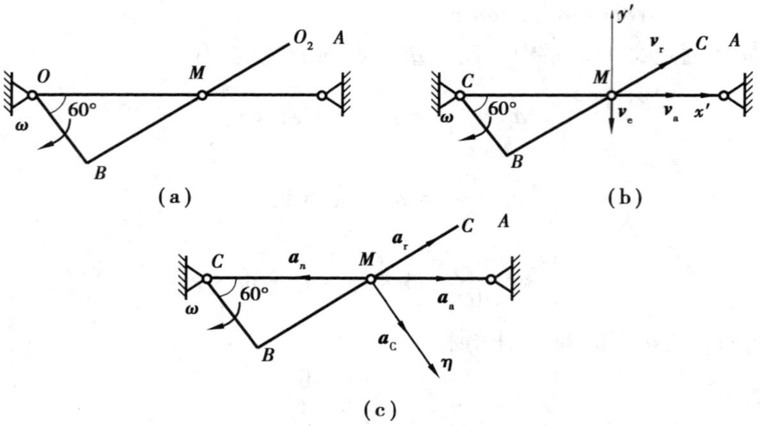

图 2.20

$$a_C = 2\omega v_r \sin 90° = 2 \times 0.5 \times 20 = 20\ (\text{cm/s})$$

建立如图的投影坐标轴，由$\boldsymbol{a}_a=\boldsymbol{a}_e+\boldsymbol{a}_r+\boldsymbol{a}_c$

将各矢量投影到投影轴 η 上，得：

$$a_a \cos 60° = -a_e \sin 30° + a_c$$

所以
$$a_a = -a_e + \frac{a_c}{\cos 60°} = -5 + \frac{20}{0.5} = 35\ (\text{cm/s}^2)$$

故小环 M 的速度和加速度为

$$v_M = v_a = 10\sqrt{3}\ \text{cm/s}$$

$$a_M = a_a = 35\ \text{cm/s}^2$$

【例 2.12】如图 2.21(a)所示机构，半径为 R 的曲柄 OA 以匀角速度 ω 绕 O 轴转动，通过铰链 A 带动连杆 AB 运动。由于连杆 AB 穿过套筒 CD，从而使套筒 CD 绕 E 轴转动。在图示瞬时，$OA \perp OE$，$\angle AEO=30°$。求此时套筒 CD 的角加速度。

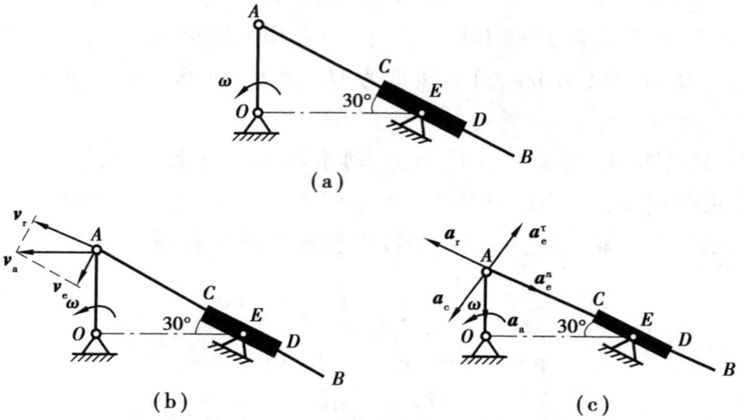

图 2.21

【解】以铰 A 为动点，静系取在地面上，动系取在 CD 上，动点的速度合成矢量图如图 2.21(b)所示。

$$v_r = v_a \cos 30° = R\omega \cos 30° = \frac{\sqrt{3}}{2}R\omega$$

$$v_e = v_a \sin 30° = R\omega \sin 30° = \frac{1}{2}R\omega$$

于是套筒 CD 的角速度为

$$\omega_{CD} = \frac{v_e}{AE} = \frac{1}{4}\omega$$

动点的加速度合成矢量图如图 2.21(c)所示。

其中

$$a_a = a_a^n = R\omega^2$$

$$a_e^n = AE \cdot \omega_{CD}^2 = \frac{1}{8}R\omega^2$$

$$a_c = 2\omega_{CD}v_r \sin 90° = \frac{\sqrt{3}}{4}R\omega^2$$

建立如图所示的投影坐标轴，由$\boldsymbol{a}_a = \boldsymbol{a}_e^\tau + \boldsymbol{a}_e^n + \boldsymbol{a}_r + \boldsymbol{a}_c$ 将各矢量投影到投影轴上，得

$$-a_a \sin 60° = a_e^\tau - a_c$$

解得

$$a_e^\tau = a_c - a_a \sin 60° = \frac{\sqrt{3}}{4}R\omega^2 - \frac{\sqrt{3}}{2}R\omega^2 = -\frac{\sqrt{3}}{4}R\omega^2$$

套筒 CD 的角加速度为

$$\varepsilon = \frac{a_e^\tau}{AE} = -\frac{\sqrt{3}}{8}\omega^2，转向为逆时针方向。$$

【例 2.13】圆盘的半径 $R = 2\sqrt{3}$ cm，以匀角速度 $\omega = 2$ rad/s，绕 O 轴转动，并带动杆 AB 绕 A 轴转动。求机构运动到 A、C 两点位于同一铅垂线上，且 $\alpha = 30°$时，AB 杆转动的角速度与角加速度。

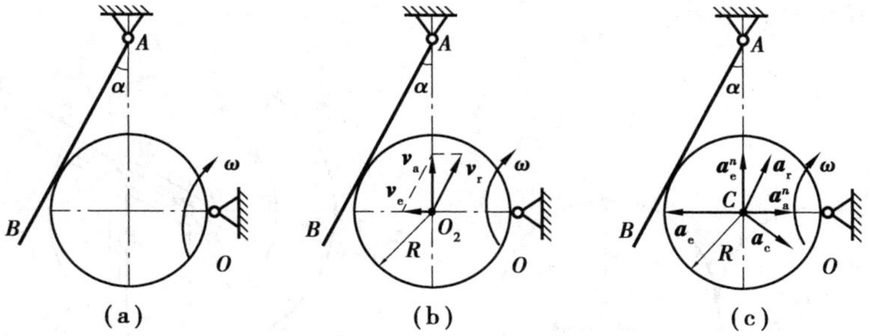

图 2.22

【解】取圆盘中心 C 为动点，静系取在地面上，动系取在 AB 杆上。动点的速度合成矢量图如图 2.22(b)所示。

由图可得

$$v_e = v_a \tan \alpha = R\omega \tan 30° = 4 \text{ cm/s}$$
$$v_r = v_a / \cos \alpha = R\omega / \cos 30° = 8 \text{ cm/s}$$

所以杆 AB 的角速度为

$$\omega_{AB}=\frac{v_{\mathrm{e}}}{AC}=\frac{v_{\mathrm{e}}}{2R}=\frac{\sqrt{3}}{3}\ \mathrm{rad/s}$$

动点的加速度合成矢量图如图 2.22(c)所示。

其中

$$a_{\mathrm{a}}^{n}=R\omega^{2}=8\sqrt{3}\ \mathrm{cm/s^{2}}$$

$$a_{\mathrm{e}}^{n}=AC\cdot\omega_{AB}^{2}=2R\omega_{AB}^{2}=\frac{4\sqrt{3}}{3}\ \mathrm{cm/s^{2}}$$

$$a_{\mathrm{C}}=2\omega_{AB}v_{\mathrm{r}}=\frac{16}{3}\sqrt{3}\ \mathrm{cm/s^{2}}$$

建立如图所示的投影轴，由 $\boldsymbol{a}_{\mathrm{a}}^{\tau}+\boldsymbol{a}_{\mathrm{a}}^{n}=\boldsymbol{a}_{\mathrm{e}}^{\tau}+\boldsymbol{a}_{\mathrm{e}}^{n}+\boldsymbol{a}_{\mathrm{r}}+\boldsymbol{a}_{\mathrm{c}}$ 将各矢量投影到投影轴上得

$$a_{\mathrm{a}}^{n}\cos\alpha=-a_{\mathrm{e}}^{\tau}\cos\alpha-a_{\mathrm{e}}^{n}\sin\alpha+a_{\mathrm{c}}$$

所以

$$a_{\mathrm{e}}^{\tau}=\frac{1}{\cos\alpha}(a_{\mathrm{c}}-a_{\mathrm{e}}^{n}\sin\alpha-a_{\mathrm{a}}^{n}\cos\alpha)=-4.52\ \mathrm{cm/s^{2}}$$

故 $\varepsilon_{AB}=\dfrac{a_{\mathrm{e}}^{\tau}}{AC}=\dfrac{a_{\mathrm{e}}^{\tau}}{2R}=-0.65(\mathrm{rad/s^{2}})$，转向为逆时针方向。

习　题

2.1　如图所示，轮 O_1 和 O_2 半径均为 r，轮 O_1 转动角速度为 ω，并带动 O_2 转动。某瞬时在 O_1 轮上取 A 点，在 O_2 轮上与 O_2A 垂直的半径上取 B 点，如习题 2.1 图所示。试求：该瞬时(1)B 点相对于 A 点的相对速度；(2)B 点相对于轮 O_1 的相对速度。

2.2　绕轴 O 转动的圆盘及直杆 OA 上均有一导槽，两导槽间有一活动销子 M 如习题 2.2 图所示，$b=0.1$ m。设在图示位置时，圆盘及直杆的角速度分别为 $\omega_1=9$ rad/s 和 $\omega_2=3$ rad/s，求此瞬时销子 M 的速度大小。

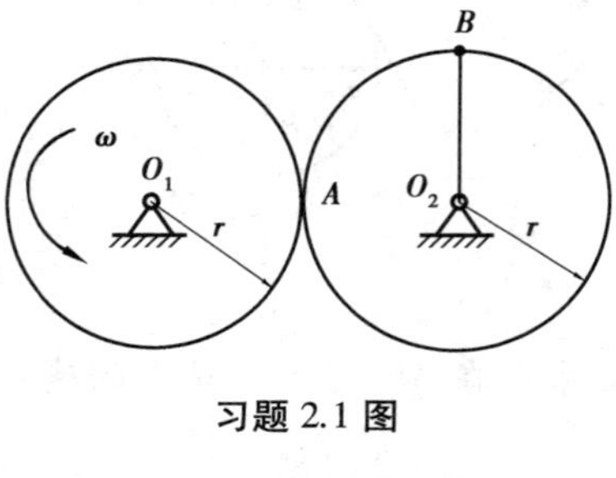

习题 2.1 图

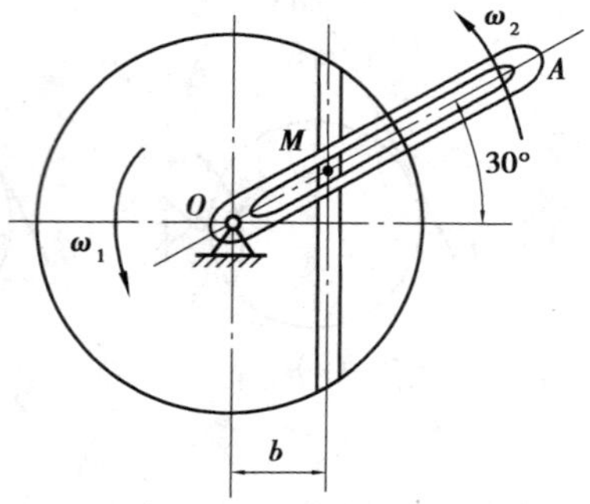

习题 2.2 图

2.3　如图所示的曲柄滑道机构中，曲柄长 $OA=r$，并以匀角速度 ω 绕 O 轴转动。装在水平杆上的滑槽 DE 与水平线成60°角。求当曲柄与水平线交角 $\varphi=0$、30°、60°时，杆 BC 的速度。

2.4　如图所示的 L 形杆 BCD 以匀速 v 沿导槽向右平动，$BC \perp CD$，$BC=h$。靠在它上面并保持接触的直杆 OA 长为 l，可绕 O 轴转动。试以 x 的函数表示出直杆 OA 端点 A 的速度。

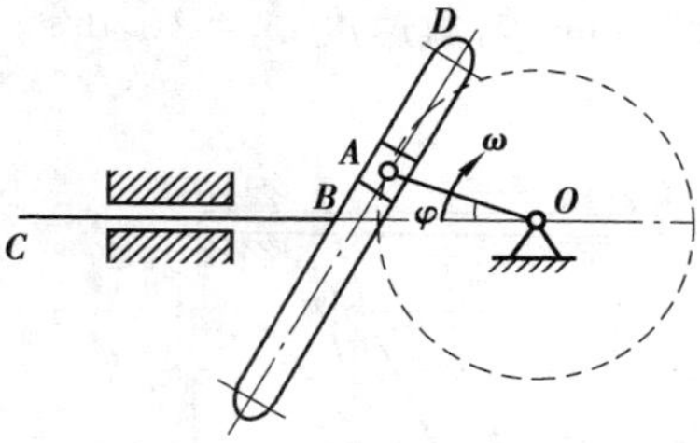

习题 2.3 图

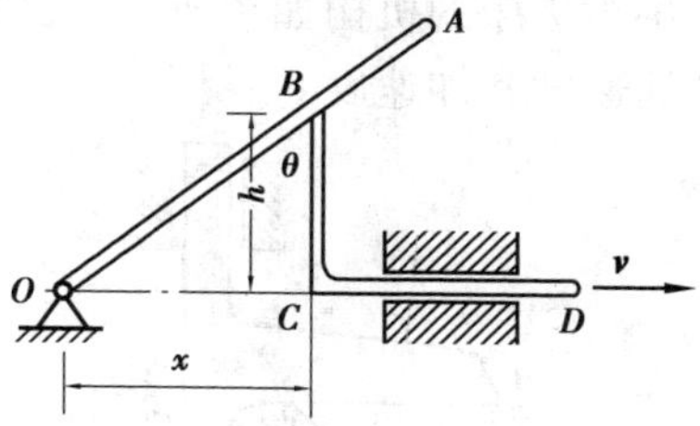

习题 2.4 图

2.5　如图所示，长为 l 的杆，绕 O 轴以角速度 ω 转动，圆盘半径为 r，绕 O' 轴以角速度 ω' 转动。求圆盘边缘 M_1 和 M_2 点的牵连速度和加速度。

2.6　半径为 R 的半圆形凸轮 D 以等速 v_0 沿水平线向右运动，带动从动杆 AB 沿铅直方向上升，如习题 2.6 图所示。求 $\varphi=30°$时，AB 杆的速度和加速度。

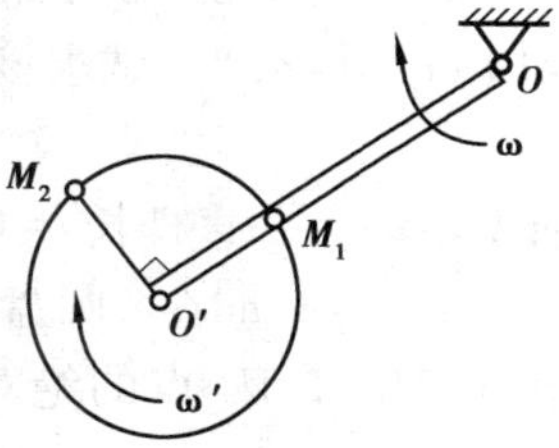

习题 2.5 图

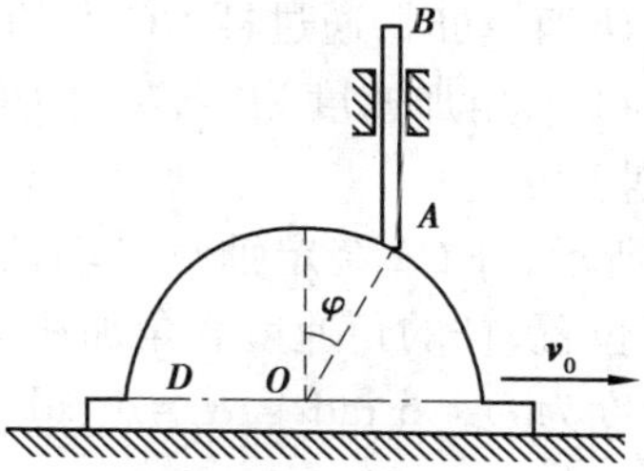

习题 2.6 图

2.7　如图所示，已知 $BC=AD=2$ m，BC 杆以匀角速度转动，$\omega=2$ rad/s，求图示位置套筒 E 的速度和加速度。

2.8　如图所示的平面机构，曲柄 OA 以匀角速度 $\omega=3$ rad/s 绕 O 轴转动，$AC=3$ m，$R=1$ m，轮沿水平直线轨道作纯滚动。在图示位置时，OC 为铅垂位置，$\varphi=60°$，试求该瞬时轮的角速度和角加速度。

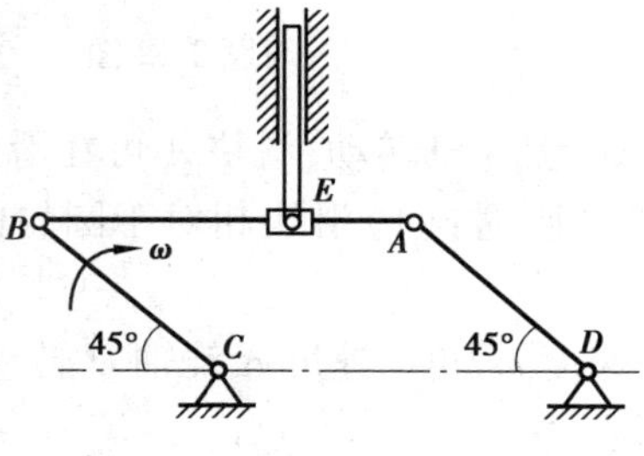

习题 2.7 图

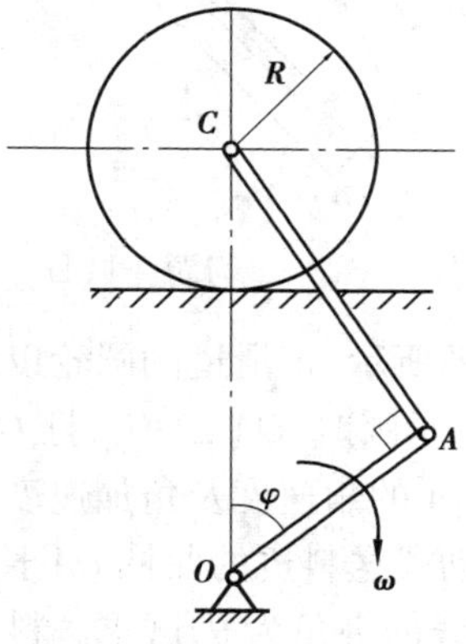

习题 2.8 图

2.9　如图所示，曲柄长 $OA=400$ mm，以等角速度 $\omega=0.5$ rad/s 绕 O 轴逆时针转动。曲柄

的 A 端推动水平板 B,使滑杆 C 沿铅直方向上升。当曲柄与水平线间的夹角 $\theta=30°$时,试求滑杆 C 的速度和加速度。

2.10　牛头刨床的机构如图所示。已知 $O_1A=200$ mm,匀角速度 $\omega_1=2$ rad/s。求图示位置滑枕 CD 的速度和加速度。

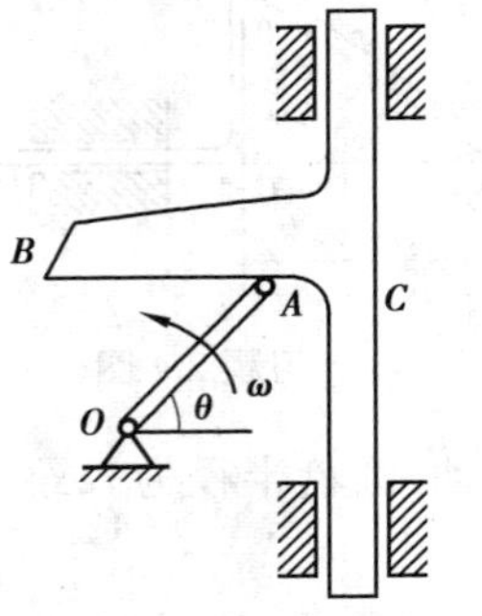

习题 2.9 图

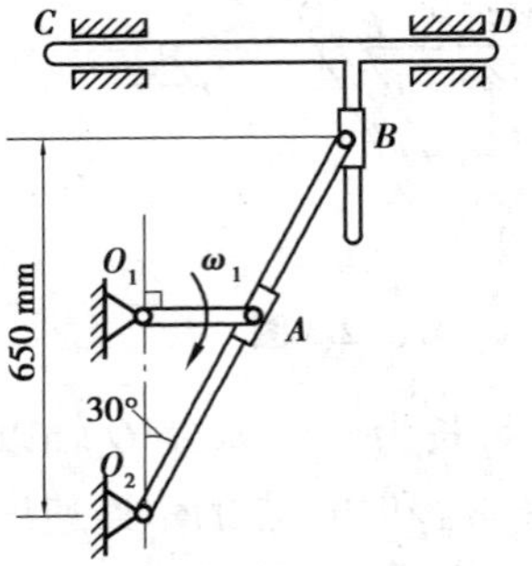

习题 2.10 图

2.11　当杆 OC 转动时,通过杆 OC 上的销子 A 带动 EBD 绕 B 摆动,在图示瞬时,杆 OC 的角速度 $\omega=2$ rad/s,角加速度为零,$BA\perp OC$,$AB=L=15$ cm,$\theta=45°$。试求该瞬时 EBD 的角速度 ω_B 和角加速度 ε_B。

2.12　如图所示,杆 OA 绕定轴 O 转动,圆盘绕动轴 A 转动。一直杆长 $l=0.2$ m,圆盘半径 $r=0.1$ m,在图示位置,杆的角速度和角加速度为 $\omega=4$ rad/s,$\alpha=3$ rad/s^2,圆盘相对于杆 OA 的角速度和角加速度为 $\omega_r=6$ rad/s,$\alpha_r=4$ rad/s^2。求圆盘上 M_1 和 M_2 点的绝对速度及绝对加速度。

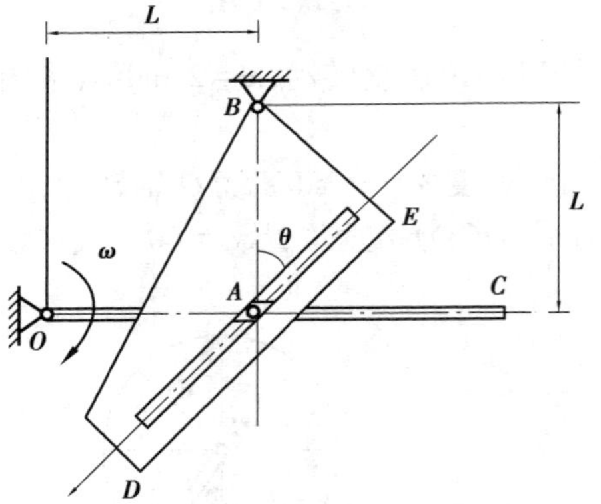

习题 2.11 图

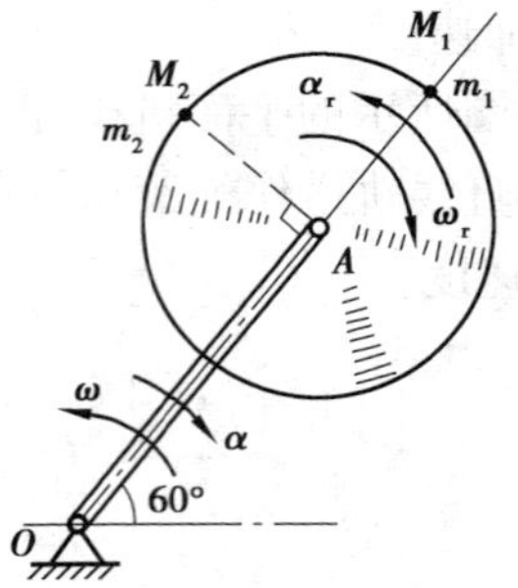

习题 2.12 图

2.13　如图所示,带滑道的圆轮以等角速度 ω_0 绕 O 轴转动,滑块 A 可在滑道内滑动。已知 $OO_1=l$,在图示瞬时,$OA\perp OO_1$,且 $OA=b$,试求此瞬时:(1)滑块相对于圆轮的速度和加速度;(2)曲柄 O_1A 的角速度及角加速度。

2.14　摆动式送料机的曲柄 OA 长为 l,以角速度 ω、角加速度 α 绕轴 O 转动,在图示瞬时设摆杆与铅垂线的夹角为 θ,试求送料斗的加速度。

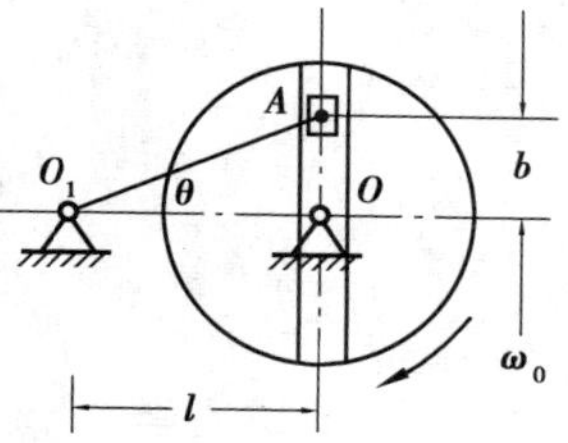

习题 2.13 图

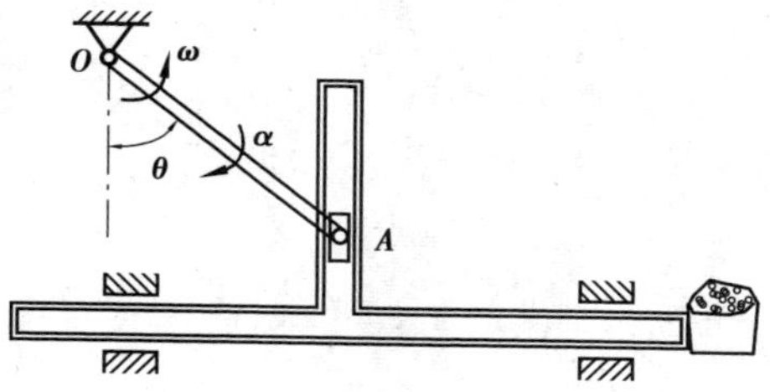

习题 2.14 图

2.15　如图所示的曲柄滑杆机构，滑杆上有圆弧形滑道，其半径为 $R=10$ cm。圆心 O_1 在导杆 BC 上，曲柄长 $OA=10$ cm，以匀角速度 $\omega=4\pi$ rad/s 绕轴 O 转动。试求在图示位置 $\varphi=30°$时，滑杆 BC 的速度和加速度。

2.16　如图所示，摇杆 OC 绕 O 轴转动，经过固定在齿条 AB 上的销子 K 带动齿条平移，而齿条又带动半径为 10 cm 的齿轮 D 绕固定轴转动。已知 $l=40$ cm，摇杆 OC 的角速度 $\omega=0.5$ rad/s，试求当 $\varphi=30°$时，齿轮的角速度。

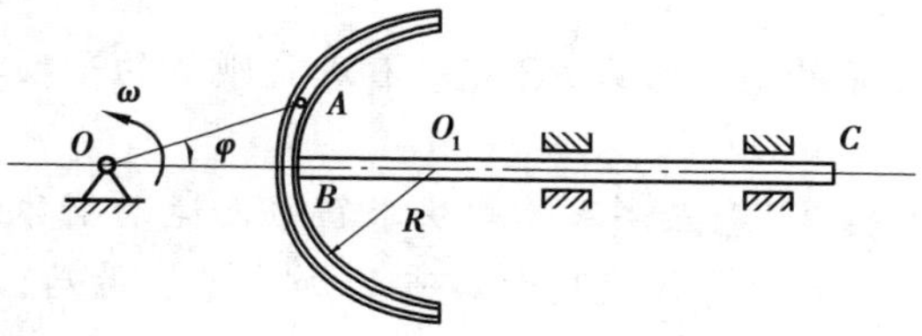

习题 2.15 图

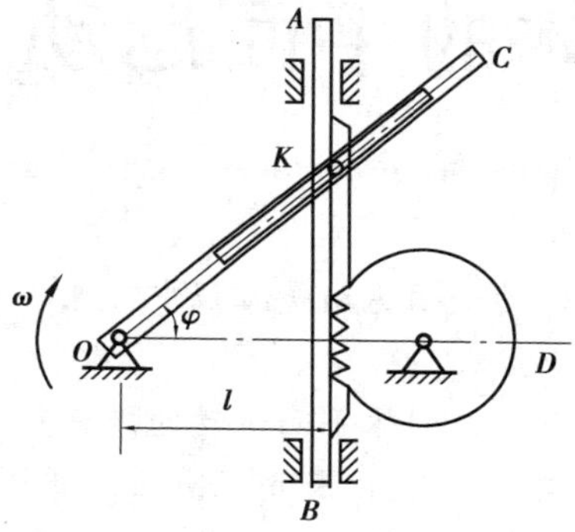

习题 2.16 图

3

刚体的平面运动

刚体的平面运动是工程中常见的一种复杂的运动形式，它可以看成是刚体的平动和定轴转动的合成。

本章介绍刚体平面运动的概念和分析方法，用基点法和瞬心法求解平面运动刚体的角速度及各点的速度，以及用基点法求平面运动刚体的角加速度和各点的加速度。最后，举例说明运动学问题的综合应用。

3.1 刚体平面运动概念和运动分解

刚体平动与定轴转动是刚体的两种简单运动，工程中很多构件的运动形式要更为复杂，例如车轮沿着直线轨道的滚动、椭圆规尺中连杆的运动等，这些刚体的运动既非平动、又非定轴转动，但其共同特点是：运动刚体上任意一点在运动中与某一固定平面之间的距离始终保持不变。刚体的这种运动称为平面平行运动，简称为平面运动。平面运动刚体上的各点都在平行于某一固定平面的平面内运动。

为简便起见，过点 M 作平面Ⅱ与固定平面Ⅰ平行，与刚体相交截出一个平面图形 S，如图 3.1 所示。由于刚体作平面运动，平面图形 S 在刚体作平面运动过程中始终保持在平面Ⅱ内运动，图形 S 所在的平面Ⅱ称为 S 的自身平面。过平面图形 S 上一点 M 作垂直于平面Ⅱ的直线段 A_1MA_2，则直线段 A_1MA_2 上各点在平面Ⅱ上的投影均为 M，而 A_1MA_2 上各点运动情况完全相同。这样，研究直线 A_1MA_2 上各点的运动就可以简化为研究点 M 的运动，进而研究刚体平面运动就可以简化成研究平面图形 S 上各点在自身平面内的运动。

如图 3.2 所示，在任一瞬时，平面Ⅱ截取的平面图形 S 在其自身平面内的位置完全可由图

形内任意线段 $O'M$ 的位置来确定,而要确定此线段在平面内的位置,只需确定线段上任一点 O' 的位置和线段 $O'M$ 与固定坐标轴 Ox 间的夹角 φ 即可。显然,点 O' 的坐标和 φ 角都是时间的单值连续函数,即:

$$x_{O'}=f_1(t),y_{O'}=f_2(t),\varphi=f_3(t) \tag{3.1}$$

式(3.1)就是平面图形的运动方程。

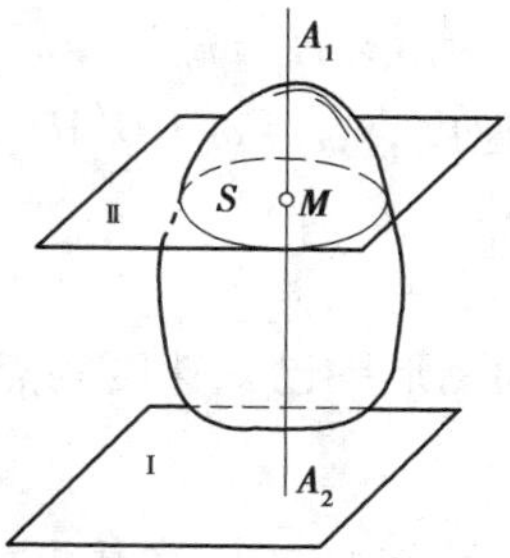

图 3.1

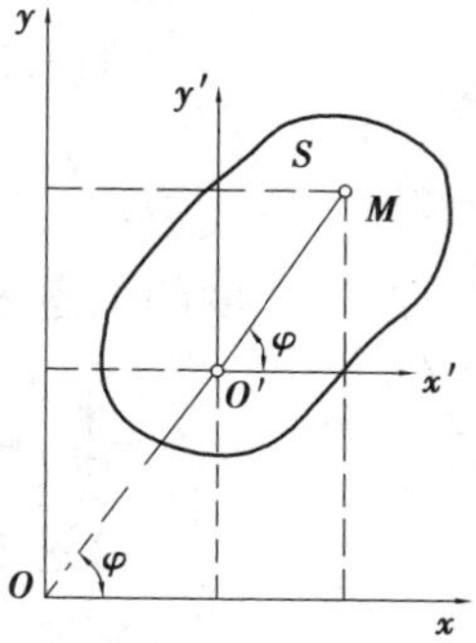

图 3.2

当平面图形 S 在 Oxy 平面内运动时,由式(3.1)可知,若 φ 保持不变,则刚体作平动;若 $x_{O'}$ 和 $y_{O'}$ 保持不变(即 O' 点不动),则刚体绕 O' 点作定轴转动。可见,刚体的平行移动和定轴转动是刚体平面运动的特例。一般情况下,$x_{O'}$、$y_{O'}$ 和 φ 都随时间而变化,所以,平面图形在其自身平面内的运动是由平动和转动组合而成的。

对任意的平面运动,可在平面图形 S 上任取一点 O',称为基点,如图 3.2 所示。以 O' 为原点作一平移坐标系 $O'x'y'$,平移坐标系 $O'x'y'$ 只在点 O' 与图形 S 相连。在运动过程中,轴 x'、y' 分别与轴 x、y 保持平行,即动坐标系 $O'x'y'$ 随同基点 O' 作平动。当图形 S 作平面运动时,它一方面随动坐标系 $O'x'y'$ 作平动,同时,又绕基点 O' 相对于动坐标系 $O'x'y'$ 作转动。于是,平面图形 S 在固定平面内的运动可以看成是随同基点 O' 的平动和绕点 O' 的转动的合成。

平面图形中各点的运动(包括轨迹、速度和加速度等)可以分解为随基点的平动和绕基点的转动两部分的合成。基点的选取可以是任意的,则平面图形各点随基点的平动受基点选择的影响。选择不同的基点,平动的轨迹、速度及加速度等不尽相同。而平面图形上任一直线相对于两个不同平动坐标系的转动不受基点平动的影响,其转角都是相同的,因此,转动的角速度、角加速度必然与基点的选择无关。

综上所述,平面运动对任意选取的基点可以分解为平动和转动,其中平面图形随基点平动的速度和加速度与基点的选择有关,而绕基点转动的角速度和角加速度与基点的选择无关。

需注意的是,这里所谓的角速度和角加速度是相对于各基点处的平动参考系而言的。平面图形相对于各平动参考系(包括固定参考系),其转动情况都是一样的,所以转动角速度、角加速度是唯一的,都等于平面图形转动的角速度、角加速度。

3.2 求平面图形内各点的速度

由上节分析可知,平面图形的运动是由随基点的平动和绕基点的转动合成的,因此,可根据点的合成运动理论把平面图形上各点的速度分解为牵连运动(随基点的平动)和相对运动(绕基点的转动)。

1)基点法

已知平面图形上任一点 O' 的速度为 $\boldsymbol{v}_{O'}$,(图 3.3),取点 O' 为基点,图形上点 M 的牵连速度为随基点 O' 平移的速度,相对速度为 M 绕基点转动的速度。若图形转动的角速度为 ω,由 O' 指向 M 的矢径为 $\boldsymbol{r}'$,则点 M 速度由速度合成定理可知

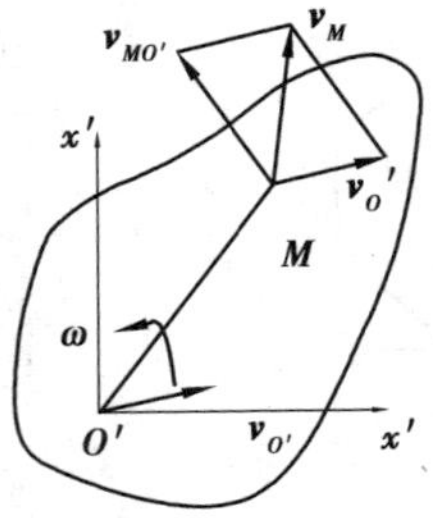

图 3.3

$$\boldsymbol{v}_M = \boldsymbol{v}_e + \boldsymbol{v}_r = \boldsymbol{v}_{O'} + \boldsymbol{\omega} \times \boldsymbol{r}' = \boldsymbol{v}_{O'} + \boldsymbol{v}_{MO'}$$

式中:$\boldsymbol{v}_{MO'}$ 为 M 点相对于基点的速度,$v_{MO'} = \omega \cdot O'M$。$M$ 点的绝对速度的矢量表达式为

$$\boldsymbol{v}_M = \boldsymbol{v}'_O + \boldsymbol{v}_{MO'} \tag{3.2}$$

在应用式(3.2)时,应把平面图形中已知速度的点选为基点。

2)速度投影定理

选择 $O'M$ 两点连线方向为投影轴方向,将基点法公式(3.2)投影在 $O'M$ 两点连线方向,则有

$$(\boldsymbol{v}_M)_{O'M} = (\boldsymbol{v}_{O'})_{O'M} + (\boldsymbol{v}_{MO'})_{O'M}$$

由于 $\boldsymbol{v}_{MO'} \perp O'M$,所以 $(\boldsymbol{v}_{MO'})_{O'M}=0$,上式变为

$$(\boldsymbol{v}_M)_{O'M} = (\boldsymbol{v}_{O'})_{O'M} \tag{3.3}$$

式(3.3)表明:同一平面图形内,任意两点的速度在此两点连线上的投影相等。这一公式称为速度投影定理。

若已知平面内一点 A 的速度 $\boldsymbol{v}_A$ 的大小和方向,又知另一点 B 的速度 $\boldsymbol{v}_B$ 的方向,应用速度投影定理,可非常方便地求出 $\boldsymbol{v}_B$ 的大小。但是由于不涉及平面图形的角速度,该定理不能计算平面图形的角速度大小。

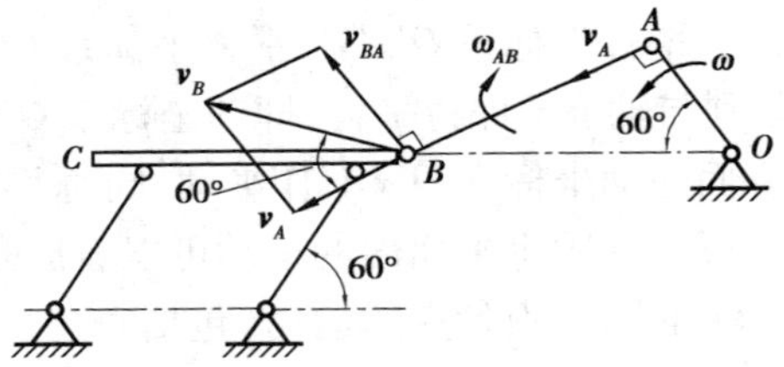

图 3.4

【例 3.1】如图 3.4 所示的摇筛机构,筛子的摆动是由曲柄连杆机构所带动的。已知曲柄 OA 的转速 $n_{OA}=40$ r/min,$OA=0.3$ m。当筛子 BC 运动到与点 O 在同一水平线上时,$\angle BAO=90°$,求此瞬时筛子 BC 的速度。

【解】①基点法。AB 杆作平面运动,且已知 A 点的速度方向,其大小为 $v_A=OA \cdot \omega$,可作出 $\boldsymbol{v}_B$ 的速度四边形如图 3.4 所示,有

$$\boldsymbol{v}_B = \boldsymbol{v}_A + \boldsymbol{v}_{BA}$$

显然,在图示位置有

$$v_B = \frac{v_A}{\cos 60°} = 2v_A = 2OA \cdot \omega = 2 \times 0.3 \times \frac{\pi n_{OA}}{30} = 2.513\ (\text{m/s})$$

②由速度投影定理,有

$$v_B \cos 60° = v_A$$

同样有

$$v_B=\frac{v_A}{\cos 60^\circ}=2v_A=2OA\cdot\omega=2\times0.3\times\frac{\pi n_{OA}}{30}=2.513\ (\mathrm{m/s})$$

【例 3.2】曲柄滑块机构如图 3.5 所示，曲柄 OA 以匀角速度 ω 转动。已知曲柄 OA 长为 R，连杆 AB 长为 l。当曲柄在任意位置 $\varphi=\omega t$ 时，求滑块 B 的速度。

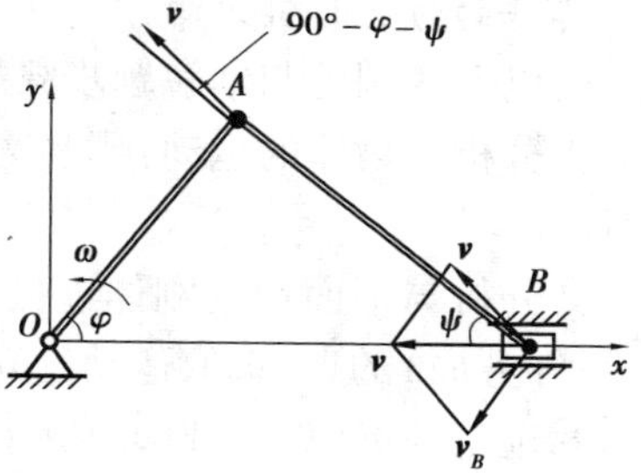

图 3.5

【解】①基点法。因为 A 点速度 v_A 已知，故选 A 为基点。应用速度合成定理，B 点的速度可表示为

$$v_B=v_A+v_{BA} \tag{a}$$

其中 $v_A=R\omega$。

由速度合成矢量图可得

$$\frac{v_A}{\sin\left(\frac{\pi}{2}-\psi\right)}=\frac{v_{BA}}{\sin\left(\frac{\pi}{2}-\varphi\right)}=\frac{v_B}{\sin(\psi+\varphi)}$$

$$v_B=v_A\cdot\frac{\sin(\psi+\varphi)}{\sin\left(\frac{\pi}{2}-\psi\right)}=R\omega\frac{\sin(\psi+\varphi)}{\cos\psi}$$

其中 $$\sin\psi=\frac{R}{l}\sin\varphi$$

②应用速度投影定理，有 $v_A\cos\theta=v_B\cos\beta$

其中 $\theta=90^\circ-\varphi-\psi$，$\beta=\psi$，代入上式有

$$v_B\cos\psi=v_A\sin(\psi+\varphi)$$

可得：$$v_B=v_A\cdot\frac{\sin(\psi+\varphi)}{\cos\psi}=R\omega\frac{\sin(\psi+\varphi)}{\cos\psi}$$

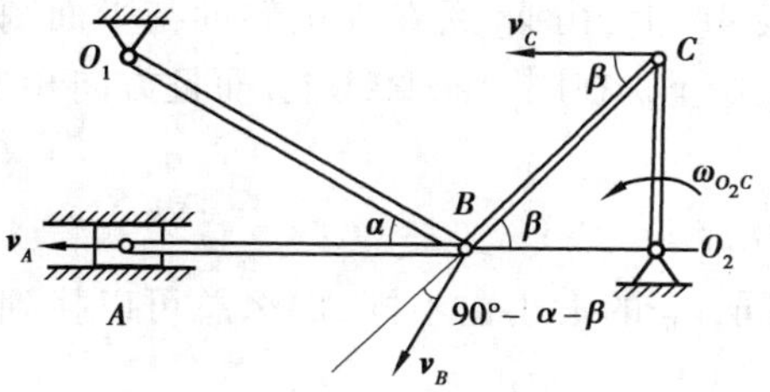

图 3.6

【例 3.3】如图 3.6 所示的连杆滑块机构中，A、B、O_2 和 O_1、C 分别在两条水平线上，O_1、A 和 O_2、C 分别在两铅垂线上，$\alpha=30^\circ$，$\beta=45^\circ$，$O_2C=10$ cm。已知滑块 A 的速度 $v_A=8$ cm/s，方向水平向左。求摆杆 O_2C 的角速度。

【解】机构中 O_1B 和 O_2C 杆作定轴转动，AB 和 BC 杆作平面运动，滑块 A 作平移。当滑块 A 以已知速度向左滑动时，机构中的 B 点和 C 点的速度如图 3.6 所示。对于 AB 杆和 BC 杆，由速度投影定理，有

$$v_A=v_B\cos(90^\circ-\alpha),\ v_B\cos(90^\circ-\alpha-\beta)=v_C\cos\beta$$

解得

$$v_C=\frac{v_A}{\sin\alpha}\frac{\sin(\alpha+\beta)}{\cos\beta}=\frac{8}{\sin 30^\circ}\frac{\sin(45^\circ+30^\circ)}{\cos 45^\circ}=8(\sqrt{3}+1)(\mathrm{cm/s})$$

故 O_2C 杆的角速度为

$$\omega_{O_2C}=\frac{v_C}{O_2C}=\frac{4}{5}(\sqrt{3}+1)(\text{rad/s})$$

其转向为逆时针方向。

由以上各例可归纳解题步骤如下：

①分析各物体的运动：哪些物体作平动，哪些物体作转动，哪些物体作平面运动，选取研究对象。

②分析与平面运动刚体连接点的运动，确定作平面运动的物体上已知速度（包括只知大小、只知方向）的点，选取运动已知的点为基点。

③选定基点（设为 A），而待求点（设为 B）可应用公式 $\boldsymbol{v}_B=\boldsymbol{v}_A+\boldsymbol{v}_{BA}$，作速度平行四边形（作图时一定要使 $\boldsymbol{v}_B$ 成为平行四边形的对角线）。

④利用几何关系（包括应用速度投影定理），求解未知量。

⑤如果需要再研究另一个作平面运动的物体，可按上述步骤继续进行。

3）瞬心法

由基点法公式 $\boldsymbol{v}_M=\boldsymbol{v}_{O'}+\boldsymbol{v}_{MO'}$ 可知，如果基点 O' 速度 $\boldsymbol{v}_{O'}=0$，则 $v_M=v_{MO'}=\omega\times|MO'|$，那么，求平面图形上各点速度的公式就更为简便。那么，在每一瞬时平面图形上能否找到一个速度等于零的点？

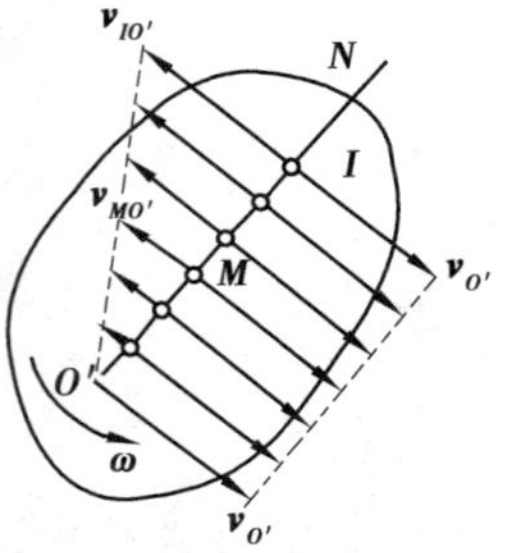

图 3.7

定理：一般情况，在每一瞬时，平面图形或其延伸面内都唯一地存在一个速度为零的点。这个点被称为平面图形的瞬时速度中心，简称速度瞬心。

证明：设有一个平面图形 S，如图 3.7 所示。图形内 O' 点的速度 $\boldsymbol{v}_{O'}$ 已知，取 O' 为基点，平面图形的角速度的大小为 ω，转向如图 3.7 所示，平面图形上任一点 M 的速度可按下式计算：

$$\boldsymbol{v}_M=\boldsymbol{v}_{O'}+\boldsymbol{v}_{MO'}$$

如果点 M 在 $\boldsymbol{v}_{O'}$ 的垂线 AN 上（由 $\boldsymbol{v}_{O'}$ 到 $O'N$ 的转向与平面图形转向一致），从图中看出，$\boldsymbol{v}_{O'}$ 与 $\boldsymbol{v}_{MO'}$ 在同一条直线上，而且方向相反，故 $\boldsymbol{v}_M$ 的大小为

$$v_M=v_{O'}-\omega\cdot O'M$$

由上式可知，随着点 M 在垂线 $O'N$ 上的位置不同，$\boldsymbol{v}_M$ 的大小也不同，那么总可以找到一点 I，这点的瞬时速度等于零。若令 $O'I=\dfrac{v_{O'}}{\omega}$，则

$$v_I=v_{O'}-O'I\cdot\omega=v_{O'}-O'I\frac{v_{O'}}{O'I}=0$$

由此定理得到证明。在图示瞬时，平面图形绝对速度等于零的点是平面图形内的 I 点，I 点称为此瞬时速度中心或速度瞬心。

在平面图形运动的某瞬时，以速度瞬心 I 为基点，平面图形的运动就简化成为绕瞬心的转动，图形上各点的速度等于相对瞬心转动的速度，即此瞬时平面图形上各点绕速度瞬心作纯转动的速度，转动的角速度即为刚体的角速度。其公式为

$$v_M=(IM)\cdot\omega \tag{3.4}$$

式(3.4)表明,某瞬时平面图形上各点的速度与该点到瞬心的距离成正比。速度分布如图 3.8 所示,由图可见,平面图形上各点的速度在某瞬时的分布情况,与图形绕定轴转动时各点的速度分布情况类似。

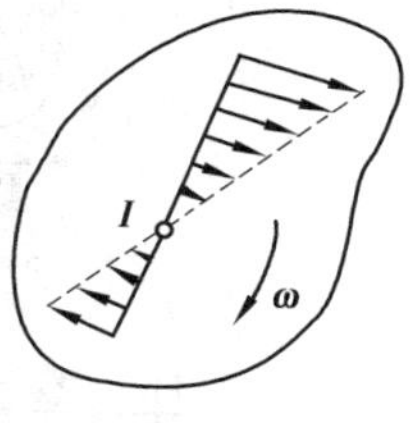

图 3.8

刚体作平面运动时,在每一个瞬时,平面图形必有一个速度瞬心。但是,在不同瞬时,平面图形的速度瞬心是不同的。若运动机构中有若干个作平面运动的部件,在同一瞬时,每个部件均有各自不同的速度瞬心,或有各自不同的转动角速度。因此,从瞬心法的角度来看,平面图形在其自身平面内的运动,就是平面图形绕一系列速度瞬心的转动。用速度瞬心法求平面运动刚体上各点速度的关键是如何确定速度瞬心的位置。

确定速度瞬心位置的方法如下:

①如图 3.9 所示,已知某瞬时平面图形的角速度 ω 和某点 A 的速度 v_A,即可确定速度瞬心的位置。方法是:过点 A 沿着 $\boldsymbol{v}_A$ 方向作半直线 Aa,将 Aa 顺角速度 ω 的转向转过 90°,在半直线上取点 I,令 $AI=\dfrac{v_A}{\omega}$,则 I 点就是瞬心。

②已知某瞬时平面图形上 A、B 两点的速度 $\boldsymbol{v}_A$、$\boldsymbol{v}_B$ 的方向,且 $\boldsymbol{v}_A$ 不平行于 $\boldsymbol{v}_B$。此时,过 A、B 两点分别作 $\boldsymbol{v}_A$ 与 $\boldsymbol{v}_B$ 的垂线,这两条垂线的交点即为瞬心 I(图 3.10(a))。

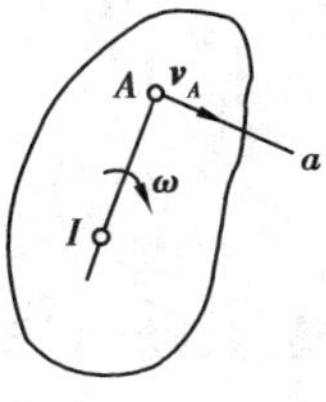

图 3.9

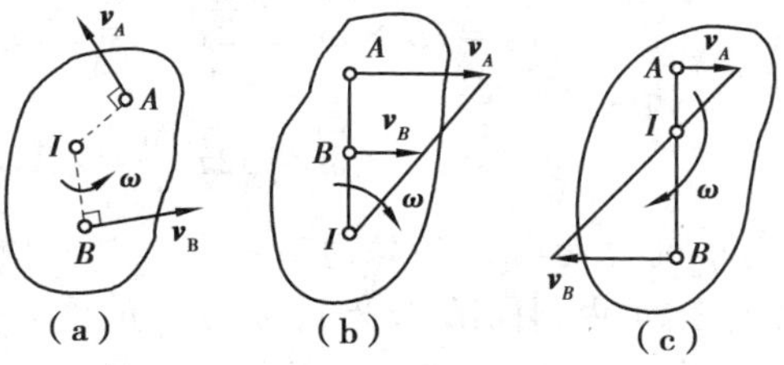

图 3.10

③已知某瞬时平面图形上 A、B 两点的速度 $\boldsymbol{v}_A$、$\boldsymbol{v}_B$ 的方向,且 $\boldsymbol{v}_A /\!/ \boldsymbol{v}_B$,同时 $AB \perp \boldsymbol{v}_A$,则可按比例在图中标示 $\boldsymbol{v}_A$、$\boldsymbol{v}_B$ 的大小,用直线连接 $\boldsymbol{v}_A$、$\boldsymbol{v}_B$ 矢量的末端,此直线与 AB 线的交点即为瞬心 I。当 $\boldsymbol{v}_A$、$\boldsymbol{v}_B$ 同向时,I 外分线段 AB(图 3.10(b));$\boldsymbol{v}_A$、$\boldsymbol{v}_B$ 反向时,I 则内分线段 AB(图3.10(c))。

④如图 3.11 所示,某一瞬时,如果平面图形 S 上两点 A 与 B 的速度相等(即 $\boldsymbol{v}_A=\boldsymbol{v}_B$),作 $\boldsymbol{v}_A$、$\boldsymbol{v}_B$ 的垂线,则两垂线平行,即平面图形 S 的速度瞬心在无穷远处。因而,此瞬时平面图形 S 的角速度为零,故平面图形上各点的速度均相等,称为瞬时平动。必须注意:此瞬时各点速度虽然相同,但加速度并不相同。

⑤如图 3.12 所示,当平面图形沿一固定面作纯滚动时,因为每一瞬时接触点 I 相对于地面的速度为零,也即平面图形上 I 点的绝对速度等于零,所以平面图形沿固定面作纯滚动的过程中,轮缘上各点相继与地面接触的点就是平面图形在相应时刻的速度瞬心。

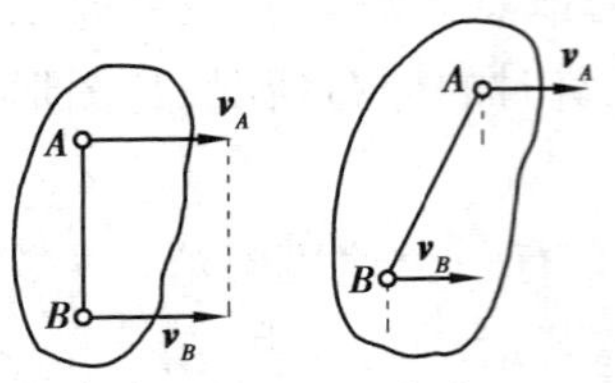

（a）　（b）

图 3.11

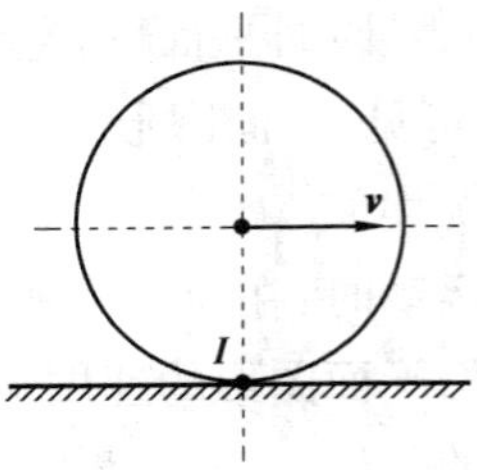

图 3.12

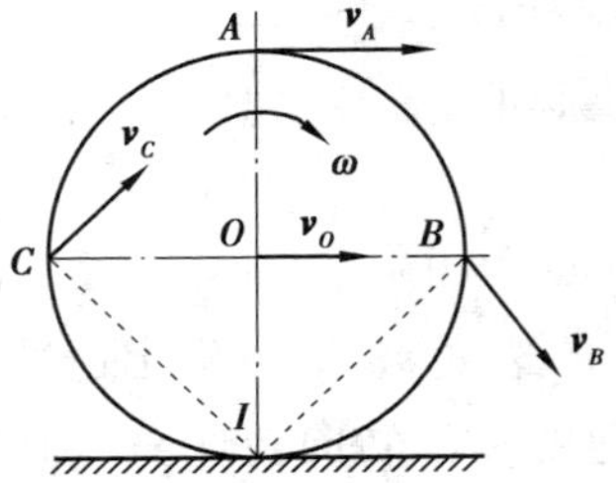

图 3.13

【例 3.4】车轮沿直线轨道作纯滚动，轮心 O 的速度（即车行速度）等于 v_0，如图 3.13 所示。设车轮半径为 r，求车轮的角速度和轮边上 A、B、C 各点的速度。

【解】因为车轮沿轨道纯滚动，所以车轮与轨道的接触点就是速度瞬心 I。设车轮的角速度为 ω，由于 $v_0 = IO \cdot \omega$，因而 $\omega = v_0/IO = v_0/r$，其转向为顺时针方向。

轮边上的 A、B、C 点的速度分别为绕速度瞬心 I 转动的速度：

$$v_A = IA \times \omega = 2r\frac{v_O}{r} = 2v_O,\ v_A \perp IA$$

$$v_B = IB \times \omega = \sqrt{2}r\frac{v_O}{r} = \sqrt{2}v_O,\ v_B \perp IB$$

$$v_C = IC \times \omega = \sqrt{2}r\frac{v_O}{r} = \sqrt{2}v_O,\ v_C \perp IC$$

如图所示，$\boldsymbol{v}_A$、$\boldsymbol{v}_B$、$\boldsymbol{v}_C$ 的方向由 ω 的转向而定。

【例 3.5】在图 3.14 中，杆 AB 长为 l，滑倒时 B 端靠着铅垂墙壁。已知 A 点以速度 $\boldsymbol{v}$ 沿水平轴线运动，试求图示位置杆端 B 点的速度及杆的角速度。

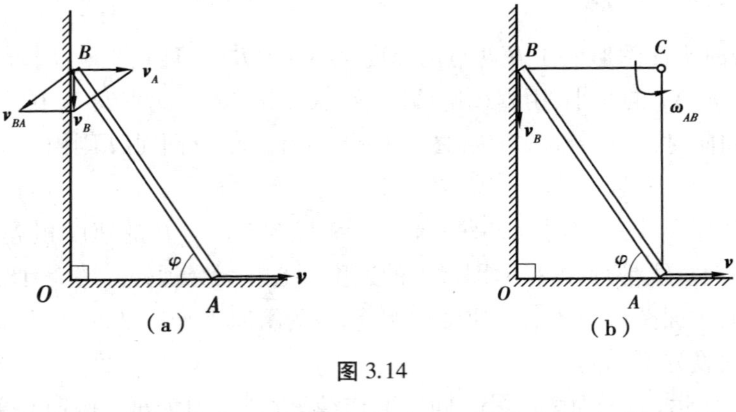

（a）　（b）

图 3.14

【解】①基点法。选 A 点为基点，A 点的速度 $\boldsymbol{v}_A = \boldsymbol{v}$，则 B 点的速度可表示为

$$\boldsymbol{v}_B = \boldsymbol{v}_A + \boldsymbol{v}_{BA}$$

$\boldsymbol{v}_B$ 方向沿 OB 向下，$\boldsymbol{v}_{BA}$ 方向垂直于杆 AB，由速度合成矢量图可得

$$v_B = \frac{v}{\tan\varphi},\ v_{BA} = \frac{v}{\sin\varphi},\ \omega_{AB} = \frac{v_{BA}}{l} = \frac{v}{l}\cdot\frac{1}{\sin\varphi}$$

②瞬心法。因为杆 AB 上 A 点的速度方向水平向右，B 点的速度方向铅直向下，故可求出杆 AB 的速度瞬心在 C 点。

由瞬心法公式，有 $\omega_{AB}=\dfrac{v}{AC}\cdot\dfrac{v}{l\cdot\sin\varphi}$

$$v_B=\omega_{AB}\cdot BC=\frac{v}{l\cdot\sin\varphi}\cdot l\cos\varphi=v\cdot\cot\varphi。$$

【例 3.6】如图 3.15 所示的机构中，已知各杆长 $OA=20$ cm，$AB=80$ cm，$BD=60$ cm，$O_1D=40$ cm，角速度 $\omega_0=10$ rad/s。求机构在图示位置时，杆 BD 的角速度、杆 O_1D 的角速度及杆 BD 的中点 M 的速度。

【解】研究 AB 杆，求 $\boldsymbol{v}_B$，由速度投影定理知

$$v_A=v_B\cos\theta$$

由于 $\tan\theta=\dfrac{OA}{AB}=0.25$，所以 $\cos\theta=0.97$

$$v_B=\frac{v_A}{\cos\theta}=\frac{0.2\times10}{0.97}=2.06(\text{m/s})$$

取 BD 杆研究，BD 杆的速度瞬心为 D 点，因为 $v_B=BD\cdot\omega_{BD}$，所以

$$\omega_{BD}=\frac{v_B}{BD}=\frac{206}{60}=3.43(\text{rad/s})$$

$$v_M=MD\cdot\omega_{BD}=30\times3.43=1.03(\text{m/s})$$

由于 BD 杆上的 D 点和瞬心重合，$v_D=0$，则

$$\omega_{O_1D}=\frac{v_D}{O_1D}=0$$

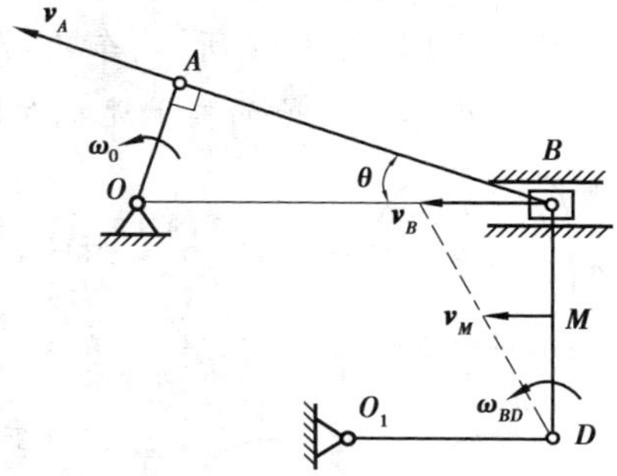

图 3.15

3.3 用基点法求平面图形内各点的加速度

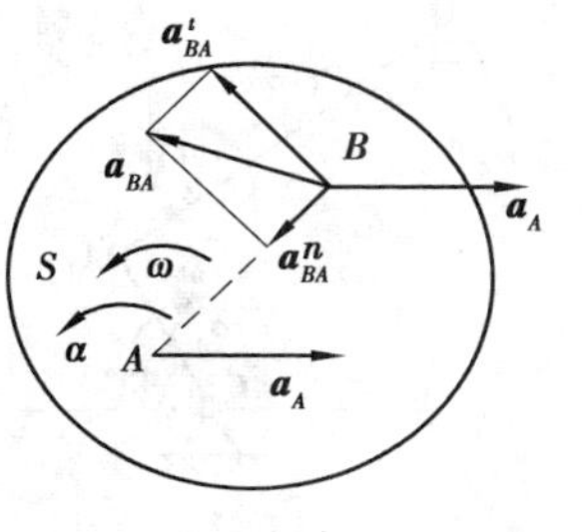

图 3.16

如图 3.16 所示，平面图形 S 的运动可分解为随基点 A 的平动（牵连运动）和绕基点 A 的转动（相对运动）。同理，平面图形内任一点 B 的运动也由上述两个运动合成，而相对轨迹总是以基点 A 为圆心、以 AB 为半径的圆弧，因而可用上一章点的加速度合成定理来计算 B 点的加速度。由于动系作平移，故科氏加速度恒为零。点 B 的绝对加速度 $\boldsymbol{a}_B$ 应等于牵连加速度 $\boldsymbol{a}_A$ 与相对加速度的矢量和，而点 B 的相对加速度 $\boldsymbol{a}_{BA}$ 是该点随图形绕基点 A 转动的加速度，可分为切向加速度与法向加速度两部分，于是用基点法求点的加速度合成公式为

$$\boldsymbol{a}_B=\boldsymbol{a}_A+\boldsymbol{a}_{BA}^n+\boldsymbol{a}_{BA}^t \tag{3.5}$$

即：平面图形内任一点的加速度等于基点的加速度与该点随图形绕基点转动的切向加速度和法向加速度的矢量和。式(3.5)中，$\boldsymbol{a}_{BA}^t$、$\boldsymbol{a}_{BA}^n$分别为点 B 绕基点 A 转动的切向加速度和法向加速度，方向分别与 AB 垂直和沿 AB 指向 A，大小分别为

$$a_{BA}^t = AB \cdot \alpha,\ a_{BA}^n = AB \cdot \omega^2$$

式中，ω、α 分别为平面图形的角速度和角加速度。

式(3.5)为平面内的矢量等式，相当于两个代数方程，涉及 4 个矢量的大小、方向共 8 个要素，所以必须知道其中 6 个，问题才能求解。用式(3.5)求平面图形上点的加速度的方法与用基点法求点的速度的方法基本相同。应用式(3.5)时，可向适当的两个相交的坐标轴投影，得到两个代数方程，用以求解两个未知量。

【例 3.7】如图 3.17 所示，车轮沿直线滚动，已知车轮半径为 R，中心 O 的速度为 v_O，加速度为 a_O。设车轮与地面接触无相对滑动，求车轮上速度瞬心的加速度。

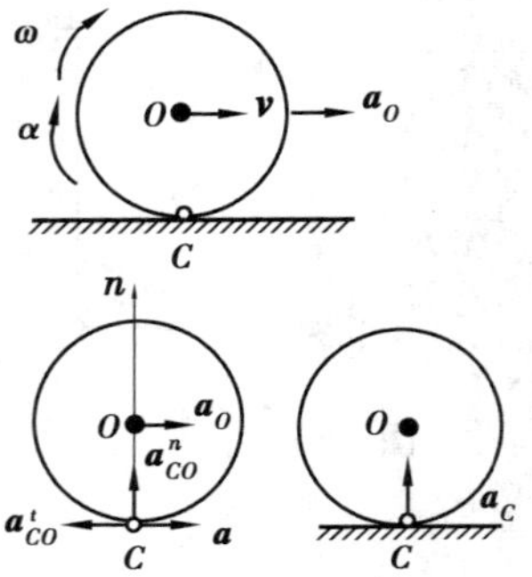

图 3.17

【解】车轮沿直线作平面运动，其速度瞬心在与地面的接触点 C，车轮只滚不滑，所以其角速度和角加速度分别为

$$\omega = \frac{v_O}{R},\ \alpha = \frac{a_O}{R}$$

取中心 O 为基点，则 C 点的加速度为

$$\boldsymbol{a}_C = \boldsymbol{a}_O + \boldsymbol{a}_{CO}^t + \boldsymbol{a}_{CO}^n$$

有 $a_{CO}^t = aR = a_O$，$a_{CO}^n = \omega^2 R = \dfrac{v_O^2}{R}$

由于 $\boldsymbol{a}_O$ 与 $\boldsymbol{a}_{CO}^t$ 大小相等、方向相反，于是有 $a_C = a_{CO}^n = \dfrac{v_O^2}{R}$，方向向上。

【例 3.8】试求图 3.18 所示瞬时，连杆 AB 的角加速度和滑块 B 的加速度。

【解】如图 3.18 所示，以 A 为基点，B 点的加速度为

$$\boldsymbol{a}_B = \boldsymbol{a}_A + \boldsymbol{a}_{BA}^n + \boldsymbol{a}_{BA}^t$$

其中 $a_A = r\omega^2$，$a_{BA}^n = l\omega_{AB}^2$，$\omega_{AB} = \dfrac{v_{BA}}{AB} = \dfrac{r}{l}\omega$，而 $a_{BA}^t = l\alpha_{AB}$，但大小不知。

将上式向 x 轴投影得：

$$0 = -a_A\cos\alpha + a_{BA}^t\cos\alpha + a_{BA}^n\sin\alpha$$

所以 $\varepsilon_{AB} = \dfrac{r}{l^2}\omega^2(1-r)$

向 AB 方向投影得：$a_B\cos\alpha = -a_{BA}^n$，于是有

$$a_B = -\sqrt{2}\,\frac{r^2}{l}\omega^2$$

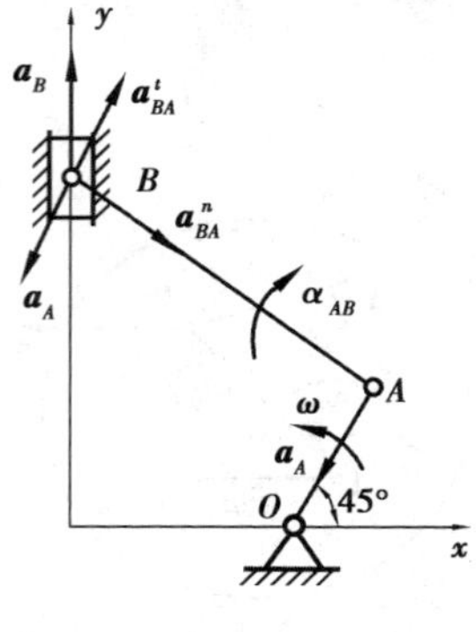

图 3.18

3.4 运动学综合应用举例

工程机构都是由数个构件组成的,各构件之间通过各种连接来实现运动的传递,各构件的运动也是多种多样的。因此,在一个复杂的机构中可能同时存在多种运动,需要综合应用相关理论和方法来分析和解决问题。

【例3.9】如图3.19所示,曲柄OA长为r,以角速度ω绕定轴O转动。连杆$AB=2r$,轮B半径为r,在地面上滚动而不滑动,求曲柄在图示铅直位置时杆AB、轮B的角加速度及轮B上C点的加速度。

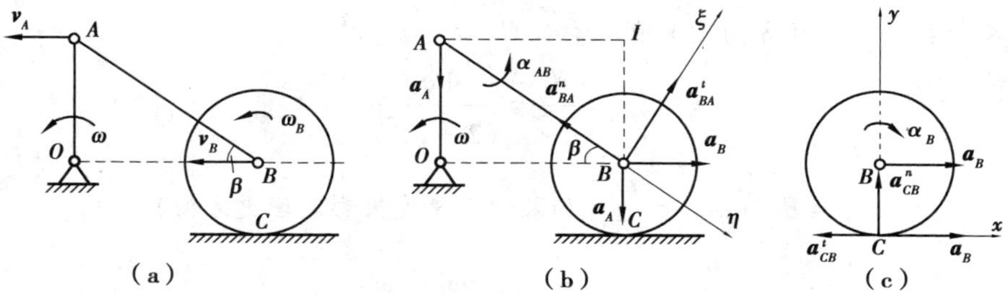

图3.19

【解】(1)求速度和角速度

连杆AB作平面运动,此瞬时有$\boldsymbol{v}_A /\!/ \boldsymbol{v}_B$,而$AB$不垂直于$\boldsymbol{v}_A$。连杆$AB$作瞬时平移,其瞬心在无穷远处,所以$\omega_{AB}=0$,而

$$v_B = v_A = r\omega$$

轮B作平面运动,轮与地面间无相对滑动,则接触点C为轮B的速度瞬心,故有

$$\omega_B = \frac{v_B}{r} = \omega$$

(2)求加速度

选A为基点,B点的加速度为

$$\boldsymbol{a}_B = \boldsymbol{a}_A + \boldsymbol{a}_{BA}^n + \boldsymbol{a}_{BA}^t$$

向η轴投影: $$a_B\cos\beta = -a_{BA}^n + a_A\sin\beta$$

因$a_{BA}^n = AB\cdot\omega_{AB}=0$,所以

$$a_B = a_A\tan\beta = \frac{\sqrt{3}}{3}r\omega^2$$

向ξ轴投影: $$a_B\sin\beta = a_{BA}^t - a_A\cos\beta$$

因$a_{BA}^t = \frac{2}{3}\sqrt{3}r\omega^2$,所以$\alpha_{AB} = \frac{a_{BA}^t}{AB} = \frac{\sqrt{3}}{3}\omega^2$

AB杆在图示位置作瞬时平移,其角速度等于零,但其角加速度并不等于零,因B点是轮心,距地面的距离始终为r,故有

$$\alpha_B = \frac{a_B}{r} = \frac{\sqrt{3}}{3}\omega^2$$

以 B 为基点有

$$\boldsymbol{a}_C=\boldsymbol{a}_B+\boldsymbol{a}_{CB}^t+\boldsymbol{a}_{CB}^n$$

其中： $a_{CB}^t=r\alpha_B=\dfrac{\sqrt{3}}{3}r\omega^2$， $a_{CB}^n=r\omega_B^2=r\omega^2$

向 x 轴投影： $a_{Cx}=a_B-a_{CB}^t=0$

向 y 轴投影： $a_{Cy}=a_{CB}^n=r\omega^2$

即 $a_C=a_{CB}^n=r\omega^2$

【例 3.10】如图 3.20 所示的机构，曲柄 OA 以匀角速度 ω_0 转动。已知：$OA=O'B=r$，$OA\perp CO'$，$\angle OAB=\angle BO'O=45°$，求此瞬时 B 点的加速度和杆 $O'B$、杆 AB 的角加速度。

【解】(1) 求速度和角速度

由点 A 和点 B 的速度方向确定速度瞬心 C。

$$\omega_{AB}=\frac{v_A}{AC}=\frac{r\omega_O}{(2+\sqrt{2})r}$$

$$v_B=BC\cdot\omega_{AB}=\frac{r\omega_O}{\sqrt{2}}\text{(如果利用速度投影定理更方便)}$$

$$\omega_{BO'}=\frac{v_B}{BO'}=\frac{r\omega_O}{\sqrt{2}r}=\frac{\omega_O}{\sqrt{2}}$$

其中 $AB=BC=(1+\sqrt{2})r$，$AC=(2+\sqrt{2})r$

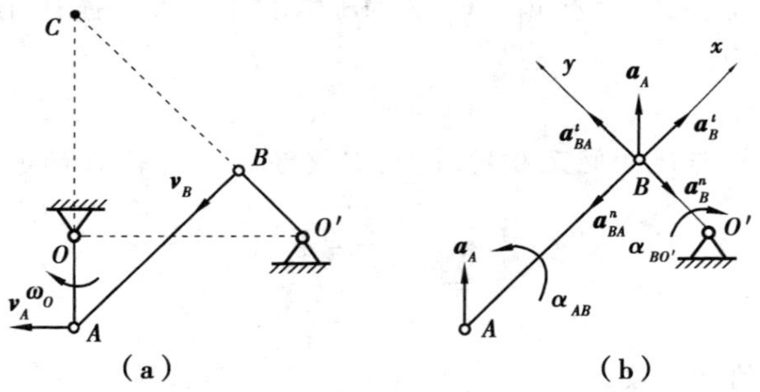

图 3.20

(2) 求加速度和角加速度

以 A 点为基点，求 B 点的加速度，有

$$\boldsymbol{a}_B^t+\boldsymbol{a}_B^n=\boldsymbol{a}_A+\boldsymbol{a}_{BA}^t+\boldsymbol{a}_{BA}^n \tag{a}$$

由于 $a_A=r\omega_O^2$，$a_B^n=BO'\omega_{BO'}^2=\dfrac{r\omega_O^2}{2}$，$a_{BA}^n=AB\omega_{AB}^2=\dfrac{r\omega_O^2}{2(1+\sqrt{2})}$，取坐标轴如图 3.20(b) 所示，

将式(a)向 x 轴投影并计算得

$$a_B^t=a_A\frac{1}{\sqrt{2}}-a_{BA}^n=r\omega_O^2\frac{1}{\sqrt{2}}-\frac{r\omega_O^2}{2(1+\sqrt{2})}=r\omega_O^2\left(\frac{\sqrt{2}}{2}-\frac{1-\sqrt{2}}{2}\right)=\frac{r\omega_O^2}{2}$$

进而有

$$\alpha_{BO'}=\frac{a_B^t}{BO'}=\frac{r\omega_O^2}{2r}=\frac{\omega_O^2}{2},a_B=\sqrt{(a_B^t)^2+(a_B^n)^2}=\frac{\sqrt{2}}{2}r\omega_O^2$$

将式(a)向 y 轴投影：$-a_B^n=a_A\dfrac{1}{\sqrt{2}}+a_{BA}^t$

解得

$$a_{BA}^t=-a_A\frac{1}{\sqrt{2}}-a_B^n=-\frac{r\omega_O^2}{\sqrt{2}}-\frac{r\omega_O^2}{2}=-\frac{1+\sqrt{2}}{2}r\omega_O^2$$

从而有

$$\alpha_{AB}=\frac{a_{BA}^t}{AB}=-\frac{\omega_O^2}{2}$$

【例 3.11】如图 3.21(a)所示的平面机构，滑块 B 可沿杆 OA 滑动。杆 BE 与 BD 分别与套筒 B 铰接，BD 杆可沿水平导轨运动。滑块 E 以匀速 v 沿铅直导轨向上运动，杆 BE 长为 $\sqrt{2}l$。图示瞬时杆 OA 铅直，且与杆 BE 的夹角为 45°。求该瞬时杆 OA 的角速度与角加速度。

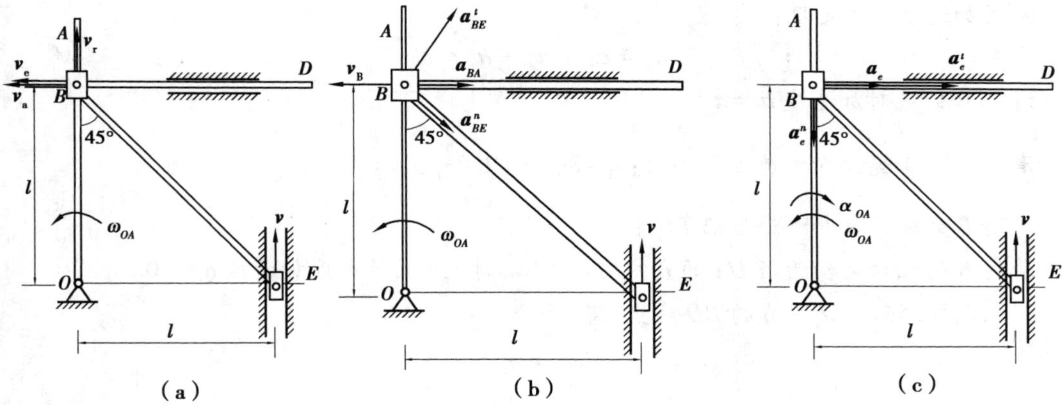

图 3.21

【解】杆 BE 作平面运动，可先求出套筒 B 的速度和加速度。套筒在 OA 杆上滑动，并带动杆 OA 转动，可按复合运动方法求解杆 OA 的角速度和加速度。

(1)求 B 点的速度

由 v 及 v_B 方向可知，此瞬时点 O 为 BE 杆的速度瞬心，所以有

$$\omega_{BE}=\frac{v}{OE}=\frac{v}{l},v_B=\omega_{BE}\cdot OB=v$$

(2)求 B 点的加速度

以 E 为基点，B 点的加速度为

$$\boldsymbol{a}_B=\boldsymbol{a}_E+\boldsymbol{a}_{BE}^t+\boldsymbol{a}_{BE}^n$$

由于滑块 E 作匀速直线运动，故 $\boldsymbol{a}_E=0$。$\boldsymbol{a}_{BE}^n$的大小为

$$a_{BE}^n=\omega_{BE}^2\cdot BE=\frac{\sqrt{2}v^2}{l}$$

沿 BE 方向投影上式，得 $a_B\cos 45° = a_{BE}^n$，从而求得

$$a_B = \frac{a_{BE}^n}{\cos 45°} = \frac{2v^2}{l}$$

(3) 求 OA 杆的角速度

上面用刚体平面运动方法求出了 B 点的速度和加速度，由于 B 滑块可以在 OA 杆上滑动，因此可利用点的复合运动方法求解杆 OA 的角速度和角加速度。

以滑块 B 为动点，动系固连于 OA 杆，定系固连于机座，应用速度合成定理有

$$\boldsymbol{v}_{\mathrm{a}} = \boldsymbol{v}_{\mathrm{e}} + \boldsymbol{v}_{\mathrm{r}}$$

$v_{\mathrm{a}} = v_B$；牵连速度 $\boldsymbol{v}_{\mathrm{e}}$ 的方向垂直于 OA，因此与 $\boldsymbol{v}_{\mathrm{a}}$ 同向；相对速度 $\boldsymbol{v}_{\mathrm{r}}$ 沿 OA 杆，即垂直于 $\boldsymbol{v}_{\mathrm{a}}$，显然有

$$v_{\mathrm{a}} = v_{\mathrm{e}},\ v_{\mathrm{r}} = 0,\ v_{\mathrm{e}} = v_B = v$$

于是得杆 OA 的角速度为 $\omega_{OA} = \dfrac{v_{\mathrm{e}}}{OB} = \dfrac{v}{l}$（逆时针转向）

(4) 求杆 OA 的角加速度

应用加速度合成定理：

$$\boldsymbol{a}_{\mathrm{a}} = \boldsymbol{a}_{\mathrm{e}}^t + \boldsymbol{a}_{\mathrm{e}}^n + \boldsymbol{a}_{\mathrm{r}} + \boldsymbol{a}_C$$

滑块 B 的绝对加速度 $\boldsymbol{a}_{\mathrm{a}} = \boldsymbol{a}_B$

滑块 B 的牵连法向加速度大小为：$a_{\mathrm{e}}^n = \omega_{OA}^2 \cdot OB = \dfrac{v^2}{l}$

滑块 B 的牵连切向加速度沿 BD 杆。

滑块 B 的相对运动为沿 OA 的直线运动，此瞬时 $v_{\mathrm{r}} = 0$，故科氏加速度 $\boldsymbol{a}_{\mathrm{c}} = 0$。

将上式投影到与 $\boldsymbol{a}_{\mathrm{r}}$ 垂直的 BD 线上，得

$$a_{\mathrm{a}} = a_{\mathrm{e}}^t$$

则滑块 B 的牵连切向加速度大小为：$a_{\mathrm{e}}^t = a_B = \dfrac{2v^2}{l}$

故杆 OA 的角加速度为 $\alpha_{OA} = \dfrac{a_{\mathrm{e}}^t}{OB} = \dfrac{2v^2}{l^2}$，顺时针转向。

习　题

3.1　如图所示，圆柱 A 缠以细绳，绳的 B 端固定在天花板上。圆柱自静止落下，其轴心的速度为 $v_A = \dfrac{2}{3}\sqrt{3gh}$，其中 g 为常量，h 为圆柱轴心到初始位置的距离。如圆柱半径为 r，求圆柱的平面运动方程。

3.2　杆 AB 的 A 端沿水平线以等速 v 运动，运动时杆恒与一半径为 R 的半圆周相切，如习题 3.2 图所示。如杆与水平线间的夹角为 θ，请以角 θ 表示杆的角速度。

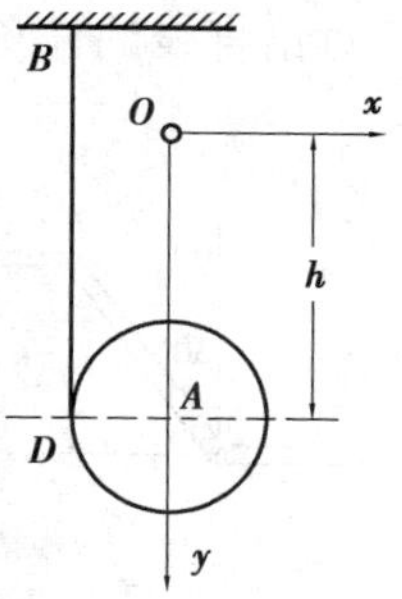

习题 3.1 图

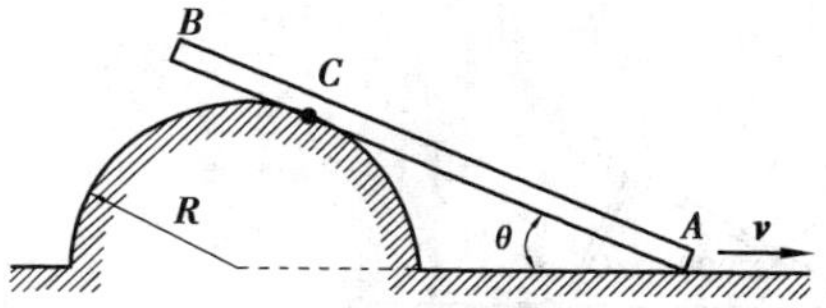

习题 3.2 图

3.3 如图所示，两平行条沿相同的方向运动，速度大小不同，$v_1=6$ m/s，$v_2=2$ m/s。齿条之间夹有一半径 $r=0.5$ m 的齿轮，试求齿轮的角速度及其中心 O 的速度。

3.4 如图所示的四连杆机构，连杆 AB 上固连一块三角板 ABD，机构由曲柄 O_1A 带动。已知：曲柄的角速度 $\omega_{O_1A}=2$ rad/s，曲柄 $O_1A=0.1$ m，水平距离 $O_1O_2=0.05$ m，$AD=0.05$ m；当 $O_1A\perp O_1O_2$ 时，AB 平行于 O_1O_2，且 AD 与 AO_1 在同一直线上，角 $\varphi=30°$。求三角板 ABD 的角速度和点 D 的速度。

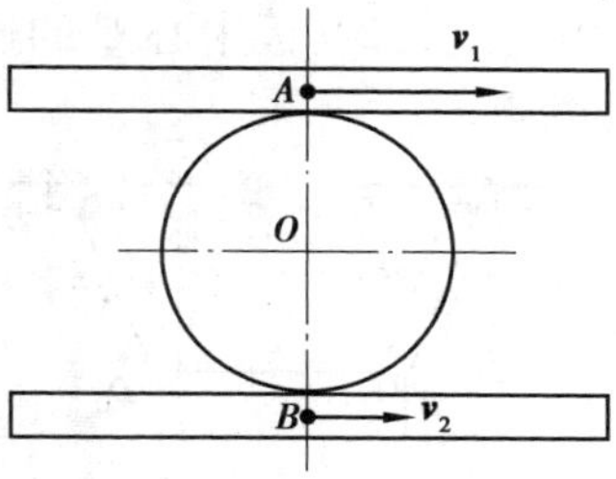

习题 3.3 图

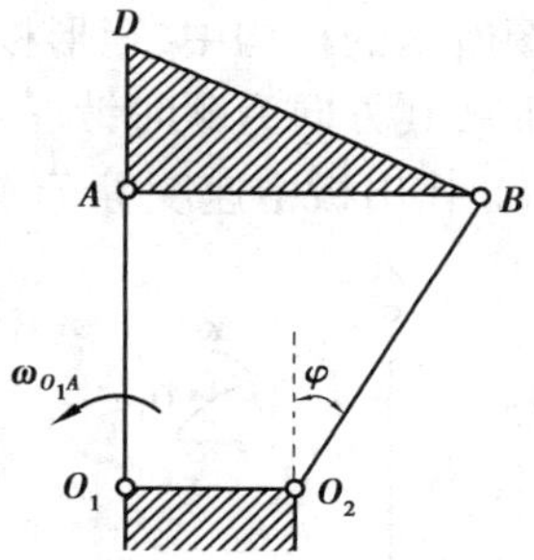

习题 3.4 图

3.5 如图所示的平面机构中，$AB=BD=DE=l=300$ mm。在图示位置时，$BD/\!/AE$，杆 AB 的角速度为 $\omega=5$ rad/s，试求此瞬时杆 DE 的角速度和杆 BD 中点 C 的速度。

3.6 如图所示的曲柄滑块机构，曲柄 OA 以匀角速度 ω 转动。已知曲柄 OA 长为 R，连杆 AB 长为 l。当曲柄在任意位置 $\varphi=\omega t$ 时，求滑块 B 的速度。

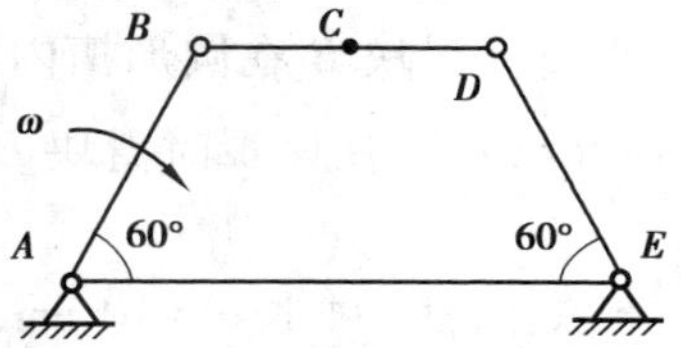

习题 3.5 图

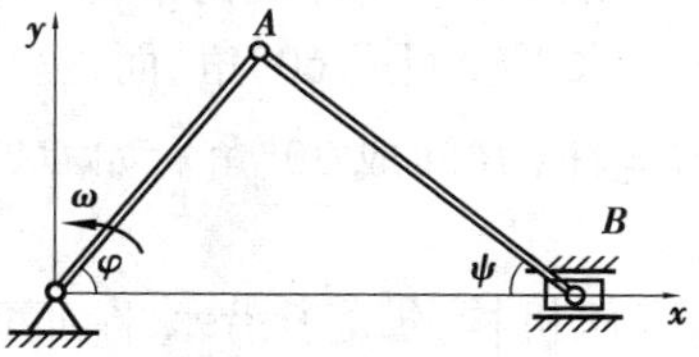

习题 3.6 图

3.7 如图所示的平面机构中，曲柄 $OA=100$ mm，以角速度 $\omega=2$ rad/s 转动。连杆 AB 带动摇杆 CD，并拖动轮 E 沿水平面滚动。已知 $CD=2CB$，图示位置时 A、B、E 三点恰在一水平线上，且 $CD\perp ED$，试求此瞬时 E 点的速度。

3.8 如图所示的平面铰链机构中，已知杆 O_1A 的角速度为 ω_1，杆 O_2B 的角速度为 ω_2，转向如图。在图示瞬时,杆 O_1A 铅直,杆 AC 和 O_2B 水平,而杆 BC 对铅直线的偏角为 30°。又知 $O_2B=b\sqrt{3}$,$O_1A=b$,试求在这瞬时 C 点的速度。

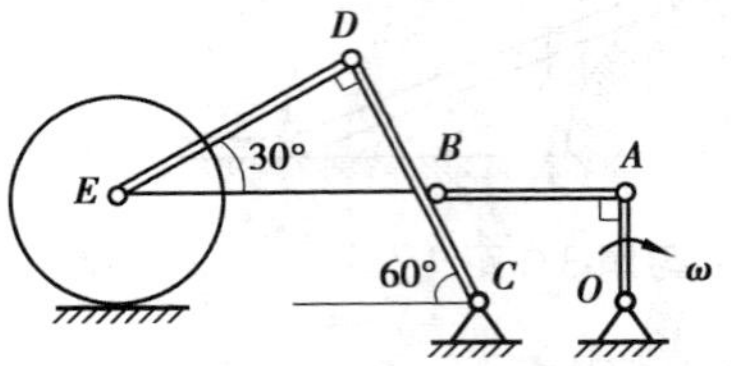

习题 3.7 图

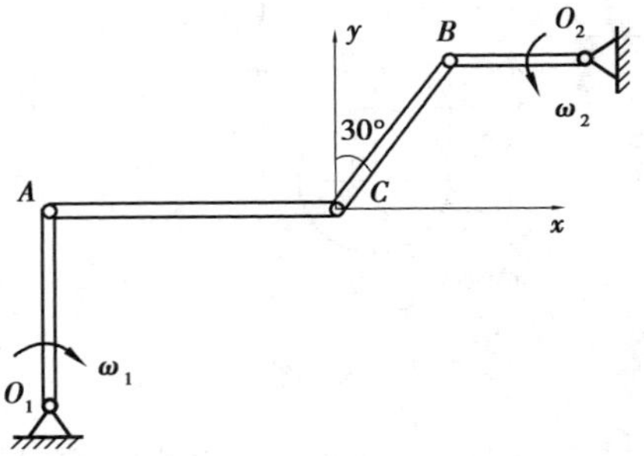

习题 3.8 图

3.9　如图所示的行星传动机构中,杆 O_1A 绕 O_1 轴转动,并借杆 AB 带动曲柄 OB,而曲柄 OB 活动地装置在 O 轴上。在 O 轴上装有齿轮Ⅰ;齿轮Ⅱ的轴安装在杆 AB 的 B 端。已知:$r_1=r_2=300\sqrt{3}$ mm,$O_1A=750$ mm,$AB=1\ 500$ mm,又知杆 O_1A 的角速度 $\omega_{O_1}=6$ rad/s,求当 $\alpha=60°$ 且 $\beta=90°$ 时,曲柄 OB 及轮Ⅰ的角速度。

3.10　如图所示的机构中,矩形板用两根长 0.15 m 的连杆悬挂,已知图示瞬时连杆 AB 的角速度为 4 rad/s,其方向为顺时针。试求:(1) 板的角速度;(2) 板中心 G 的速度;(3) 板上 F 点的速度;(4) 找出板中速度等于或小于 0.15 m/s 的点。

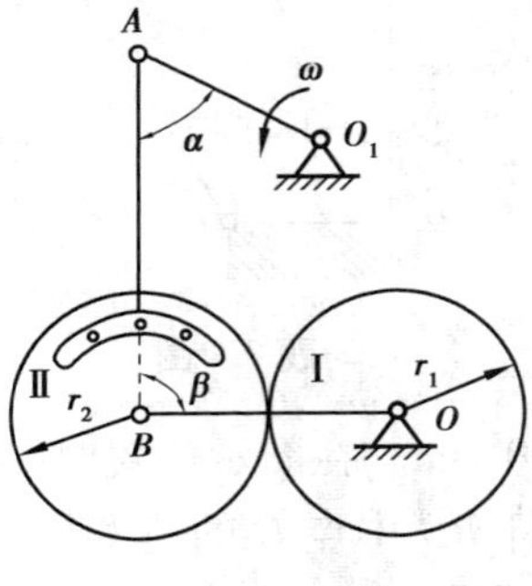

习题 3.9 图

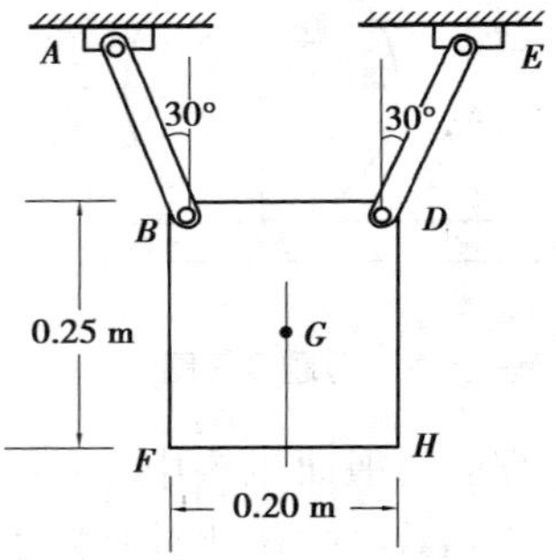

习题 3.10 图

3.11　在图示曲柄连杆机构中,曲柄 OA 绕 O 轴转动,其角速度为 ω_0,角加速度为 α_0。在某瞬时曲柄与水平线间成 60°角,而连杆 AB 与曲柄 OA 垂直。滑块 B 在圆形槽内滑动,此时半径 O_1B 与连杆 AB 间成 30°角。如 $OA=r$,$AB=2\sqrt{3}r$,$O_1B=2r$,求在该瞬时滑块 B 的切向和法向加速度。

3.12　滚压机构的滚子沿水平面滚动而不滑动。已知曲柄 OA 长 $r=10$ cm,以匀转速 $n=30$ r/min转动。连杆 AB 长 $l=17.3$ cm,滚子半径 $R=10$ cm。求在图示位置时滚子的角速度及角加速度。

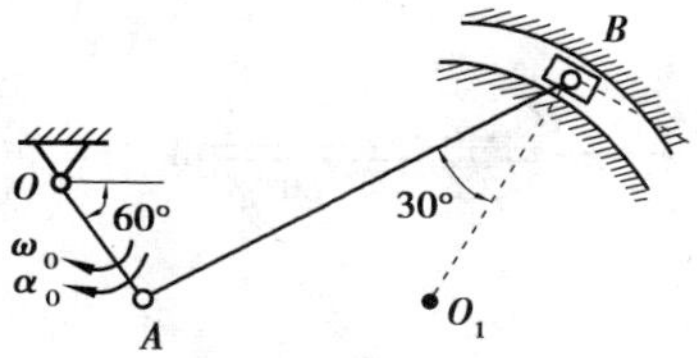

习题 3.11 图

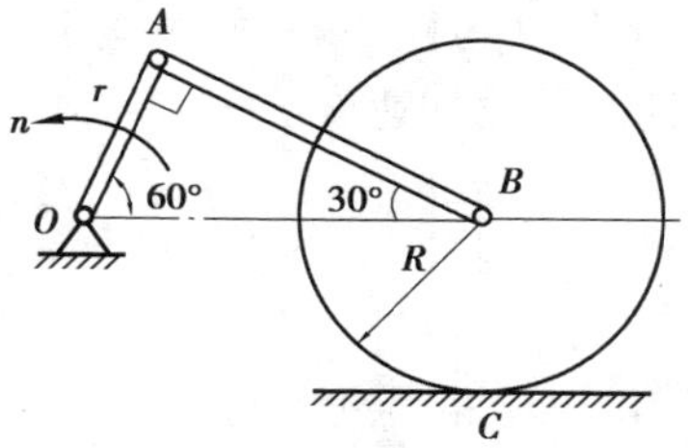

习题 3.12 图

3.13　曲柄 OA 以恒定的角速度 $\omega=2$ rad/s 绕轴 O 转动，并借助连杆 AB 驱动半径为 r 的轮子在半径为 R 的圆弧槽中作无滑动的滚动。设 $OA=AB=R=2r=1$ m，求图所示瞬时点 B 和点 C 的速度与加速度。

3.14　半径为 R 的轮子沿水平面滚动而不滑动，如习题 3.14 图所示。在轮上有圆柱部分，其半径为 r。将线绕于圆柱上，线的 B 端以速度 v 和加速度 a 沿水平方向运动。求轮的轴心 O 的速度和加速度。

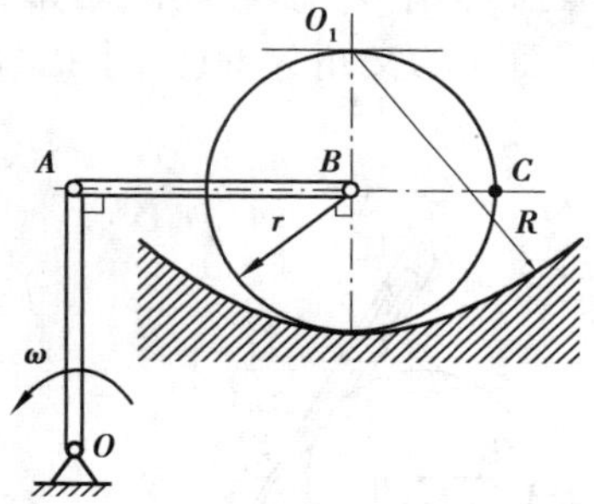

习题 3.13 图

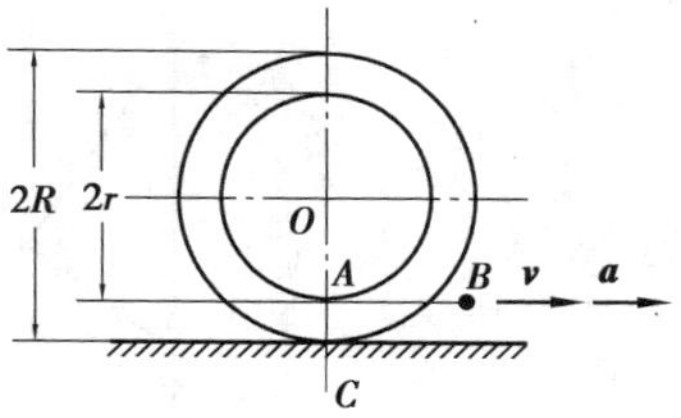

习题 3.14 图

3.15　如图所示，齿轮Ⅰ在齿轮Ⅱ内滚动，其半径分别为 r 和 $R=2r$，曲柄 OO_1 绕 O 轴以等角速度 ω_0 转动，并带动行星齿轮Ⅰ。求该瞬时轮Ⅰ上瞬时速度中心 C 的加速度。

3.16　如图所示的四连杆机构 $OABO_1$ 中，$OO_1=OA=O_1B=100$ mm，OA 以匀角速度 $\omega=2$ rad/s 转动，当 $\varphi=90°$时，O_1B 与 OO_1 在一直线上，求此时：(1)AB 及 O_1B 的角速度；(2)AB 杆与 O_1B 杆的角加速度。

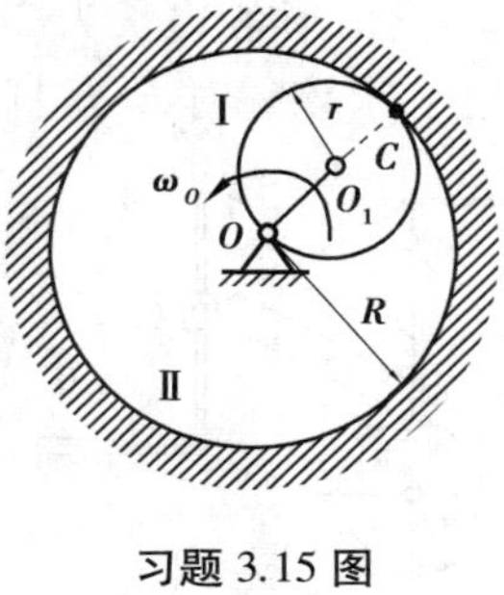

习题 3.15 图

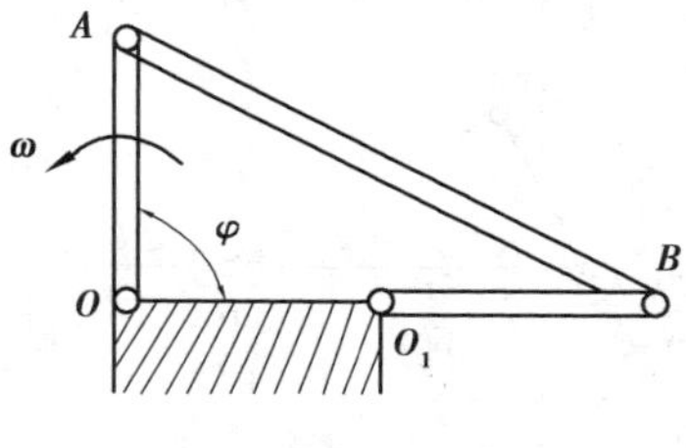

习题 3.16 图

3.17　如图所示的机构中，曲柄 OA 长为 r，绕 O 轴以匀角速度 ω_0 转动，$AB=6r$，$BC=3\sqrt{3}r$。求图示位置时，滑块 C 的速度和加速度。

3.18　如图所示的平面机构中，AC 杆在导轨中以匀速 v 平动，通过铰链 A 带动 AB 杆沿导

套 O 运动，导套 O 与杆 AC 的距离为 l。图示瞬时 AB 杆与 AC 杆的夹角为 $\varphi=60°$，求此瞬时 AB 杆的角速度及角加速度。

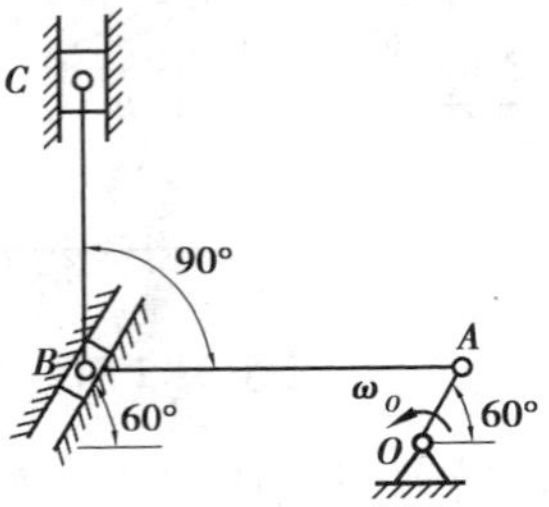

习题 3.17 图

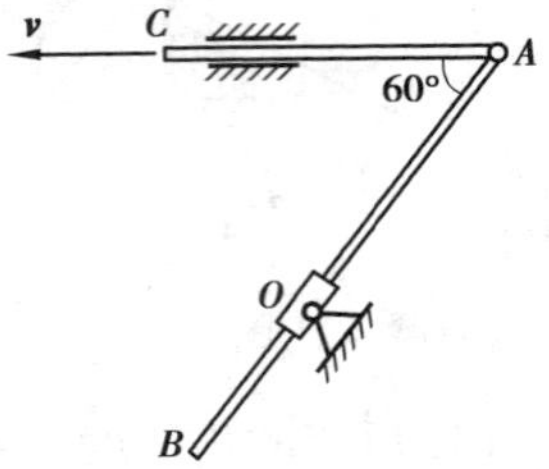

习题 3.18 图

3.19 在如图所示的四边形机构中，$AB=CD=400$ mm，$BC=AD=200$ mm，曲柄 AB 以匀角速度 $\omega=3$ rad/s 绕 A 点转动，求 CD 垂直于 AD 时 BC 杆的角速度及角加速度。

3.20 如图所示，轮 O 在水平面上滚动而不滑动，轮心以匀速 $v_O=0.2$ m/s 运动。轮缘上固连销钉 B，此销钉在摇杆 O_1A 的槽内滑动，并带动摇杆绕 O_1 轴转动。已知：轮的半径 $R=0.5$ m，在图示位置时，AO_1 是轮的切线，摇杆与水平面间的交角为 60°。求摇杆在该瞬时的角速度和角加速度。

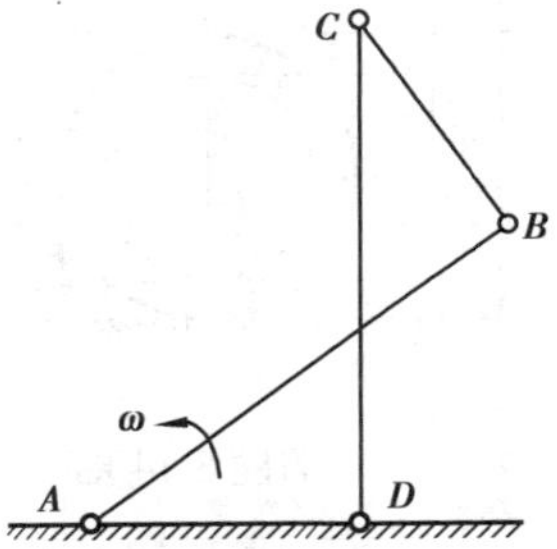

习题 3.19 图

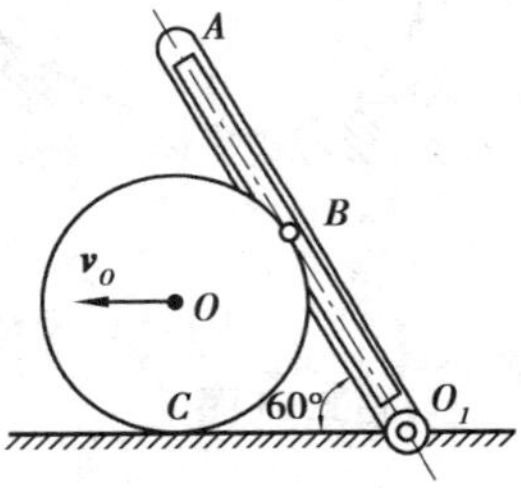

习题 3.20 图

3.21 平面机构的曲柄 OA 长为 $2l$，以匀角速度 ω_0 绕 O 轴转动。在图示位置时，$AB=BO$，并且 $\angle OAD=90°$，求此时套筒 D 相对于杆 BC 的速度。

3.22 如图所示的平面机构中，轮沿地面作纯滚动，通过铰接的三角形板与套筒 A 铰接，并带动直角杆 EGH 作水平移动。已知：轮半径为 r，$O_1B=r$，三角形各边长为 $2r$，轮心速度为 v_O。在图示位置时，O_1B 杆水平，B、D、O 三点在同一铅垂线上，求该瞬时 EGH 杆的速度。

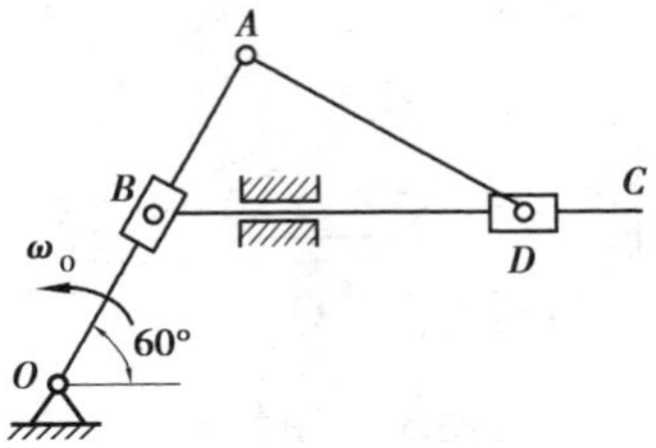

习题 3.21 图

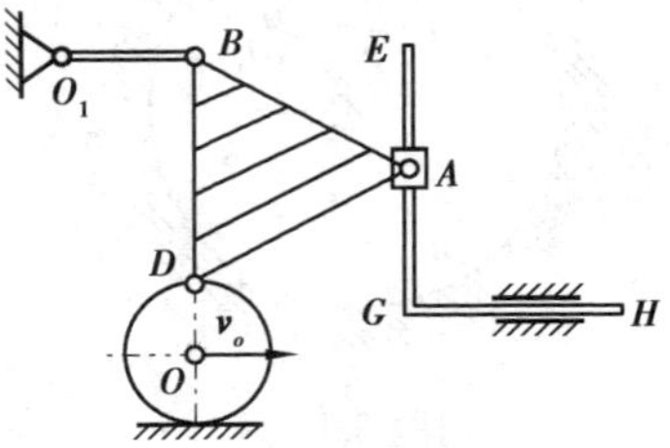

习题 3.22 图

3.23 习题 3.23 图所示平面系统中，三角形物块以速度 $\boldsymbol{v}$、加速度 $\boldsymbol{a}$ 向右平移，倾角为 θ。BD 杆置于铅垂滑道内与 AB 杆铰接，AB 杆长 l，位置水平。求图示瞬时 AB 杆的角加速度。

3.24 如图所示的系统中，与 OA 杆铰接的套筒 A 带动 BD 杆沿水平滑道移动，BD 杆与作纯滚动的轮铰接。OA 杆与轮半径 r 等长，倾角为 φ，其角速度 ω_0 为常量。求轮瞬心 C 点的加速度。

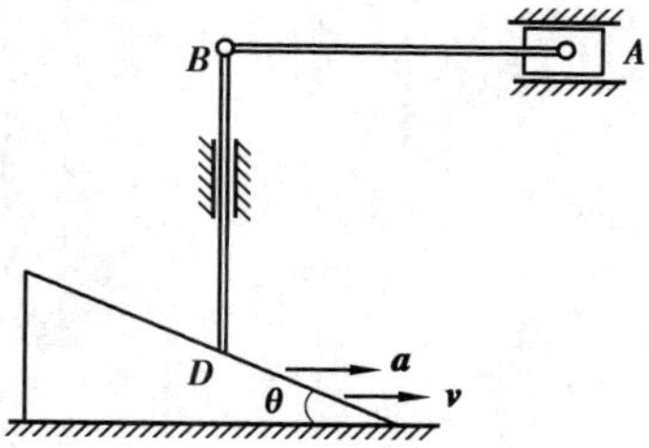

习题 3.23 图

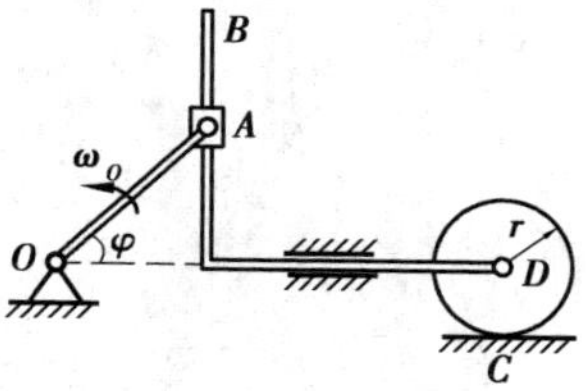

习题 3.24 图

4

静力学基础

静力学是研究物体在力系作用下的平衡规律的科学。在静力学中,研究的物体都是刚体。所谓的刚体,是指物体在力的作用下,其内部任意两点之间的距离始终保持不变。显然,这是一种理想化的力学模型。

力,是物体间相互的机械作用,这种作用使物体的机械运动状态发生变化。

力系,是指作用在物体上的多个力的集合。

在静力学中,物体的受力分析和力系的等效简化是建立物体平衡条件的基础,在以后的动力学(物体运动与力的关系)研究中同样有用,因此这两个概念是本章的主要内容。

应用各种力系的平衡条件解决实际问题,是静力学最主要的任务。

4.1　牛顿定律与静力学公理

▶4.1.1　牛顿定律

1)第一定律(惯性定律)

不受力作用的质点(包括受平衡力作用的质点),不是处于静止状态,就是保持其原有的速度(包括大小和方向)不变,这种性质称为**惯性**。

2)第二定律(力与加速度之间的关系定律)

第二定律可以表示为

$$\boldsymbol{F} = m\boldsymbol{a} \tag{4.1}$$

即:质点的质量与加速度的乘积,等于作用于质点的力的大小,加速度的方向与力的方向相同。

式(4.1)表明,如果作用于质点的力为零,则质点的加速度为零,即质点保持静止或匀速直线运动。

3)第三定律(作用与反作用定律)

两个物体间的作用力与反作用力总是大小相等,方向相反,沿着同一直线,且同时分别作用在这两个物体上。这一定律就是静力学的公理四,它不仅适用于平衡的物体,而且也适用于任何运动的物体。

►4.1.2 静力学公理

公理是人们在生活和生产实践中长期积累的经验总结,又经过实践反复检验,被确认是符合客观实际的最普遍、最一般的规律。

1)公理1　力的平行四边形法则

作用在物体上同一点的两个力可合成一个合力,此合力也作用于该点,合力的大小和方向由以原两力矢为邻边所构成的平行四边形的对角线来表示,如图4.1所示。或者说,合力矢等于这两个力矢的几何和,即

$$\boldsymbol{F}_R = \boldsymbol{F}_1 + \boldsymbol{F}_2 \tag{4.2}$$

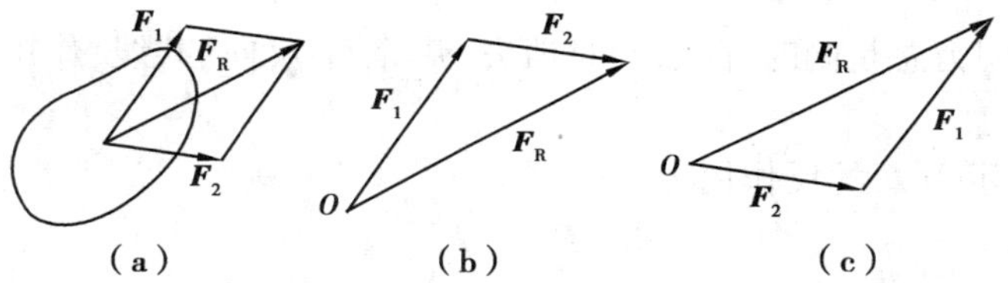

图4.1

2)公理2　二力平衡条件

作用在刚体上的两个力,使刚体保持平衡的必要和充分条件是:这两个力的大小相等,方向相反,且作用在同一直线上。

3)公理3　加减平衡力系原理

在已知力系上加上或减去任意的平衡力系,并不改变原力系对刚体的作用。这个公理是研究力系等效替换的重要依据,根据上述公理可以导出下列推理:

(1)推理1　力的可传性

作用于刚体上某点的力,可以沿着它的作用线移到刚体内任意一点,并不改变该力对刚体的作用。

证明:设刚体上 A 点作用力 $\boldsymbol{F}$,如图4.2(a)所示。根据加减平衡力系原理,在力 $\boldsymbol{F}$ 作用线上任意一点 B 加上一个平衡力系 $\boldsymbol{F}_1$、$\boldsymbol{F}_2$,使 $\boldsymbol{F}=\boldsymbol{F}_2=-\boldsymbol{F}_1$,如图4.2(b)所示。由于 $\boldsymbol{F}$ 和 $\boldsymbol{F}_1$ 也是一个平衡力系,故可除去,这样只剩下一个力 $\boldsymbol{F}_2$,即原来的力 $\boldsymbol{F}$ 沿其作用线移到了 B 点,如图4.2(c)所示。

由此可见,对于刚体来说,力的作用点已不是决定力的作用效应的要素,它已被作用线所代替。因此,作用于刚体上的力的三要素可描述为:力的大小、方向和作用线。

作用于刚体上的力可以沿着其作用线移动,这种矢量称为**滑动矢量**。

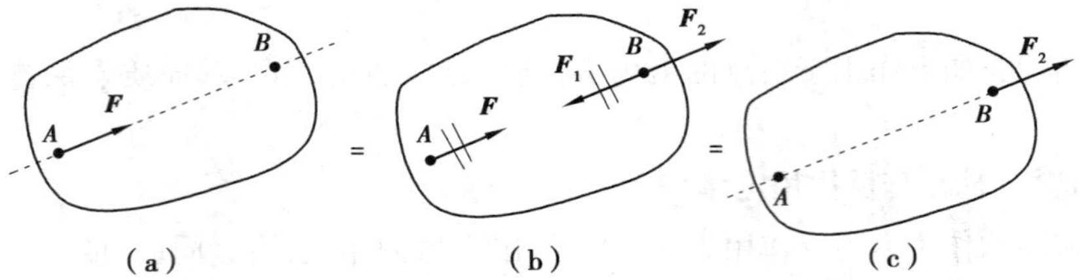

图 4.2

(2)推理 2　三力平衡汇交定理

作用于刚体上三个相互平衡的力必在同一平面内,若其中两个力的作用线汇交于一点,则第三个力的作用线通过汇交点。

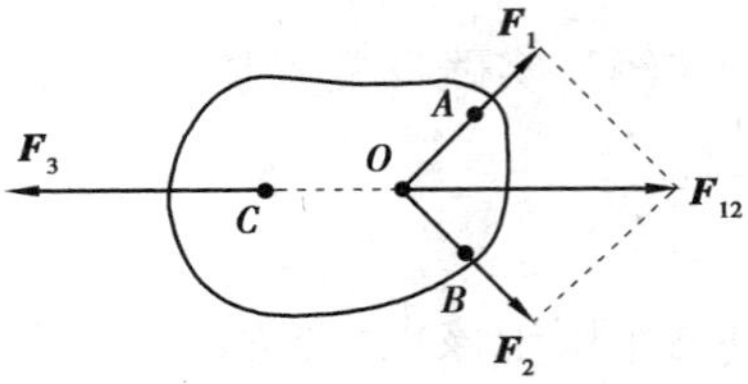

图 4.3

证明:如图 4.3 所示,在刚体的 A、B、C 三点上,分别作用三个相互平衡的力 $\boldsymbol{F}_1$、$\boldsymbol{F}_2$ 和 $\boldsymbol{F}_3$。根据力的可传性,将力 $\boldsymbol{F}_1$ 和 $\boldsymbol{F}_2$ 移到汇交点 O,然后根据平行四边形法则,得合力 $\boldsymbol{F}_{12}$。则力 $\boldsymbol{F}_3$ 应与 $\boldsymbol{F}_{12}$ 平衡。由于两个力平衡必须共线,所以力 $\boldsymbol{F}_3$ 必定与力 $\boldsymbol{F}_1$ 和 $\boldsymbol{F}_2$ 共面,且通过力 $\boldsymbol{F}_1$ 与 $\boldsymbol{F}_2$ 的交点 O,定理得证。

4)公理 4　作用和反作用定律

作用力和反作用力总是同时存在、同时消失,并等值、反向、共线,作用在相互作用的两个物体上。

通常用 $\boldsymbol{F}'$ 来表示力 $\boldsymbol{F}$ 的反作用力,则

$$\boldsymbol{F} = -\boldsymbol{F}'$$

这个公理概括了物体间相互作用的关系,表明作用力和反作用力总是成对出现的。由于作用力和反作用力不是作用在同一个物体上,因此不能被视作平衡力系。

5)公理 5　刚化原理

变形体在某一力系作用下处于平衡,若将此变形体刚化为刚体,其平衡状态保持不变。

这个公理提供了把变形体看作刚体模型的条件。如图 4.4 所示,绳索在等大、反向、共线的两个拉力作用下处于平衡,若将绳索看作刚体,其平衡状态保持不变;反之,如果刚体在两个等大、反向、共线的两个压力作用下平衡,若将刚体看作绳索就不能平衡了。

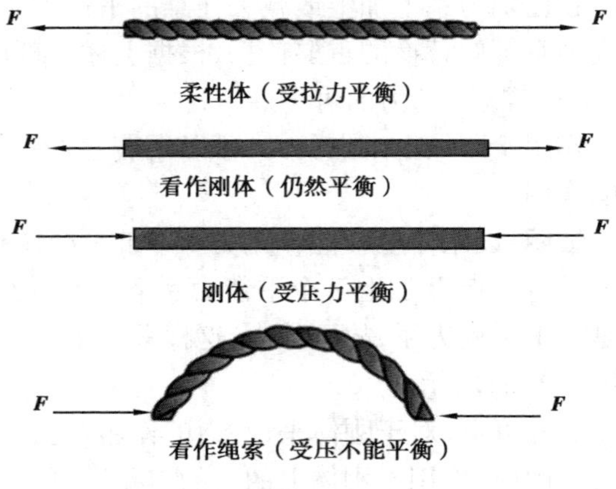

图 4.4

由此可见,刚体的平衡条件是变形体平衡的必要条件,而非充分条件。在刚体静力学的基础上,考虑变形体的特性,可进一步研究变形体的平衡问题。

静力学的全部理论都可以由上述 5 个公理推证而得,这既能保证理论体系的完整和严密性,又可以培养读者的逻辑思维能力。

4.2　约束、物体受力分析

►4.2.1　约束和约束力

有些物体(例如飞行的飞机、炮弹和火箭等),它们在空间的位移不受任何限制。位移不受限制的物体称为**自由体**。相反,有些物体在空间的位移却要受到一定的限制,例如机车受铁轨的限制,只能沿轨道运动;电机转子受轴承的限制,只能绕轴线转动;重物由钢索吊住,不能下落等。这些位移受到限制的物体称为**非自由体**。对非自由体的某些位移起限制作用的周围物体称为**约束**。例如,铁轨对于机车,轴承对于电机转子,钢索对于重物等,都是约束。

从力学角度来看,约束对物体的作用,实际上就是力,这种力称为**约束力**。因此,约束力的方向必与该约束所能阻碍的位移方向相反。应用这个准则,可以确定约束力的方向或者作用线的位置,但约束力的大小则是未知的。在静力学问题中,约束力(称为**被动力**)和物体受的已知力(称为**主动力**)组成平衡力系,因此可用平衡条件求出未知的约束力。当主动力改变时,约束力一般也发生改变,因此约束力是被动的,这也是将约束力之外的力称为主动力的原因。

下面介绍几种在工程中常见的约束类型和确定约束力方向的方法。

1)具有光滑接触表面的约束

例如,支撑物体的固定面(图 4.5(a)、(b))、啮合齿轮的齿面(如图 4.6(a)),当摩擦力忽略不计时,都属于这类约束。

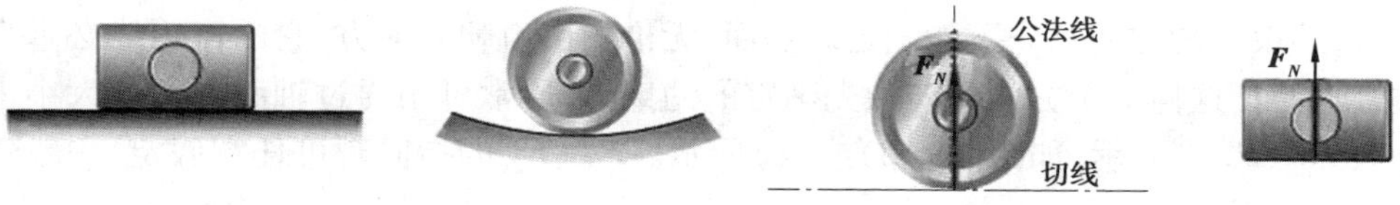

(a)　(b)　(c)　(d)

图 4.5

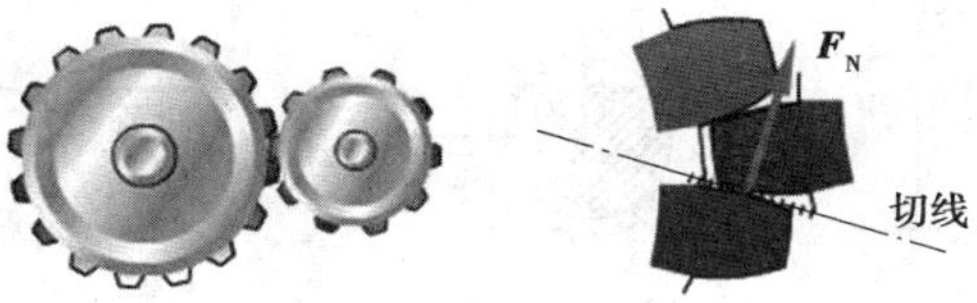

(a)　(b)

图 4.6

因为约束和约束力是等效的,所以在画约束力的时候,要把对应的约束去掉。因此,图 4.5(a)、(b)的约束力分别如图 4.5(c)、(d)所示,图 4.6(a)的约束力如图 4.6(b)所示。

光滑接触表面的约束不能限制物体沿约束表面切线的位移,只能阻碍物体沿接触表面法线的位移。因此,光滑支撑面对物体的约束力作用在接触点,方向沿接触表面的公法线,并指向被约束的物体。这种约束力称为法向约束力,通常用 $\boldsymbol{F}_N$ 表示。

2)由柔软的绳索、胶带或链条等构成的约束

用细绳吊住重物,如图 4.7(a)所示,由于柔软的绳索只能承受拉力,所以它给物体的约束力也只能是拉力,如图 4.7(b)所示。因此,绳索对物体的约束力作用在接触点,方向沿着绳索背离物体,通常用 $\boldsymbol{F}$ 或 $\boldsymbol{F}_{\mathrm{T}}$ 表示这类约束力。

链条或胶带也只能承受拉力。当它们绕在轮子上时,对轮子的约束力沿着轮缘的切线方向(图 4.8)。这类约束一般称为柔索类约束。

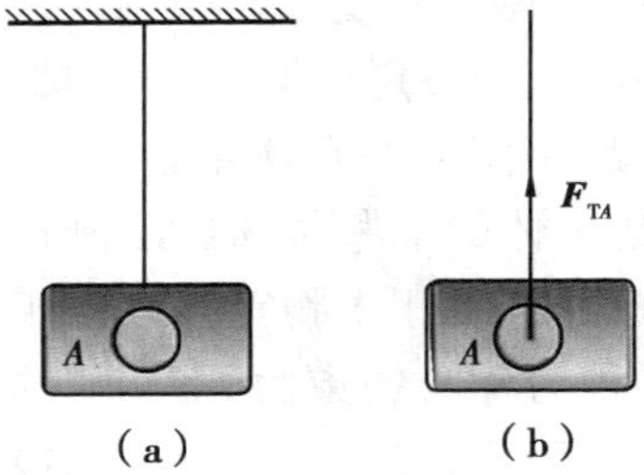

图 4.7

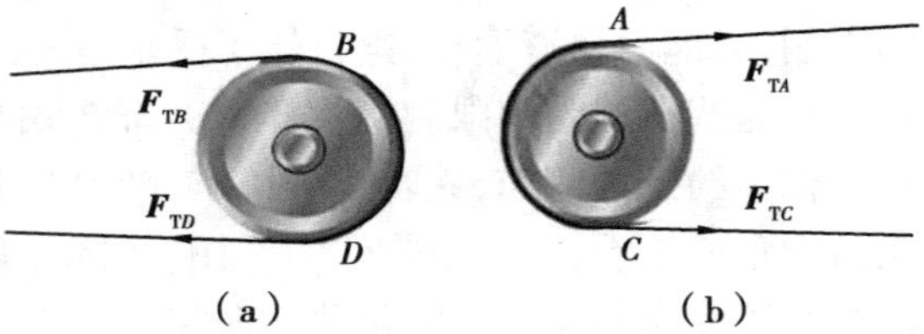

图 4.8

3)光滑铰链约束

这类约束有径向轴承、圆柱铰链、固定铰链支座等。

(1)径向轴承(向心轴承)

如图 4.9(a)、(b)所示为轴承装置,可画成如图 4.9(c)所示的简图。轴可在孔内任意转动,也可沿孔的中心线移动;但是,轴承阻碍轴沿径向向外的位移。当轴和轴承在某点 A 光滑接触时,轴承对轴的约束力 $\boldsymbol{F}_A$ 作用在接触点 A,且沿公法线指向轴心(如图 4.9(a))。

但是,随着轴所受的主动力不同,轴和孔的接触点的位置也随之不同。所以,当主动力尚未确定时,约束力的方向预先不能确定。然而,无论约束力朝向何方,它的作用线必垂直于轴线并通过轴心。这样一个方向不能预先确定的约束力,通常可用通过轴心的两个大小未知的正交分力 $\boldsymbol{F}_{Ax}$、$\boldsymbol{F}_{Ay}$ 来表示,如图 4.9(b)或(c)所示。$\boldsymbol{F}_{Ax}$、$\boldsymbol{F}_{Ay}$ 的指向暂可任意假定,一般建议假定为沿坐标轴正向。

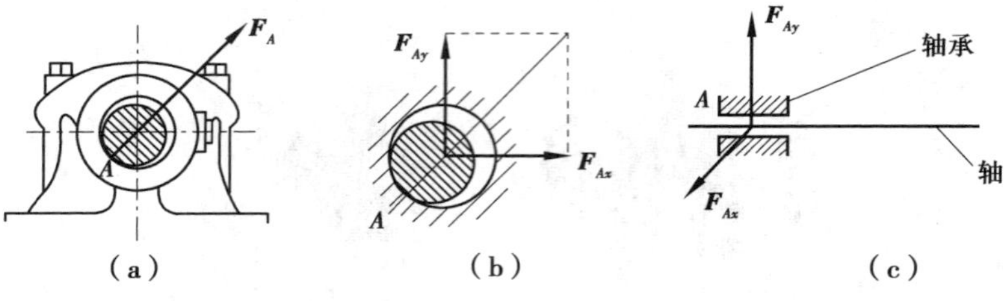

图 4.9

(2)圆柱铰链和固定铰链支座

如图 4.10(a)所示的拱形桥,它是由两个拱形构件通过圆柱铰链 C 以及固定铰链支座 A 和 B 连接而成的。圆柱铰链简称**铰链**,它是由销钉 C 将两个钻有同样大小孔的构件连接在一起而成(图 4.10(b)),其简图如图 4.10(a)的铰链 C。如果铰链连接中有一个固定在地面或机架上作为支座,则这种约束称为固定铰链支座,简称固定铰支,如图 4.10(b)中所示的支座 B。其简图如图 4.10(a)所示的固定铰链支座 A 和 B。

在分析铰链 C 处的约束力时，通常把销钉 C 固连在其中任意一个构件上，如构件Ⅱ上，则构件Ⅰ、Ⅱ互为约束。显然，当忽略摩擦时，构件Ⅱ上的销钉与构件Ⅰ的结合，实际上是轴与光滑孔的配合问题。因此，它与轴承具有同样的约束性质，即约束力的作用线不能预先确定，但约束力垂直轴线并通过铰链中心，故也可用两个大小未知的正交分力 $\boldsymbol{F}_{Cx}$、$\boldsymbol{F}_{Cy}$ 和 $\boldsymbol{F}'_{Cx}$、$\boldsymbol{F}'_{Cy}$ 来表示，如图 4.10(c)所示。其中，$\boldsymbol{F}_{Cx}=-\boldsymbol{F}'_{Cx}$，$\boldsymbol{F}_{Cy}=-\boldsymbol{F}'_{Cy}$，表明它们互为作用与反作用关系。

同理，把销钉固连在 A、B 支座上，则固定铰支 A、B 对构件Ⅰ、Ⅱ的约束力分别为 $\boldsymbol{F}_{Ax}$、$\boldsymbol{F}_{Ay}$ 与 $\boldsymbol{F}_{Bx}$、$\boldsymbol{F}_{By}$，如图 4.10(c)所示。

需要分析销钉 C 的受力时，才把销钉分离出来单独研究。这时，销钉 C 将同时受到构件Ⅰ、Ⅱ上的孔对它的反作用力。其中，$\boldsymbol{F}_{C1x}=-\boldsymbol{F}'_{C1x}$，$\boldsymbol{F}_{C1y}=-\boldsymbol{F}'_{C1y}$，为构件Ⅰ与销钉 C 的作用力与反作用力；又有 $\boldsymbol{F}_{C2x}=-\boldsymbol{F}'_{C2x}$，$\boldsymbol{F}_{C2y}=-\boldsymbol{F}'_{C2y}$，则为构件Ⅱ与销钉 C 的作用力与反作用力。销钉 C 所受到的约束力如图 4.10(d)所示。

当将销钉 C 与构件Ⅱ固连为一体时，它们之间的作用力 $\boldsymbol{F}_{C2x}$、$\boldsymbol{F}_{C2y}$ 与反作用力 $\boldsymbol{F}'_{C2x}$、$\boldsymbol{F}'_{C2y}$（属于内力），可以消去不画。此时，力的下角标不必再区分为 C_1 和 C_2，铰链 C 处的约束力仍如图 4.10(c)所示。

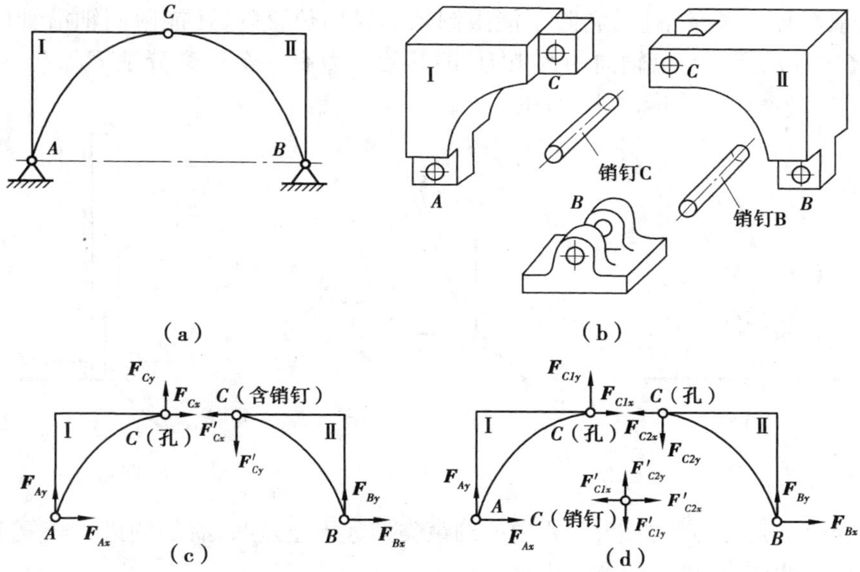

图 4.10

上述三种约束（径向轴承、圆柱铰链、固定铰链支座），它们的具体结构虽然不同，但构成约束的性质是相同的，一般通称为铰链约束。此类约束的特点是：约束力一般用两个大小未知的正交分力来表示。

4）其他类型约束

（1）滚动支座

在桥梁、屋架等结构中，经常采用滚动支座约束。这种支座是在固定铰链支座与光滑支撑面之间装有几个辊轴而构成，又称辊轴支座，如图 4.11(a)所示，其简图如图 4.11(b)所示。它可以沿支撑面移动，允许由于温度变化而引起结构跨度的自由伸长或缩短。显然，滚动支座的约束性质与光滑面约束相同，其约束力必垂直于支撑面，且通过铰链中心。通常用 $\boldsymbol{F}_{\mathrm{N}}$ 表示其法向约束力,如图 4.11(c)所示。

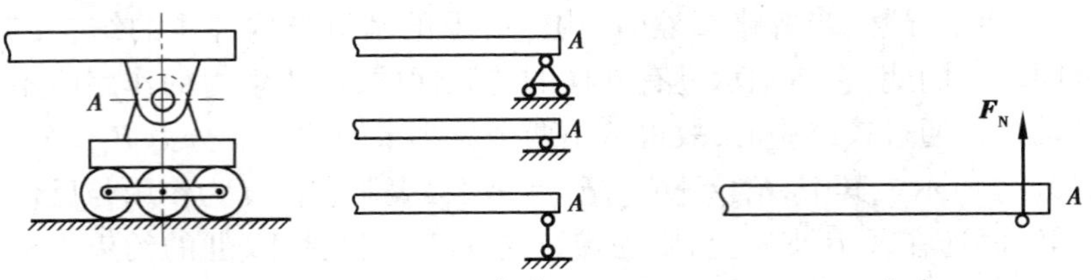

(a) (b) (c)

图 4.11

(2)球铰链

通过圆球和球壳将两个构件连接在一起的约束称为球铰链,如图 4.12(a)所示。它使构件的球心不能有任何位移,但构件可绕球心任意转动。若忽略摩擦,其约束力应是通过接触点与球心,但方向不能预先确定的一个空间法向约束力,可用三个正交分力 $\boldsymbol{F}_{Ax}$、$\boldsymbol{F}_{Ay}$ 和 $\boldsymbol{F}_{Az}$ 表示,其简图及约束力如图 4.12(b)所示。

(3)止推轴承

止推轴承与径向轴承不同,它除了能限制轴的径向位移外,还能限制轴沿轴向的位移。因此,它比径向轴承多一个沿轴向的约束力,即其约束力有三个正交分量 $\boldsymbol{F}_{Ax}$、$\boldsymbol{F}_{Ay}$ 和 $\boldsymbol{F}_{Az}$。止推轴承的简图及其约束力如图 4.13 所示。

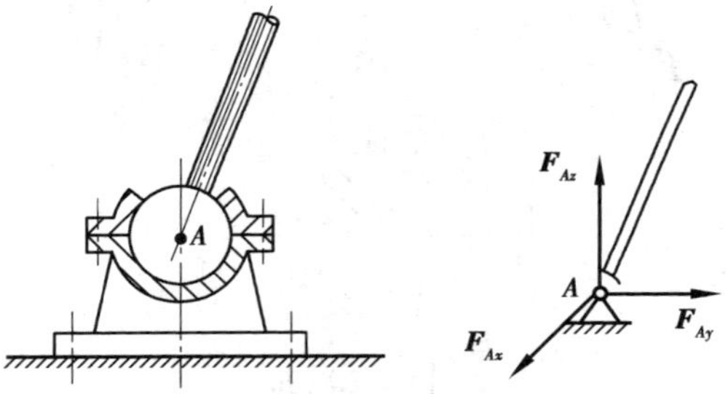

(a) (b)

图 4.12

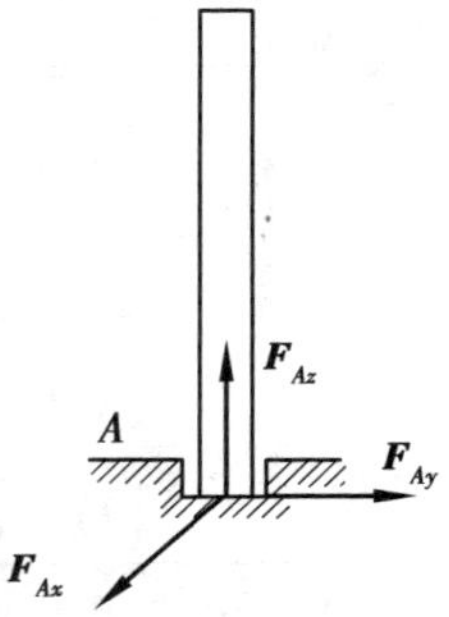

图 4.13

以上只介绍了几种简单约束,工程中的约束类型远不止这些,有的约束比较复杂,分析时需要加以简化或抽象,在以后的章节中再作介绍。

►4.2.2 受力分析和受力图

在工程实际中,为了求出未知的约束力,需要根据已知力,应用平衡条件求解。为此,首先要确定构件受了几个力,以及每个力的作用位置和力的作用方向。这种分析过程称为物体的受力分析。

作用在物体上的力可分为两类:一类是主动力,例如物体的重力、风力、气体压力等,一般是已知的;另一类是约束对物体的约束力,为未知的被动力。

为了清晰地表示物体的受力情况,我们把需要研究的物体(称为受力体)从周围的物体(称为施力体)中分离出来,单独画出它的简图,这个步骤称为取研究对象或取分离体。然后把施力物体对研究对象的作用力(包括主动力和约束力)全部画出来。这种表示物体受力的简明图形,称为**受力图**。画物体受力图是解决静力学问题的一个重要步骤。

【**例4.1**】用力 $\boldsymbol{F}$ 拉动碾子以压平路面,重为 $\boldsymbol{P}$ 的碾子受到一石块的阻碍,如图4.14(a)所示。如不计摩擦,试画出碾子的受力图。

【**解**】①取碾子为研究对象(即取分离体),并单独画出其简图。

②画主动力。有碾子的重力 $\boldsymbol{P}$ 和碾子中心的拉力 $\boldsymbol{F}$。

③画约束力。因碾子在 A 处和 B 处受到石块和地面的光滑约束,故在 A 处和 B 处受到石块与地面的法向约束力 $\boldsymbol{F}_{NA}$、$\boldsymbol{F}_{NB}$ 的作用,它们都沿着碾子上接触点的公法线而指向圆心。

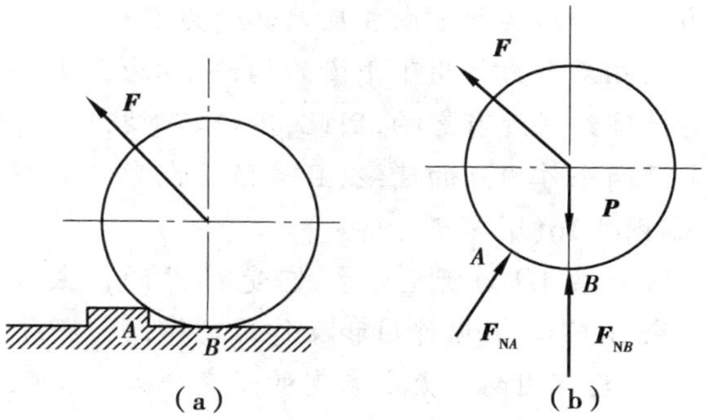

图4.14

碾子的受力图如图4.14(b)所示。

【**例4.2**】如图4.15所示的屋架,A 处为固定铰链支座,B 处为滚动支座。已知屋架自重大小为 P,在屋架的 AC 边上承受了垂直于它的均匀分布的风力 q(单位为N/m)。试画出屋架的受力图。

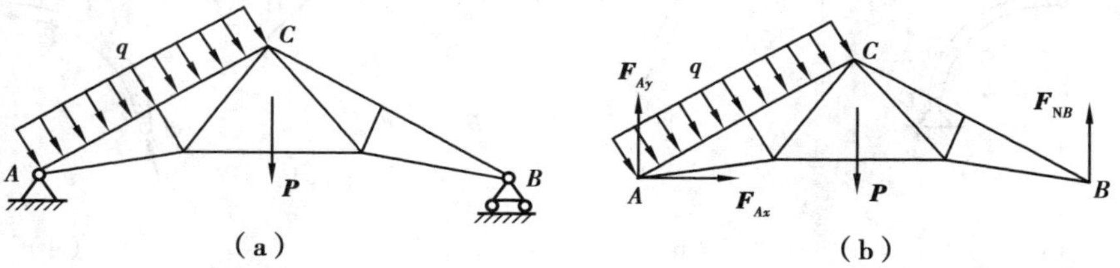

图4.15

【**解**】①取屋架为研究对象,除去约束并画出其简图。

②画主动力。有屋架的重力 $\boldsymbol{P}$ 和均布的风力 q。

③画约束力。因 A 处为固定铰支座,其约束力可用两个大小未知的正交分力 $\boldsymbol{F}_{Ax}$、$\boldsymbol{F}_{Ay}$ 来表示。B 处的滚动支座,约束力垂直向上,用 $\boldsymbol{F}_{NB}$ 表示。

屋架的受力如图4.15(b)所示。

【**例4.3**】如图4.16(a)所示,均质水平梁 AD 重 $\boldsymbol{P}$,D 点处作用一主动力 $\boldsymbol{F}$。如不计杆 BC 的自重,试分别画出杆 BC 和梁 AD 的受力图。

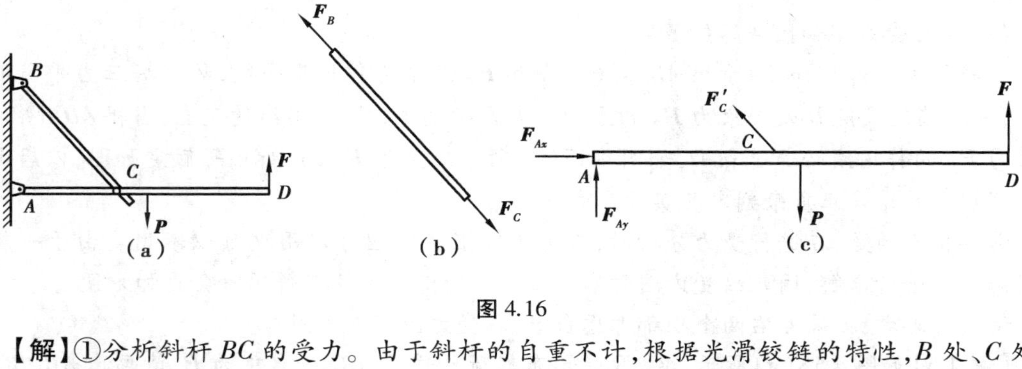

图4.16

【**解**】①分析斜杆 BC 的受力。由于斜杆的自重不计,根据光滑铰链的特性,B 处、C 处的约束力分别通过铰链 B、C 的中心,方向暂不确定。考虑到杆 BC 只在 $\boldsymbol{F}_B$、$\boldsymbol{F}_C$ 二力作用下平衡，根据二力平衡原理，这两个力必定沿同一直线，且等值、反向。由此确定 $\boldsymbol{F}_B$、$\boldsymbol{F}_C$ 的作用线应沿铰链中心 B 与 C 的连线。此处不能判定 BC 杆受拉力还是压力，可先假设杆受拉力。若根据平衡方程求得的力为正值，说明原假设力的指向与实际方向相同；若为负值，则说明原假设力的指向与实际方向相反。其受力图如图 4.16(b)所示。

只在两个力作用下平衡的构件，称为**二力构件**。由于静力学中所指物体都是刚体，其形状对计算结果没有影响，因此，不论其形状如何，一般均简称为**二力杆**。它所受的两个约束力必定沿两个作用点的连线，且等值反向。二力杆在工程实际中经常遇到，有时也把它作为约束，如图 4.16(b)所示。

②取梁 AD 为研究对象，它受 $\boldsymbol{F}$、$\boldsymbol{P}$ 两个主动力的作用。梁在铰链 C 处受二力杆 BC 给它的约束力 $\boldsymbol{F}'_C$。根据作用和反作用定律，$\boldsymbol{F}'_C=-\boldsymbol{F}_C$。梁在 A 处受固定铰支给它的约束力，由于方向未知，可用两个大小未定的正交分力 $\boldsymbol{F}_{Ax}$、$\boldsymbol{F}_{Ay}$ 表示。

梁 AD 的受力图如图 4.16(c)所示。

【例 4.4】如图 4.17(a)所示的三铰拱，不计自重和摩擦，试分别画出 AC 和 AB 的受力图。

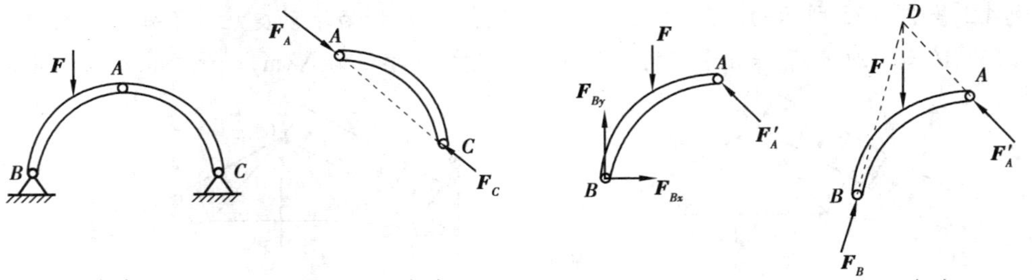

图 4.17

【解】①先分析拱 AC 的受力。由于拱 AC 不计自重，且只在 A、C 处受到铰链约束，因此拱 AC 为二力杆，在铰链中心 A、C 处分别受 $\boldsymbol{F}_A$、$\boldsymbol{F}_C$ 两力作用，且 $\boldsymbol{F}_B=-\boldsymbol{F}_C$，两个力的方向如图 4.17(b)所示。

②取拱 AB 为研究对象。由于不考虑自重，所以拱 AB 受到的主动力只有载荷 $\boldsymbol{F}$。拱 AB 在铰链 A 处受到拱 AC 给它的约束力 $\boldsymbol{F}'_A$。根据作用和反作用定律，有 $\boldsymbol{F}_A=-\boldsymbol{F}'_A$。拱在 B 处受固定铰支座给它的约束力 $\boldsymbol{F}_B$ 的作用，由于方向未确定，可用两个大小未知的正交分力 $\boldsymbol{F}_{Bx}$、$\boldsymbol{F}_{By}$ 来代替。

拱 AB 的受力图如图 4.17(c)所示。

再进一步分析可知，由于拱 AB 在 $\boldsymbol{F}$、$\boldsymbol{F}'_A$ 和 $\boldsymbol{F}_B$ 三个力作用下平衡，故根据三力平衡汇交定理，可以确定铰链 B 处约束力 $\boldsymbol{F}_B$ 的方向。点 D 为力 $\boldsymbol{F}$、$\boldsymbol{F}'_A$ 作用线的交点，当拱 AB 平衡时，约束力 $\boldsymbol{F}_B$ 的作用线必通过点 D，如图 4.17(d)所示。至于 $\boldsymbol{F}_B$ 的指向，暂假定如图，以后由平衡方程解出的结果正负来判定其实际方向。

需要指出的是，在进行受力分析时，三力平衡汇交定理可以用也可以不用。由于一般采用投影方程进行求解，因此画受力图时不用三力平衡汇交定理在解题时会更加方便。

请读者思考：如果左右两个拱都考虑自重，各受力图有何不同？

【例 4.5】如图 4.18(a)所示，梁 AB 受均布载荷 q 作用，BC 杆自重为 $\boldsymbol{P}$，请画出 AB、BC 及整个系统的受力图。

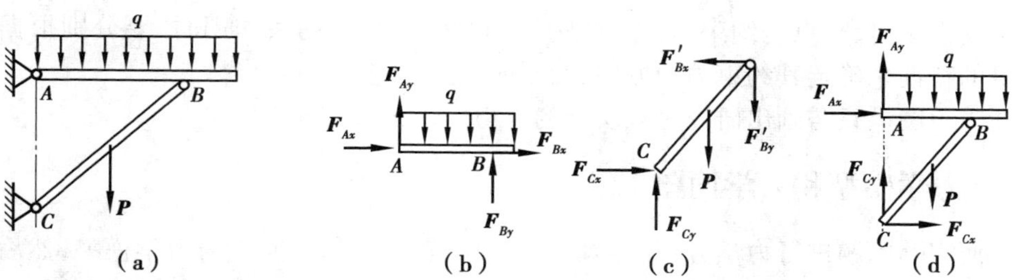

图 4.18

【解】①取 AB 为研究对象。梁 AB 上的主动力为均布荷载 q，在点 A 处受到固定铰支座给它的约束力 $\boldsymbol{F}_{Ax}$、$\boldsymbol{F}_{Ay}$，在铰链 B 处受到 BC 杆给它的约束力 $\boldsymbol{F}_{Bx}$、$\boldsymbol{F}_{By}$，如图 4.18(b)所示。

②取 BC 为研究对象。BC 杆的主动力为重力 $\boldsymbol{P}$，在点 C 处受到固定铰支座的约束力 $\boldsymbol{F}_{Cx}$、$\boldsymbol{F}_{Cy}$，在铰链 B 处受到 AB 给它的约束力 $\boldsymbol{F}'_{Bx}$和 $\boldsymbol{F}'_{By}$（$\boldsymbol{F}'_{Bx}$和 $\boldsymbol{F}'_{By}$ 分别是 $\boldsymbol{F}_{Bx}$和 $\boldsymbol{F}_{By}$ 的反作用力），如图 4.18(c)所示。

③取整个系统为研究对象。当选整个系统为研究对象时，可把平衡的整个结构刚化为刚体。铰链 B 处所受的力满足 $\boldsymbol{F}_{Bx}=-\boldsymbol{F}'_{Bx}$，$\boldsymbol{F}_{By}=-\boldsymbol{F}'_{By}$，这些力都成对地作用在整个系统内，称为**内力**。内力对系统的作用效应相互抵消，因此可以除去，并不影响整个系统的平衡，故内力在整体受力图上不必画出。在整体受力图上只需画出系统以外的物体给系统的作用力，这种力称为**外力**。这里，均布载荷 q 和约束力 $\boldsymbol{F}_{Ax}$、$\boldsymbol{F}_{Ay}$、$\boldsymbol{F}_{Cx}$、$\boldsymbol{F}_{Cy}$ 都是作用于整个系统的外力。整个系统的受力图如图 4.18(d)所示。

应该指出，内力和外力的区分并不是绝对的。例如，当我们把梁 AB 作为研究对象时，q、$\boldsymbol{F}_{Ax}$、$\boldsymbol{F}_{Ay}$、$\boldsymbol{F}_{Bx}$、$\boldsymbol{F}_{By}$ 均属于外力；但取整个系统为研究对象时，$\boldsymbol{F}_{Bx}$、$\boldsymbol{F}_{By}$ 又称为内力。可见，内力与外力的区分，只有相对于所选择的研究对象才有意义。

正确地画出物体的受力图，是分析、解决力学问题的基础。画受力图时必须注意如下几点：

①必须明确研究对象。根据求解需要，可以取单个物体为研究对象，也可以取由几个物体组成的系统为研究对象，不同的研究对象的受力图是不同的。

②正确确定研究对象受力的数目。画受力图的时候必须要明确每一个力是哪个施力物体作用给研究对象的，最好体现出每个力的作用点的位置。虽然根据力的可传性，只要作用线画对了，不会影响求解结果，但受力图还是应该尽量体现出原结构的受力情况。如图 4.19(a)所示的重物，其受力图如果如 4.19(b)所示，我们通过受力图就可以看出绳索是连接在 A 点的；但如果受力图如图 4.19(c)所示，则我们可能会错认为绳索连接在圆心。

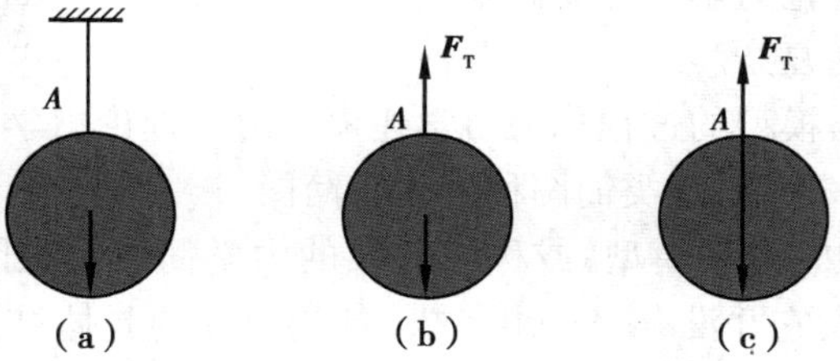

图 4.19

③画受力图时，一般可先画主动力，再画约束力；凡是研究对象与外界有接触的地方，就一定存在约束力。

④画受力图时,难点是约束力。一个物体同时受到几个约束作用时,要分别根据每一个约束本身的特性来确定其约束力的方向,而不能凭主观臆测。

⑤在受力图上只需画出研究对象所受的外力。

►4.2.3　力学模型和力学简图

对任何实际问题进行力学分析、计算时,都要将实际问题抽象成为力学模型,然后对力学模型进行分析、计算。任何力学计算实际上都是针对力学模型进行的。例如,说某些人对这座桥梁进行了力学计算,实际上是指他们对这座桥梁的力学模型进行了计算。显然,将实际问题转化为力学模型是进行力学计算所必需的、重要的、关键的一环,这一环进行的好坏,将直接影响计算过程和计算结果。

在建立力学模型时,要抓住关键、本质的方面,忽略次要的方面。例如,例 4.1(图 4.14)中的碾子,它在受力时肯定会变形,但我们忽略它的变形,将其看作刚体;它的几何形状不可能是严格数学意义上的圆,但我们把它看成是圆形;它是三维的物体,但我们把它简化成平面问题;它受的主动力 $\boldsymbol{F}$ 也不会恰好作用于圆心,而且也不会作用于一个几何点,但我们把力 $\boldsymbol{F}$ 简化为作用于圆心的集中力;碾子的重心不会恰好在图中的圆心,但我们将碾子材料看成是均匀的,使其重心在圆心;A 处、B 处的约束也不会绝对光滑,但我们忽略摩擦;A 处、B 处实际上会是面接触,但我们简化为平面问题中的点接触,如此才能用集中力 $\boldsymbol{F}_{NA}$、$\boldsymbol{F}_{NB}$ 表示约束力。

可见,将一个实际问题简化为力学模型,要在多方面进行抽象化处理。这些方面包括:

①实际材料不可能是完全均匀的,在理论力学中常假设材料是均匀的。

②实际物体受力后总会有变形,在理论力学中将物体都看作刚体。

③实际问题中物体都是三维的,其受力也常为三维的,但当其一方向并不重要或可忽略时,可以将其简化为二维问题来处理。

④实际物体的几何形状可能极其复杂,在理论力学中常将它们简化为圆柱、圆盘、板、杆或它们的组合等简单的几何形状。

⑤物体受到的力可能不是作用于一个几何点上,但当作用面积很小时,可以将其简化为集中力;若分布面积较大,则按分布力处理,例如例 4.2(图 4.15)中 AC 受的力即为分布力。但实际 AC 上受的分布力不可能是绝对均布的,只可能近似均布,我们也将其作为均布处理。

⑥在实际情况中,物体之间相互接触处(约束)也是很复杂的,在理论力学中将这些约束简化为光滑铰链、光滑接触、柔索等。

上面介绍的仅仅是理论力学中建立力学模型常遇到的几个方面。在力学的其他领域中,建立力学模型常常要更为复杂。

将实际问题化为力学模型的过程称为力学建模。由于理论力学中将物体视为刚体,因此其力学模型可以用简图来表示,这类简图称为力学简图。

图 4.10(a)是三铰拱的力学模型,或称三铰拱的力学简图。该图仅在进行力学计算(求 A、B、C 处约束力)时使用,它并没有表达出各拱、各约束处的具体结构,可能会有多种实际结构简化为同一个力学模型,也可能一个实际结构会简化成多种力学模型。

由于理论力学中总假设物体是刚体,且物体之间的联系及接触处都用抽象后的约束来表达,因此理论力学中的力学模型一般用力学简图来表达。又由于理论力学课程主要讲授古典力学的理论和方法,因此本书略去了力学建模的过程,而直接求解力学模型。书中的插图也主要是力学简图。

4.3 惯性力

设一质点的质量为 m,加速度为 $\boldsymbol{a}$,作用于质点的主动力为 $\boldsymbol{F}$,约束力为 $\boldsymbol{F}_{\mathrm{N}}$,如图 4.20 所示。由牛顿第二定律,有

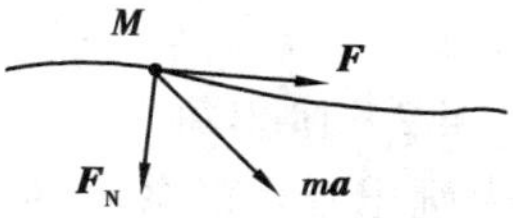

图 4.20

$$m\boldsymbol{a}=\boldsymbol{F}+\boldsymbol{F}_{\mathrm{N}}$$

将上式移项写为

$$\boldsymbol{F}+\boldsymbol{F}_{\mathrm{N}}-m\boldsymbol{a}=\boldsymbol{0}$$

令 $\boldsymbol{F}_{\mathrm{I}}=-m\boldsymbol{a}$ 有

$$\boldsymbol{F}+\boldsymbol{F}_{\mathrm{N}}+\boldsymbol{F}_{\mathrm{I}}=\boldsymbol{0}$$

$\boldsymbol{F}_{\mathrm{I}}$ 具有力的量纲,且与质点的质量有关,称为质点的**惯性力**。它的大小等于质点的质量与加速度的乘积,方向与质点加速度的方向相反。

习　题

4.1　画出下列各图中物体 A、ABC 或构件 AB、AC 的受力图(图中未画重力的各物体,其自重不计,所有接触处均为光滑接触)。

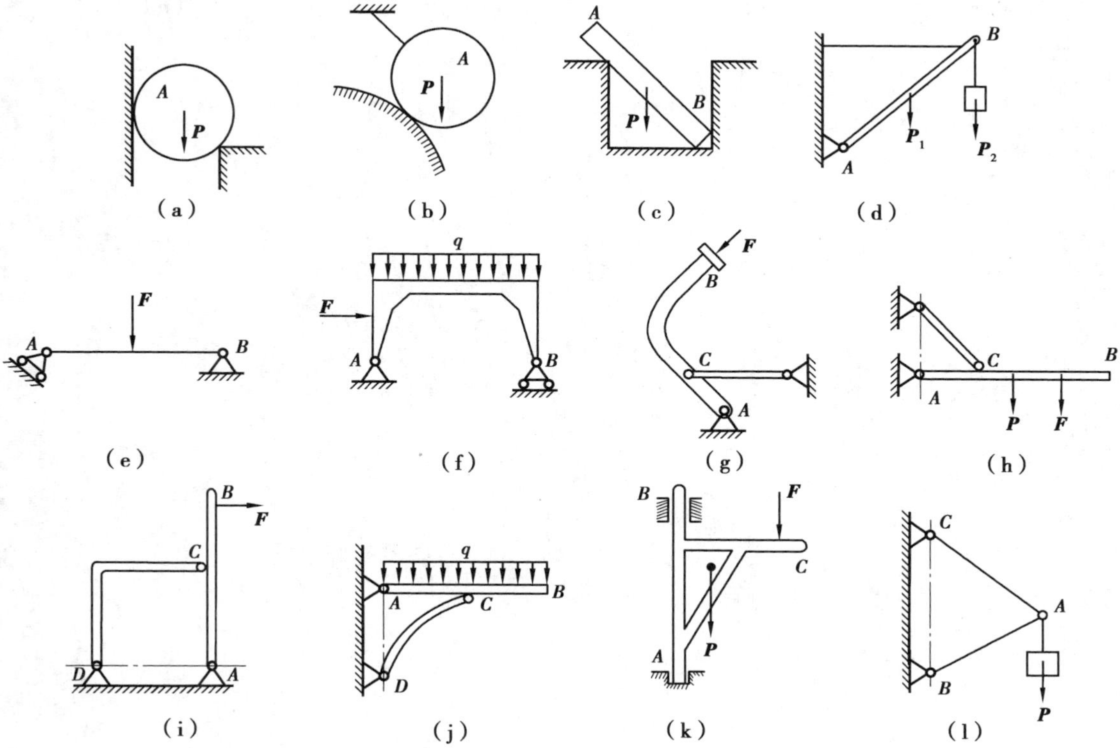

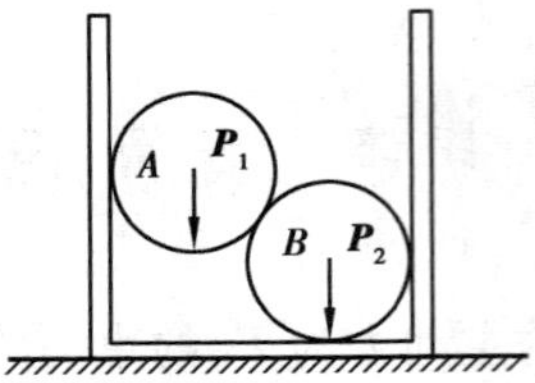

(m)

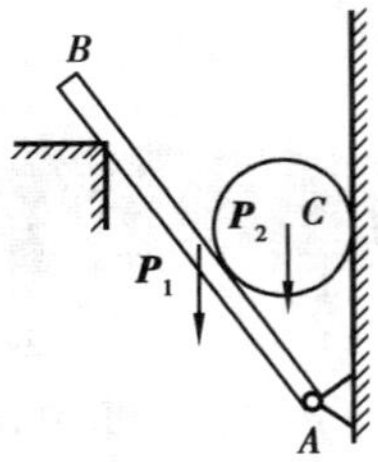

(n)

4.2 画出每个标注字符的物体(不包含销钉与支座)的受力图与系统整体受力图。(图中未画出重力的各物体,其自重不计,所有接触处均为光滑接触)。

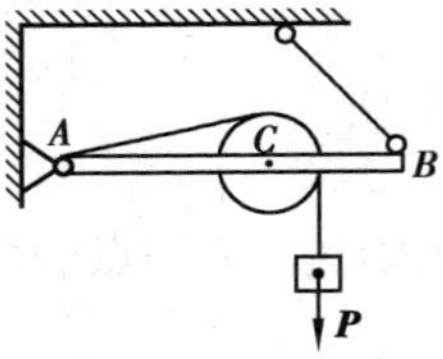

(a)

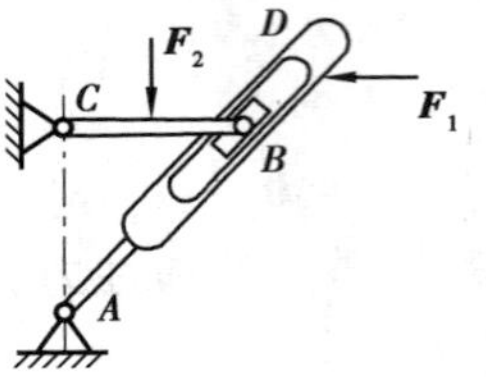

(b)

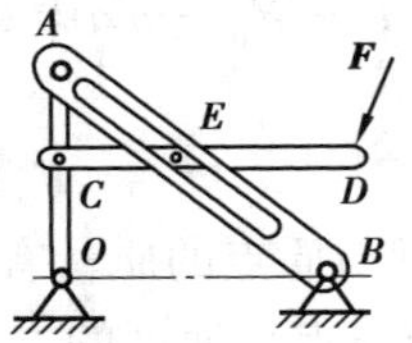

(c)

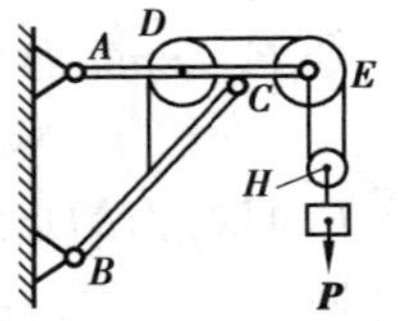

(d)

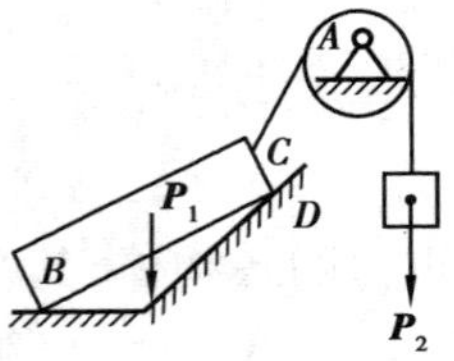

(e)

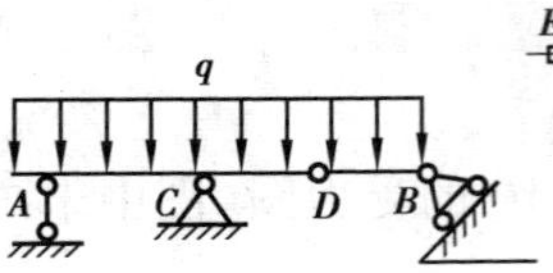

(f)

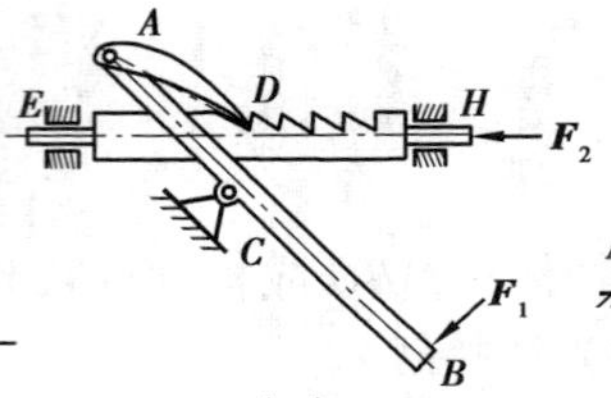

(g)

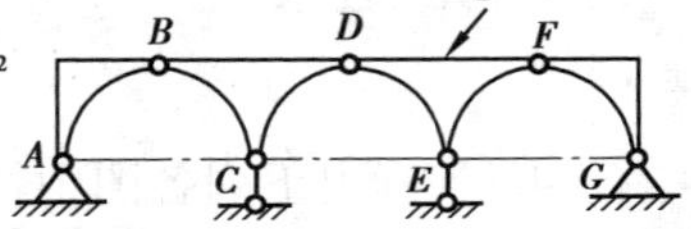

(h)

5 汇交力系与力偶系

5.1 汇交力系的合成与平衡

汇交力系是指各力作用线汇交于一点的力系。按其作用线是否在同一平面内,可将汇交力系分为平面汇交力系和空间汇交力系。

设汇交力系包含 n 个力,则求解它们的合力 $\boldsymbol{F}_{\mathrm{R}}$ 可表示为:

$$\boldsymbol{F}_{\mathrm{R}} = \boldsymbol{F}_1 + \boldsymbol{F}_2 + \cdots + \boldsymbol{F}_n = \sum_{i=1}^{n} \boldsymbol{F}_i \tag{5.1}$$

应用式(5.1)求解合力有几何法和解析法两种方法。

►5.1.1 汇交力系合成的几何法、力的多边形法则

1)平面汇交力系合成的几何法、力的多边形法则

设一刚体受到平面汇交力系 $\boldsymbol{F}_1$、$\boldsymbol{F}_2$、$\boldsymbol{F}_3$、$\boldsymbol{F}_4$ 的作用,各力的作用线汇交于点 O,根据力的可传性,可将各力沿其作用线移动到点 O,如图 5.1(a)所示。这个力系的合力

$$\boldsymbol{F}_{\mathrm{R}} = \boldsymbol{F}_1 + \boldsymbol{F}_2 + \boldsymbol{F}_3 + \boldsymbol{F}_4$$

为了合成这个力系,可根据平行四边形法则两两逐步合成,最后求得一个作用线也通过汇交点 O 的合力 $\boldsymbol{F}_{\mathrm{R}}$。例如,可先利用平行四边形法则,将力 $\boldsymbol{F}_1$ 和 $\boldsymbol{F}_2$ 合成为一个合力 $\boldsymbol{F}_{\mathrm{R1}}$,然后将 $\boldsymbol{F}_{\mathrm{R1}}$ 与力 $\boldsymbol{F}_3$ 合成为一个合力 $\boldsymbol{F}_{\mathrm{R2}}$,最后再将 $\boldsymbol{F}_{\mathrm{R2}}$ 与力 $\boldsymbol{F}_4$ 进行合成,得到最终的合力 $\boldsymbol{F}_{\mathrm{R}}$,如图 5.1(b)所示。

在运用平行四边形法则两两合成的过程中,我们发现在合成最终的合力的过程中,相当

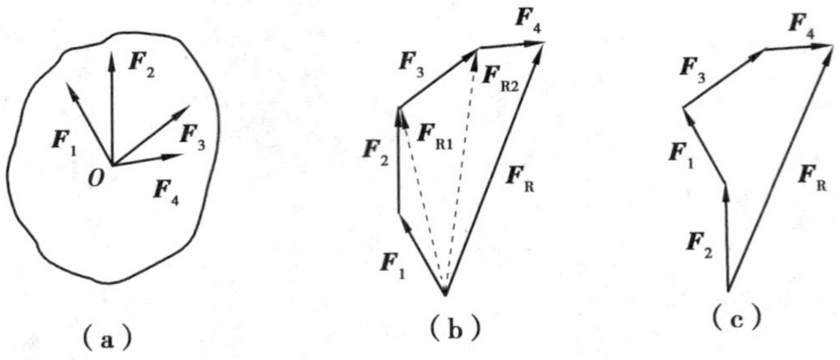

图 5.1

于将各个分力依次首尾相连,由此得到一个不封闭的**力的多边形**,而由第一个力的起点指向最后一个力的终点的有向线段,就是最终的合力 $\boldsymbol{F}_{\mathrm{R}}$。根据加法交换律,改变各分力相加的顺序,得到的合力 $\boldsymbol{F}_{\mathrm{R}}$不变,如图 5.1(c)所示。

这种求解平面汇交力系合力的过程,称为平面汇交力系合成的几何法,运用这种方法可以将 n 个力组成的平面汇交力系进行合成,它等同于下面的解析式

$$\boldsymbol{F}_{\mathrm{R}} = \boldsymbol{F}_1 + \boldsymbol{F}_2 + \cdots + \boldsymbol{F}_n = \sum_{i=1}^{n} \boldsymbol{F}_i \tag{5.2}$$

如果力系中各力的作用线都沿同一直线,则此力系称为共线力系,这是平面汇交力系的特殊情况,它的力的多边形在同一直线上。此时,可以指定沿直线的某一指向为正,相反方向为负,则力系合力的大小与方向取决于各分力的代数和,即

$$F_{\mathrm{R}} = \sum_{i=1}^{n} F_i \tag{5.3}$$

2)平面汇交力系平衡的几何条件

由于平面汇交力系与它的合力是等效的,可以互相替换,所以平面汇交力系平衡的充分和必要条件是:该力系的合力为零。即

$$\sum_{i=1}^{n} \boldsymbol{F}_i = 0 \tag{5.4}$$

合力为零时,力的多边形中最后一个力的终点与第一个力的起点重合,此时力的多边形自行封闭。于是,平面汇交力系平衡的充分和必要条件也可以描述为:该力系的力的多边形自行封闭,这是平衡的几何条件。

求解平面汇交力系的平衡问题时可用图解法,即按比例先画出封闭的力的多边形,然后量得所要求解的未知量,这种解题方法称为几何法。

【例 5.1】如图 5.2(a)所示的门式刚架,在 B 点受一水平力($F=20$ kN)。不计刚架自重,求支座 A、D 的约束力。

【解】①取刚架为研究对象。

②画受力图。可根据三力平衡汇交定理确定出固定铰支座 A 处的约束力 $\boldsymbol{F}_A$,如图 5.2(b)所示。

③如图 5.2(c)所示,按比例作力三角形,有 $\theta=\arctan\dfrac{1}{2}=26.5°$。

④量得 $F_D=10$ kN,$F_A=22.5$ kN。

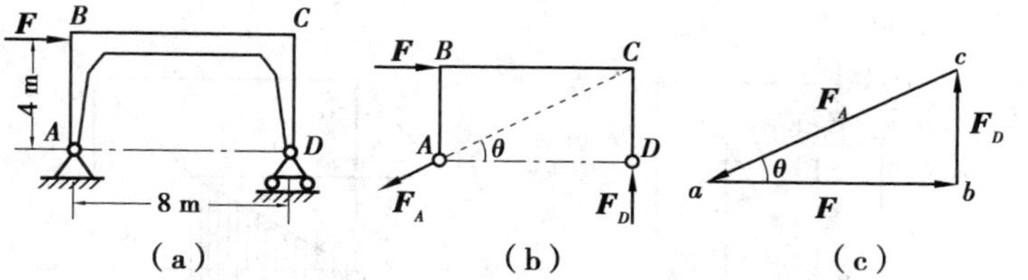

图 5.2

3)空间汇交力系合成的几何法、力的多边形

对于空间汇交力系,与平面汇交力系一样,也可以运用平行四边形法则进行两两合成,从而得到最终的合力 $\boldsymbol{F}_{\mathrm{R}}$。在合成过程中也有与平面汇交力系同样的规律,即将各个分力依次首尾相连,由此得到一个不封闭的**力的多边形**,而由第一个力的起点指向最后一个力的终点的有向线段,就是最终的合力 $\boldsymbol{F}_{\mathrm{R}}$,只不过这个力的多边形不是平面的,而是空间的。如图 5.3(a)所示的空间汇交力系,其力的多边形如图 5.3(b)所示。正因为力的多边形是空间的,所以用几何法求空间汇交力系的合力极不方便,因此我们基本上不用这种方法。

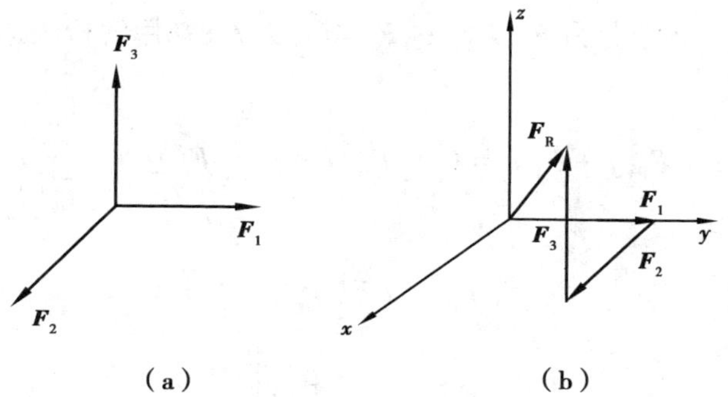

图 5.3

4)空间汇交力系平衡的几何条件

显然,空间汇交力系平衡的几何条件与平面汇交力系平衡的几何条件一样,即力的多边形自行封闭。

►5.1.2 汇交力系合成的解析法

1)力的解析表达式

力的表示方法可以分为两种:一种是不变性记法,例如力 $\boldsymbol{F}$,"不变"是指它与坐标系的选取无关,也就是说不因坐标系的改变而发生变化;另一种称为可变性记法,即将力 $\boldsymbol{F}$ 用它在笛卡尔坐标系三个坐标轴上的分量和来表示,例如将力 $\boldsymbol{F}$ 在某一选定的坐标系下表示为

$$\boldsymbol{F} = F_x\boldsymbol{i} + F_y\boldsymbol{j} + F_z\boldsymbol{k} \tag{5.5}$$

式中,F_x、F_y、F_z 表示力 $\boldsymbol{F}$ 在 x、y、z 轴上的投影,而 $\boldsymbol{i}$、$\boldsymbol{j}$、$\boldsymbol{k}$ 分别表示 x、y、z 轴上的单位矢量,如图 5.4(a)所示。我们将式(5.5)称为**力的解析表达式**,显然,选取不同的坐标系,式(5.5)也会相应地变化。

如图 5.4(b)所示,可以计算三个坐标轴上的投影 F_x、F_y、F_z,如下

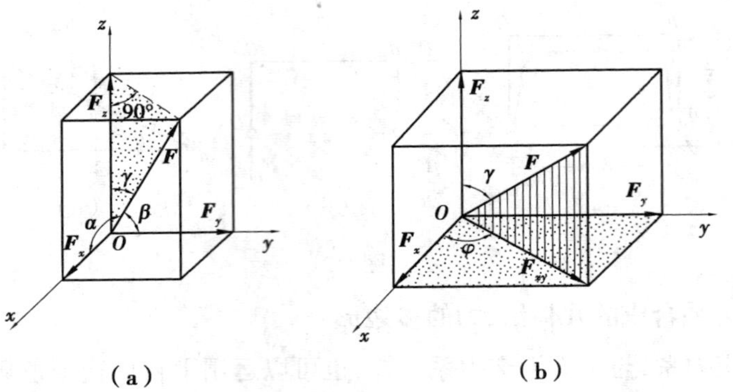

图 5.4

$$F_x = F \sin \gamma \cos \varphi$$
$$F_y = F \sin \gamma \sin \varphi$$
$$F_z = F \cos \gamma$$

2)汇交力系的合力与平衡条件

将空间汇交力系的各个分力 $\boldsymbol{F}_1, \boldsymbol{F}_2, \cdots, \boldsymbol{F}_n$ 与合力 $\boldsymbol{F}_R$ 都用解析表达式(5.5)表示,代入式(5.1),整理得

$$F_{Rx}\boldsymbol{i} + F_{Ry}\boldsymbol{j} + F_{Rz}\boldsymbol{k} = (\sum_{i=1}^{n} F_{ix})\boldsymbol{i} + (\sum_{i=1}^{n} F_{iy})\boldsymbol{j} + (\sum_{i=1}^{n} F_{iz})\boldsymbol{k}$$

比较等式左右可得

$$\left.\begin{aligned} F_{Rx} &= (\sum_{i=1}^{n} F_{ix}) \\ F_{Ry} &= (\sum_{i=1}^{n} F_{iy}) \\ F_{Rz} &= (\sum_{i=1}^{n} F_{iz}) \end{aligned}\right\} \qquad (5.6)$$

由此得合力的大小和方向余弦为

$$\left.\begin{aligned} F_R &= \sqrt{F_{Rx}^2 + F_{Ry}^2 + F_{Rz}^2} \\ \cos(\boldsymbol{F}_R, \boldsymbol{i}) &= \frac{F_{Rx}}{F_R} \\ \cos(\boldsymbol{F}_R, \boldsymbol{j}) &= \frac{F_{Ry}}{F_R} \\ \cos(\boldsymbol{F}_R, \boldsymbol{k}) &= \frac{F_{Rz}}{F_R} \end{aligned}\right\} \qquad (5.7)$$

对于平面汇交力系,则式(5.6)和式(5.7)可以分别简化为式(5.8)和式(5.9)

$$\left.\begin{aligned} F_{Rx} &= (\sum_{i=1}^{n} F_{ix}) \\ F_{Ry} &= (\sum_{i=1}^{n} F_{iy}) \end{aligned}\right\} \qquad (5.8)$$

$$\left.\begin{aligned} F_R &= \sqrt{{F_{Rx}}^2 + {F_{Ry}}^2} \\ \cos(\boldsymbol{F}_R, \boldsymbol{i}) &= \frac{F_{Rx}}{F_R} \\ \cos(\boldsymbol{F}_R, \boldsymbol{j}) &= \frac{F_{Ry}}{F_R} \end{aligned}\right\} \tag{5.9}$$

【例 5.2】在刚体上作用有 4 个汇交力，它们在坐标轴上的投影如下表所示，试求这个空间汇交力系合力。

	F_1	F_2	F_3	F_4	单位
F_x	2	2	1	1	kN
F_y	0	12	-3	10	kN
F_z	3	5	1	-6	kN

【解】将上表数据代入式(5.6)计算可得：$F_{Rx}=6$ kN，$F_{Ry}=19$ kN，$F_{Rz}=3$ kN。

代入式(5.7)得合力的大小和方向余弦为

$$F_R = \sqrt{F_{Rx}^2 + F_{Ry}^2 + F_{Rz}^2} = 20 \text{ kN}$$

$$\cos(\boldsymbol{F}_R, \boldsymbol{i}) = \frac{3}{10},\ \cos(\boldsymbol{F}_R, \boldsymbol{j}) = \frac{19}{20},\ \cos(\boldsymbol{F}_R, \boldsymbol{k}) = \frac{3}{20}$$

【例 5.3】如图 5.5 所示的平面汇交力系，$F_1=3$ kN，$F_2=4$ kN，$F_3=1$ kN，$F_4=2$ kN，请用解析法求合力。

【解】取坐标系 Axy 如图 5.5 所示。利用式(5.8)得

$$F_{Rx} = F_1\cos 30° - F_2\cos 60° - F_3\cos 45° + F_4\cos 45° = 1.3 \text{ kN}$$

$$F_{Ry} = F_1\sin 30° + F_2\sin 60° - F_3\sin 45° - F_4\sin 45° = 2.8 \text{ kN}$$

利用式(5.9)求得合力的大小和方向余弦为

$$F_R = \sqrt{F_{Rx}^2 + F_{Ry}^2} = \sqrt{1.3^2 + 2.8^2} = 3.1 \text{ kN}$$

$$\cos(\boldsymbol{F}_R, \boldsymbol{i}) = \frac{F_{Rx}}{F_R} = \frac{1.3}{3.1} = 0.419$$

$$\cos(\boldsymbol{F}_R, \boldsymbol{j}) = \frac{F_{Ry}}{F_R} = \frac{2.8}{3.1} = 0.903$$

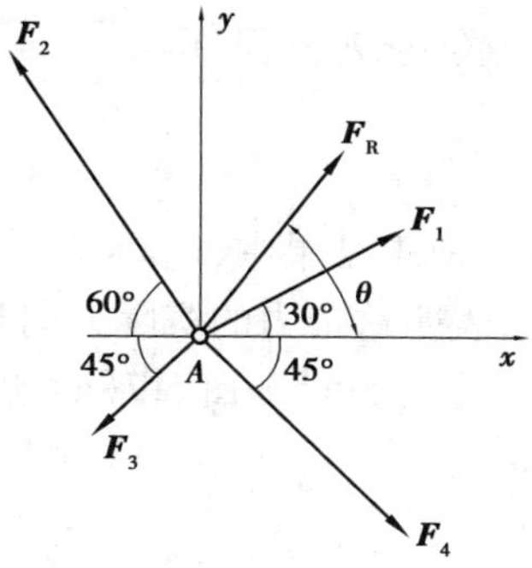

图 5.5

由于汇交力系可以合成为一个合力，因此，汇交力系平衡的充分和必要条件为：该力系的合力等于零，即

$$\boldsymbol{F}_R = \sum_{i=1}^{n} \boldsymbol{F}_i = 0 \tag{5.10}$$

对于空间汇交力系，由式(5.6)和式(5.7)可知，为使合力 $\boldsymbol{F}_R$ 为零，必须同时满足：

$$\sum_{i=1}^{n} F_{ix} = 0,\ \sum_{i=1}^{n} F_{iy} = 0,\ \sum_{i=1}^{n} F_{iz} = 0 \tag{5.11}$$

对于平面汇交力系，由式(5.8)和式(5.9)可知，为使合力 F_R 为零，必须同时满足：

$$\sum_{i=1}^{n} F_{ix} = 0, \sum_{i=1}^{n} F_{iy} = 0 \tag{5.12}$$

因此,汇交力系平衡的充分和必要条件为:该力系中所有各力在坐标轴上投影的代数和分别等于零。式(5.11)和式(5.12)分别称为空间汇交力系和平面汇交力系的平衡方程。式(5.11)包括3个独立的平衡方程,可以求解3个未知量;而式(5.12)包括2个独立的平衡方程,可以求解2个未知量。

【例5.4】如图5.6(a)所示,$P=20$ kN,不计杆重和滑轮尺寸,求杆AB与BC所受的力。

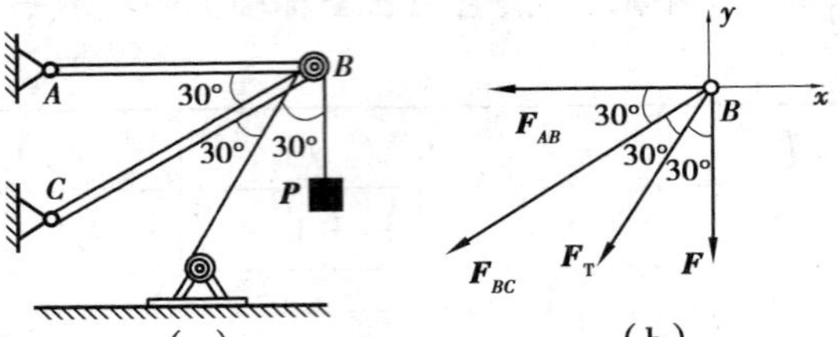

图5.6

【解】①以滑轮为研究对象。由于AB和BC是二力杆,假设AB和BC都受拉力。通常可以将二力杆看成是一种约束,其受力图可以不用画。为了求出这两个杆件所受的力,可通过求两个杆件对滑轮的约束力得到。因此,可以直接选取滑轮为研究对象,如图5.6(b)所示。

②画受力图。滑轮受到绳索的拉力$\boldsymbol{F}_T$和$\boldsymbol{F}$(显然$F_T=F=P$)。此外,杆AB和BC对滑轮的约束力为$\boldsymbol{F}_{AB}$和$\boldsymbol{F}_{BC}$。由于不计滑轮的尺寸,所以这些力可看作是汇交力系。

③列平衡方程。坐标系如图5.6(b)所示,坐标轴尽量取在与未知力相垂直的方向,这样在一个平衡方程中只有一个未知数,不必联立方程求解,即

$$\sum F_x = 0, -F_{AB} - F_{BC}\cos 30° - F_T\cos 60° = 0$$

$$\sum F_y = 0, -F_{BC}\sin 30° - F_T\sin 60° - F = 0$$

④求解方程,得

$$F_{AB} = 54.64 \text{ kN}$$
$$F_{BC} = -74.64 \text{ kN}$$

所求结果中,F_{AB}为正值,表明这个力的实际方向与假设方向相同,即AB杆受拉;F_{BC}为负值,表明这个力的实际方向与假设方向相反,即杆BC受压。

【例5.5】如图5.7(a)所示,已知$P=1\ 000$ N,各杆重不计,试求3根杆的受力。

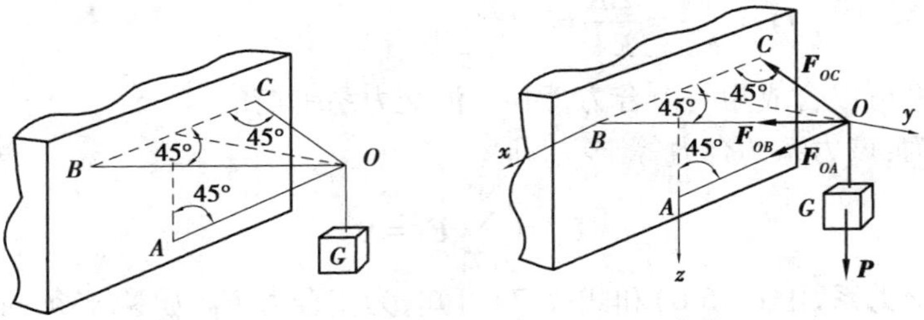

图5.7

【解】各杆均为二力杆,取球铰 O 为研究对象,其受力图如图 5.7(b)所示。

取坐标轴如图 5.7(b)所示,列平衡方程:

$$\sum F_x = 0, F_{OB}\sin 45° - F_{OC}\sin 45° = 0$$

$$\sum F_y = 0, -F_{OB}\cos 45° - F_{OC}\cos 45° - F_{OA}\cos 45° = 0$$

$$\sum F_z = 0, F_{OA}\sin 45° + P = 0$$

求解上面的 3 个平衡方程,得

$$F_{OA} = -1\ 414 \text{ N(受压)}, F_{OB} = F_{OC} = 707 \text{ N(受拉)}$$

5.2 力对点的矩和力对轴的矩

▶5.2.1 力对点的矩

力对刚体的作用效应使刚体的运动状态发生改变(包括移动和转动),其中力对刚体的移动效应可用力矢来度量;而力对刚体的转动效应可用力对点的矩(简称力矩矢)来度量,即**力矩矢是度量力对刚体转动效应的物理量**。

如图 5.8 所示,力 $\boldsymbol{F}$ 对点 O 的力矩矢可以用符号 $\boldsymbol{M}_O(\boldsymbol{F})$ 表示。点 O 称为矩心,点 O 到力 $\boldsymbol{F}$ 作用线的垂直距离 h 称为力臂。力矩矢的大小即 $|\boldsymbol{M}_O(\boldsymbol{F})| = F \cdot h = 2A_{\triangle OAB}$;力矩矢的方位和力矩作用面的法线方向相同;力矩矢的指向按右手螺旋法则来确定。

由图 5.8 可以看出,以 $\boldsymbol{r}$ 表示由矩心 O 指向力作用点 A 的矢径,则矢积 $\boldsymbol{r}\times\boldsymbol{F}$ 的模等于 $\triangle OAB$ 面积的两倍,其方向与力矩矢一致。因此得到力矩矢的矢积表达式

$$\boldsymbol{M}_O(\boldsymbol{F}) = \boldsymbol{r} \times \boldsymbol{F} \tag{5.13}$$

即力对点的矩矢等于矩心到该力作用点的矢径与该力的矢量积。

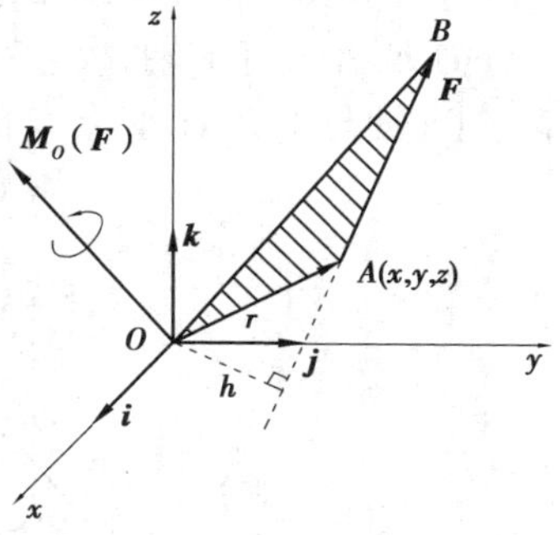

图 5.8

以矩心 O 为原点,作空间直角坐标系 $Oxyz$,如图 5.8 所示。设力作用点 A 的坐标为 $A(x,y,z)$,力在三个坐标轴上的投影分别为 F_x、F_y、F_z,则矢径 $\boldsymbol{r}$ 和力 $\boldsymbol{F}$ 分别为

$$\boldsymbol{r} = x\boldsymbol{i} + y\boldsymbol{j} + z\boldsymbol{k}$$

$$\boldsymbol{F} = F_x\boldsymbol{i} + F_y\boldsymbol{j} + F_z\boldsymbol{k}$$

代入式(5.13),并采用行列式形式,得

$$\boldsymbol{M}_O(\boldsymbol{F}) = \boldsymbol{r} \times \boldsymbol{F} = \begin{vmatrix} \boldsymbol{i} & \boldsymbol{j} & \boldsymbol{k} \\ x & y & z \\ F_x & F_y & F_z \end{vmatrix}$$

$$= (yF_z - zF_y)\boldsymbol{i} + (zF_x - xF_z)\boldsymbol{j} + (xF_y - yF_x)\boldsymbol{k} \tag{5.14}$$

由上式可知,单位矢量 $\boldsymbol{i}$、$\boldsymbol{j}$、$\boldsymbol{k}$ 前面的 3 个系数,应分别表示力矩矢 $\boldsymbol{M}_O(\boldsymbol{F})$ 在三个坐标轴上的投影,即

$$\left.\begin{aligned}[\boldsymbol{M}_O(\boldsymbol{F})]_x &= yF_z - zF_y \\ [\boldsymbol{M}_O(\boldsymbol{F})]_y &= zF_x - xF_z \\ [\boldsymbol{M}_O(\boldsymbol{F})]_z &= xF_y - yF_x\end{aligned}\right\} \tag{5.15}$$

由于力矩矢 $\boldsymbol{M}_O(\boldsymbol{F})$ 的大小和方向都与矩心 O 的位置有关,所以力矩矢的始端必须在矩心,不可任意挪动,这种矢量称为定位矢量。

►5.2.2 合力矩定理

汇交力系的合力对于任一点的矩矢等于所有各分力对于该点矩矢的矢量和。即

$$\boldsymbol{M}_O(\boldsymbol{F}) = \sum \boldsymbol{M}_O(\boldsymbol{F}_i) \tag{5.16}$$

如图 5.8 所示,力 $\boldsymbol{F}$ 作用点 A 的坐标为 $A(x,y,z)$,欲求力 $\boldsymbol{F}$ 对坐标原点 O 的矩矢,可按式(5.16)求其分力 $\boldsymbol{F}_x,\boldsymbol{F}_y,\boldsymbol{F}_z$ 对点 O 的矩的矢量和,即

$$\begin{aligned}\boldsymbol{M}_O(\boldsymbol{F}) &= \boldsymbol{M}_O(\boldsymbol{F}_x) + \boldsymbol{M}_O(\boldsymbol{F}_y) + \boldsymbol{M}_O(\boldsymbol{F}_z) \\ &= (yF_z - zF_y)\boldsymbol{i} + (zF_x - xF_z)\boldsymbol{j} + (xF_y - yF_x)\boldsymbol{k}\end{aligned} \tag{5.17}$$

可见,式(5.17)用合力距定理得出的结果与式(5.14)力对点的矩的定义求出的结果是一样的。

►5.2.3 力对轴的矩

工程中,经常遇到刚体绕定轴转动的情形。为了度量力对绕定轴转动刚体的作用效应,必须了解**力对轴的矩**的概念。

现计算如图 5.9(a)所示的力 $\boldsymbol{F}$ 对 z 轴的矩。根据合力矩定理,将力 $\boldsymbol{F}$ 分解为 $\boldsymbol{F}_z$ 与 $\boldsymbol{F}_{xy}$,其中分力 $\boldsymbol{F}_z$ 平行于 z 轴,故它对 z 轴的矩为零,只有垂直于 z 轴的分力 $\boldsymbol{F}_{xy}$ 对 z 轴有矩,等于分力 $\boldsymbol{F}_{xy}$ 对 z 轴与平面 xy 交点 O 的矩。以符号 $M_z(\boldsymbol{F})$ 表示力对 z 轴的矩,即

$$M_z(\boldsymbol{F}) = M_O(\boldsymbol{F}_{xy}) = \pm F_{xy}h = \pm 2A_{\triangle Oab} \tag{5.18}$$

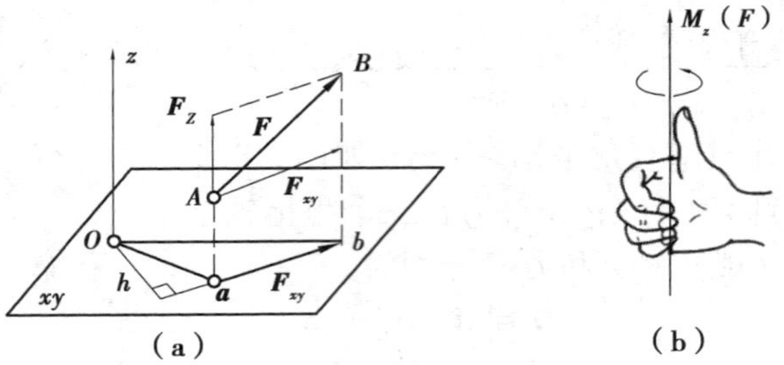

图 5.9

力对轴的矩的定义为:力对轴的矩是力使刚体绕该轴转动效果的度量,是一个代数量,其绝对值等于该力在垂直于该轴的平面上的投影对于这个平面与该轴的交点的矩。其正负号规定如下:从 z 轴正端来看,若力的这个投影使物体绕该轴逆时针转动,则取正号,反之取负号。也可按右手螺旋法则确定其正负号,如图 5.9(b)所示,拇指指向与 z 轴一致为正,反之为负。

力对轴的矩在以下情形下等于零:①当力与轴平行时,此时 $|\boldsymbol{F}_{xy}|=0$;②当力的作用线与轴相交时,此时 $h=0$。这两种情形可以概括为:当力与轴在同一平面时,力对该轴的矩等于

零。力对轴的矩的单位为 N·m。

力对轴的矩也可以用解析式来表示。设力 $\boldsymbol{F}$ 在三个坐标轴上的投影分别为 F_x、F_y、F_z，力作用点 A 的坐标为 $A(x,y,z)$，如图 5.10 所示。根据式(5.18)，得

$$M_z(\boldsymbol{F}) = M_O(\boldsymbol{F}_{xy}) = M_O(\boldsymbol{F}_x) + M_O(\boldsymbol{F}_y)$$

即

$$M_z(\boldsymbol{F}) = xF_y - yF_x$$

同理可得其余二式。将此三式合写为

$$\left.\begin{aligned} M_x(\boldsymbol{F}) &= yF_z - zF_y \\ M_y(\boldsymbol{F}) &= zF_x - xF_z \\ M_z(\boldsymbol{F}) &= xF_y - yF_x \end{aligned}\right\} \tag{5.19}$$

式(5.19)即为计算力对轴之矩的解析式。

【例 5.6】如图 5.11 所示，传动轴上圆柱斜齿轮所受的啮合力为 $\boldsymbol{F}$，齿轮压力角为 α，螺旋角为 β，节圆半径为 r。求该力对于各坐标轴的矩。

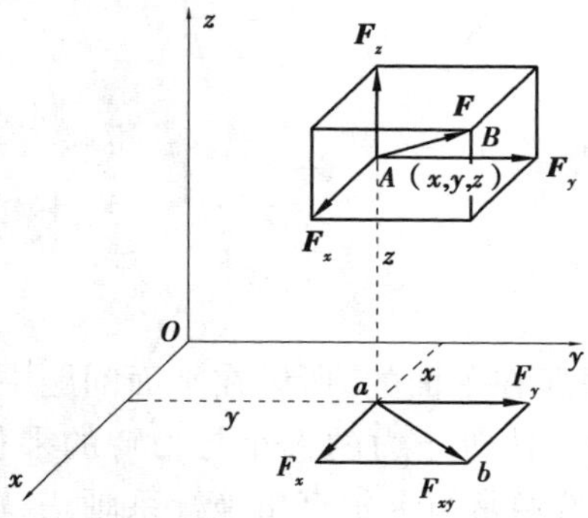

图 5.10

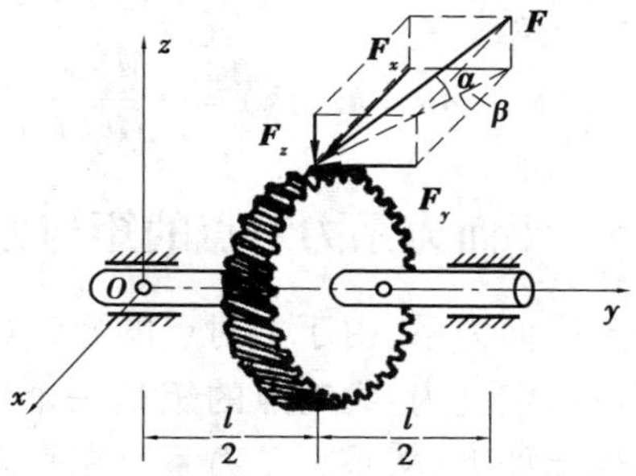

图 5.11

【解】啮合力 $\boldsymbol{F}$ 在坐标轴上的投影为

$$F_x = F\cos\alpha\cos\beta$$
$$F_y = -F\cos\alpha\sin\beta$$
$$F_z = -F\sin\alpha$$

力作用点的坐标为

$$x = 0, y = \frac{l}{2}, z = r$$

代入式(5.17)，得

$$M_x(\boldsymbol{F}) = yF_z - zF_y = \frac{l}{2}(-F\sin\alpha) - r(-F\cos\alpha\sin\beta) = F\left(r\cos\alpha\sin\beta - \frac{l}{2}\sin\alpha\right)$$

$$M_y(\boldsymbol{F}) = zF_x - xF_z = rF\cos\alpha\cos\beta$$

$$M_z(\boldsymbol{F}) = xF_y - yF_x = -\frac{l}{2}F\cos\alpha\sin\beta$$

▶5.2.4 力对点的矩与力对通过该点的轴的矩的关系

比较式(5.15)和式(5.19),可得

$$\left.\begin{aligned}[\boldsymbol{M}_O(\boldsymbol{F})]_x &= M_x(\boldsymbol{F})\\ [\boldsymbol{M}_O(\boldsymbol{F})]_y &= M_y(\boldsymbol{F})\\ [\boldsymbol{M}_O(\boldsymbol{F})]_z &= M_z(\boldsymbol{F})\end{aligned}\right\}\tag{5.20}$$

式(5.20)说明:力对点的矩矢在通过该点的某轴上的投影,等于力对该轴的矩。

如果力对通过点 O 的直角坐标轴 x、y、z 的矩是已知的,那么可求得该力对点 O 的矩矢的大小和方向余弦为

$$\left.\begin{aligned}|\boldsymbol{M}_O(\boldsymbol{F})| &= |M_O| = \sqrt{[M_x(\boldsymbol{F})]^2+[M_y(\boldsymbol{F})]^2+[M_z(\boldsymbol{F})]^2}\\ \cos(\boldsymbol{M}_O,\boldsymbol{i}) &= \frac{M_x(\boldsymbol{F})}{|\boldsymbol{M}_O(\boldsymbol{F})|}\\ \cos(\boldsymbol{M}_O,\boldsymbol{j}) &= \frac{M_y(\boldsymbol{F})}{|\boldsymbol{M}_O(\boldsymbol{F})|}\\ \cos(\boldsymbol{M}_O,\boldsymbol{k}) &= \frac{M_z(\boldsymbol{F})}{|\boldsymbol{M}_O(\boldsymbol{F})|}\end{aligned}\right\}\tag{5.21}$$

▶5.2.5 平面力系力对点的矩与力对轴的矩

对于平面力系,由于力对点的矩矢都是垂直于力系所在平面的,所以在平面问题中,力对点的矩可以定义为:**力对点的矩**是一个代数量,它的绝对值等于力的大小与力臂的乘积。其正负号规定如下:从垂直于力系所在平面的轴的正向(按通常笛卡尔直角坐标系画法,轴的正向是垂直于纸面向外的)看过去,力使物体绕矩心逆时针转向时为正,反之为负。

此时,式(5.14)可简化为

$$\boldsymbol{M}_O(\boldsymbol{F}) = (xF_y - yF_x)\boldsymbol{k}$$

如图 5.12 所示,作为代数量,上式可写成

$$M_O(\boldsymbol{F}) = xF_y - yF_x$$

在平面问题中,力对点的矩也可看作力对通过该点并垂直于力系平面的轴的矩。

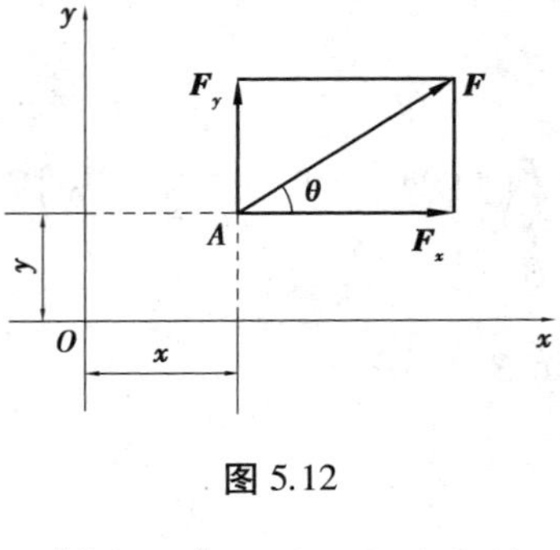

图 5.12

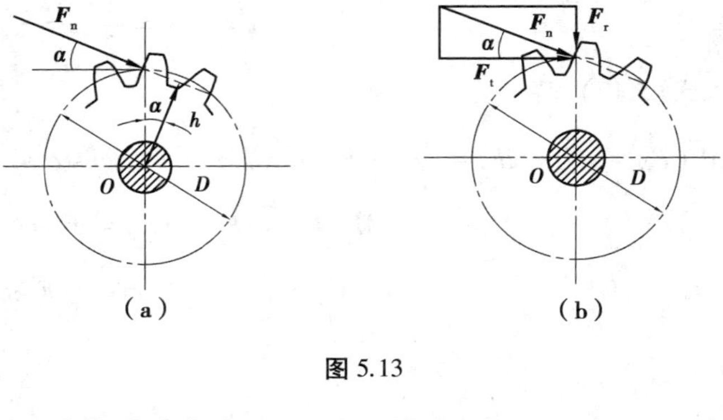

图 5.13

【例 5.7】如图 5.13(a)所示,作用于齿轮的啮合力 $F_n = 1$ kN,圆直径 $D = 160$ mm,压力角

$\alpha=20°$。求啮合力 $\boldsymbol{F}_{\mathrm{n}}$ 对于轮心 O 之矩。

【**解**】①应用力矩计算公式，如图 5.13(a)所示，有

$$M_O(\boldsymbol{F}_{\mathrm{n}}) = -F_{\mathrm{n}}h = -F_{\mathrm{n}}\frac{D}{2}\cos\alpha$$

$$= -1\,000 \times \frac{0.16D}{2 \times 2}\cos 20° = -75.2\ (\mathrm{N \cdot m})$$

②应用合力矩定理，如图 5.13(b)所示，有

$$F_{\mathrm{t}} = F_{\mathrm{n}}\cos\alpha \qquad F_{\mathrm{r}} = F_{\mathrm{n}}\sin\alpha$$

$$M_O(\boldsymbol{F}_{\mathrm{n}}) = M_O(\boldsymbol{F}_{\mathrm{t}}) + M_O(\boldsymbol{F}_{\mathrm{r}}) = -(F_{\mathrm{n}}\cos\alpha)\frac{D}{2} + 0 = -75.2\ (\mathrm{N \cdot m})$$

5.3 力偶与力偶矩

►5.3.1 力偶的定义与性质

大小相等、方向相反、作用线相互平行的两力称为**力偶**。可见，力偶为一特殊的力系。在实际生活中，司机两手转动方向盘(图 5.14(a))、钳工用丝锥攻螺纹(图 5.14(b))、电动机的定子磁场对转子作用电磁力使之旋转(图 5.14(c))，以及作用在方向盘、丝锥、电机转子等物体上的两个力，都组成一个力偶。

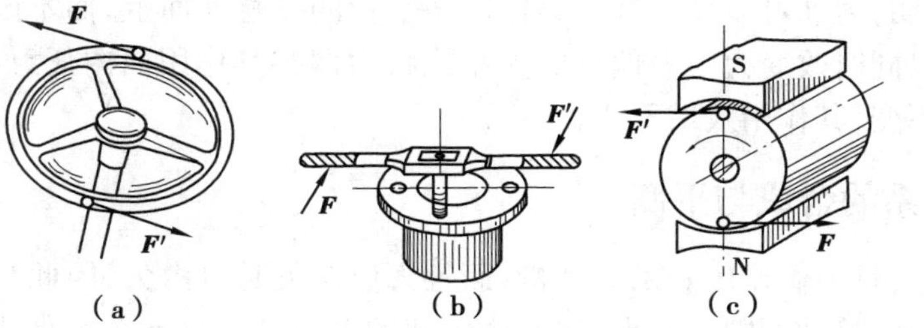

图 5.14

图 5.15(a)中的力 $\boldsymbol{F}$ 与 $\boldsymbol{F}'$ 构成一个力偶，记作 $(\boldsymbol{F},\boldsymbol{F}')$。两个力的作用线所决定的平面称为**力偶作用面**，两个作用线的垂直距离 d 称为**力偶臂**。力偶对空间任一点 O 的矩矢为 $\boldsymbol{M}_O(\boldsymbol{F},\boldsymbol{F}')$，则有

$$\boldsymbol{M}_O(\boldsymbol{F},\boldsymbol{F}') = \boldsymbol{M}_O(\boldsymbol{F}) + \boldsymbol{M}_O(\boldsymbol{F}') = \boldsymbol{r}_A \times \boldsymbol{F} + \boldsymbol{r}_B \times \boldsymbol{F}'$$

由于 $\boldsymbol{F}'=-\boldsymbol{F}$，故上式可改写为

$$\boldsymbol{M}_O(\boldsymbol{F},\boldsymbol{F}') = (\boldsymbol{r}_A - \boldsymbol{r}_B) \times \boldsymbol{F} = \boldsymbol{r}_{BA} \times \boldsymbol{F}\ (\text{或 } \boldsymbol{r}_{AB} \times \boldsymbol{F}')$$

上式表明，力偶对空间任意一点的矩矢与矩心的选取无关，以记号 $\boldsymbol{M}(\boldsymbol{F},\boldsymbol{F}')$ 或 $\boldsymbol{M}$ 表示力偶矩矢，则

$$\boldsymbol{M} = \boldsymbol{r}_{BA} \times \boldsymbol{F} \tag{5.22}$$

由于力偶矩矢 $\boldsymbol{M}$ 无须确定矢的初端位置，这样的矢量称为**自由矢量**，如图 5.15(b)所示。

总之，力偶对刚体作用效果取决于下列 3 个要素：

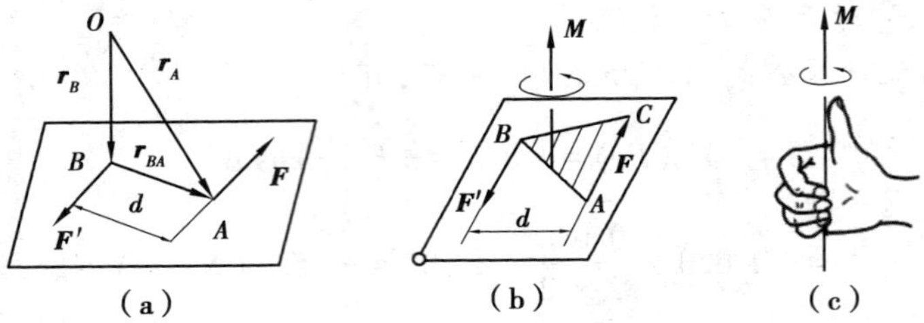

图 5.15

①矢量的模,即力偶矩大小,等于力 $\boldsymbol{F}$ 对力 $\boldsymbol{F}'$ 作用点力矩的大小 $M = Fd = 2\Delta_{ABC}$,如图 5.15(b)所示。

②矢量的方位与力偶作用面相垂直,如图 5.15(b)所示。

③矢量的指向与力偶转向的关系服从右手螺旋法则,如图 5.15(c)所示。

由于力偶不能合成为一个力,故力偶也不能用一个力来平衡。因此,力和力偶是静力学的两个基本要素。

►5.3.2 力偶等效定理

由于力偶对刚体的作用效果完全由力偶矩矢来确定,而力偶矩矢是自由矢量,因此两个力偶不论作用在刚体的什么位置,也不论力的大小、方向及力偶臂的大小如何,只要力偶矩矢相等,就等效。这就是力偶等效定理,即作用在同一刚体上的两个力偶,如果其力偶矩矢相等,则它们彼此等效。

这一定理表明:力偶可以平移到与其作用面平行的任意平面上,而不改变力偶对刚体的作用效果;也可以同时改变力与力偶臂的大小或将力偶在其作用面内任意移转,只要力偶矩矢的大小、方向不变,其作用效果不变。

►5.3.3 力偶系的合成与平衡

由于力偶矩矢是力偶作用效果的度量,而且力偶矩矢是自由矢,因此当 n 个力偶作用于刚体时,可以将它们移动到同一始点,这 n 个力偶的合成就是这 n 个力偶矩矢的合成。而矢量的合成符合矢量加法,由此可得如下结论:任意个空间分布的力偶可合成为一个合力偶,合力偶矩矢等于各分力偶矩矢的矢量和,即

$$\boldsymbol{M} = \boldsymbol{M}_1 + \boldsymbol{M}_2 + \cdots + \boldsymbol{M}_n = \sum \boldsymbol{M}_i \tag{5.23}$$

上式分别向 x、y、z 轴投影,有

$$\left.\begin{aligned} M_x &= M_{1x} + M_{2x} + \cdots + M_{nx} = \sum M_{ix} \\ M_y &= M_{1y} + M_{2y} + \cdots + M_{ny} = \sum M_{iy} \\ M_z &= M_{1z} + M_{2z} + \cdots + M_{nz} = \sum M_{iz} \end{aligned}\right\} \tag{5.24}$$

即合力矩矢在 x、y、z 轴上的投影等于各分力偶矩矢在相应轴上投影的代数和。为便于书写,下标 i 可略去。

由于力偶系可以用一个合力偶来代替,因此,力偶系平衡的充分和必要条件是:该力偶系的合力偶矩等于零,亦即所有力偶矩矢的矢量和等于零,即

$$\sum \boldsymbol{M}_i = \boldsymbol{0} \tag{5.25}$$

欲使上式成立,必须同时满足:

$$\sum M_x = 0,\ \sum M_y = 0,\ \sum M_z = 0 \tag{5.26}$$

上式为力偶系的平衡方程。即力偶系平衡的充分和必要条件为:该力偶系中所有各力偶矩矢在三个坐标轴上投影的代数和分别等于零。

【例 5.8】如图 5.16(a)所示,圆盘 A、B 和 C 的半径分别为 150 mm、100 mm 和 50 mm。轴 OA、OB 和 OC 在同一平面内,$\angle AOB$ 为直角。在这 3 个圆盘上分别作用力偶,组成各力偶的力作用在轮缘上,它们的大小分别等于 10 N、20 N 和 F。若这 3 个圆盘所构成的物系是自由的,不计物系质量,求能使此物系平衡的力的大小和角 θ。

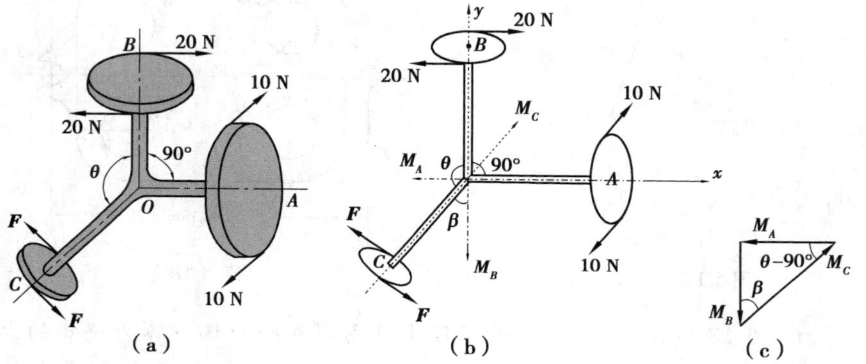

图 5.16

【解】画出 3 个力偶的力偶矩矢,如图 5.16(b)所示。要使此物系平衡,必须满足如下条件:

$$\sum M_x = 0,\ \sum M_y = 0$$

即

$$-M_A + M_C\cos(\theta - 90°) = 0$$
$$-M_B + M_C\cos(180° - \theta) = 0$$

将

$$M_A = 10 \times 0.3 = 3\ (\mathrm{N \cdot m})$$
$$M_B = 20 \times 0.2 = 4\ (\mathrm{N \cdot m})$$
$$M_C = 0.1F$$

代入上面两式求得:

$$F = 50\ \mathrm{N},\ \theta = 180° - \arcsin\frac{3}{5} = 143°08'$$

▶5.3.4 平面力偶系

如果所有力偶都作用在同一平面内,这时力偶矩矢都垂直于该平面,可以将力偶当作代数量来考虑,即通过力偶矩的绝对值和转向来区分不同的力偶。如图 5.17 所示,其绝对值等于力的大小与力偶臂的乘积,即

$$|M| = Fd = 2\Delta_{ABC} \tag{5.27}$$

正负号表示力偶的转向,一般以逆时针转向为正,反之为负。

此时,力偶矩矢合成公式(5.23)可简化为

$$M = M_1 + M_2 + \cdots + M_n = \sum M_i \tag{5.28}$$

由此得到**平面力偶系的合成定理**:在同平面内的任意个力偶可合成为一个合力偶,合力偶矩等于各个力偶矩的代数和。

力偶系的平衡条件式(5.25)可简化为

$$\sum M_i = 0 \tag{5.29}$$

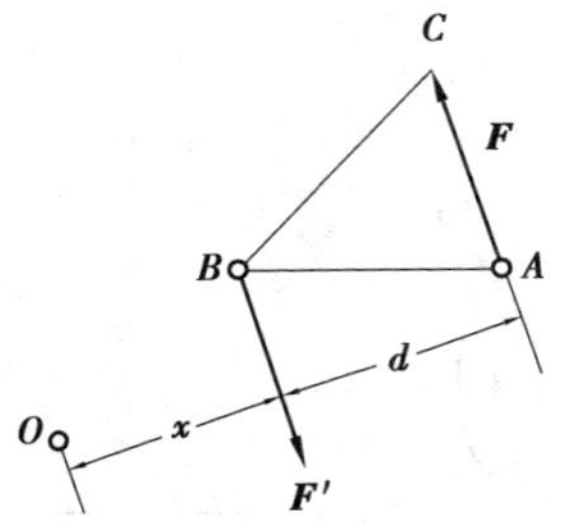

图 5.17

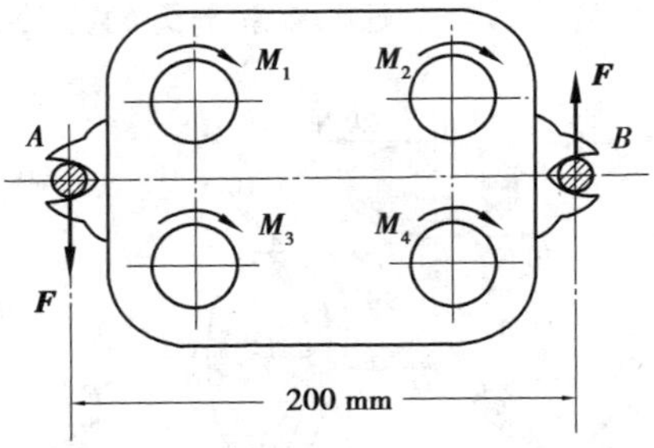

图 5.18

【例 5.9】如图 5.18 所示,水平放置的工件上作用有 4 个力偶。各力偶矩的大小为 $M_1 = M_2 = M_3 = M_4 = 15$ N · m,固定螺柱 A 和 B 的距离 $l = 200$ mm,求两个光滑螺柱所受的水平力。

【解】选工件为研究对象,工件在水平面内受 4 个力偶和 2 个螺柱的水平约束力的作用。根据平面力偶系的合成定理,4 个力偶合成后仍为一个力偶,如果工件平衡,必有一力偶与它相平衡。因此,螺柱 A 和 B 的水平约束力 $\boldsymbol{F}_A$、$\boldsymbol{F}_B$ 必组成一力偶,它们的方向假设如图 5.18 所示,则 $F_A = F_B$。

由平面力偶系平衡条件式(5.29)知

$$\sum M_i = 0, \quad F_A l - M_1 - M_2 - M_3 - M_4 = 0$$

解得

$$F_A = F_B = \frac{M_1 + M_2 + M_3 + M_4}{l}$$

因为 F_A、F_B 是正值,故所假设的方向是正确的,而螺柱 A 和 B 所受的力则与 F_A、F_B 大小相等,方向相反。

习　题

5.1　如图所示的简易起重机用钢丝绳吊起 $G = 2$ kN 的重物。不计杆件自重、摩擦及滑轮大小,A、B、C 三处简化为铰链连接,试求杆 AB 和 AC 所受的力。

5.2　如图所示的均质杆 AB 重为 P,长为 l,两端置于相互垂直的两光滑斜面上。已知一

斜面与水平成角 α，求平衡时杆与水平所成的角 φ 及距离 OA。

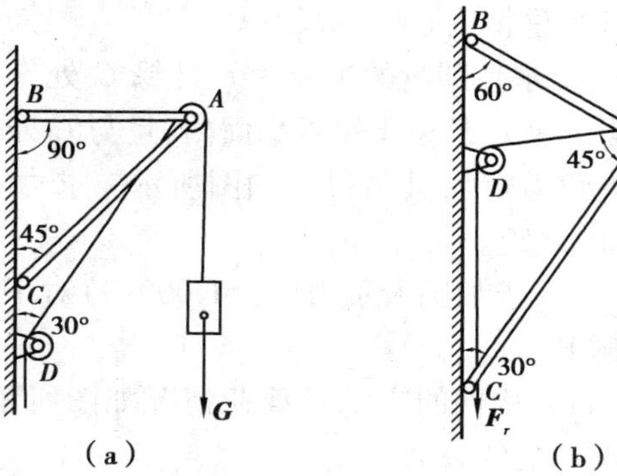

习题 5.1 图

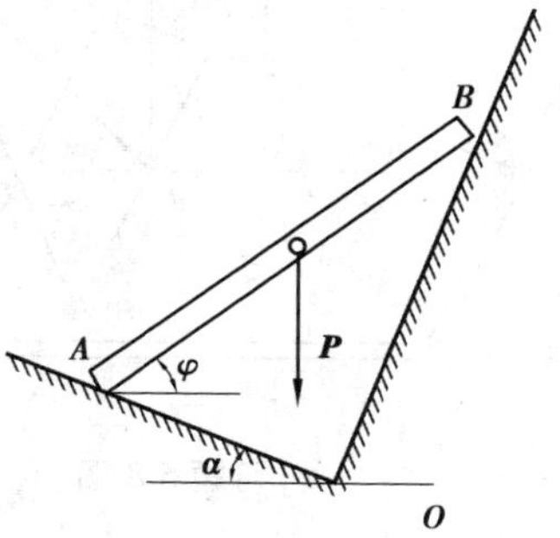

习题 5.2 图

5.3 如图所示，刚架的点 B 作用一水平力 F，刚架质量不计。求支座 A、D 的约束力。

5.4 在如图所示机构中，曲柄 OA 上作用一力偶，其力偶矩为 $\boldsymbol{M}$；另在滑块 D 上作用水平力 $\boldsymbol{F}$。机构尺寸如图，各杆质量不计。求当机构平衡时，力 $\boldsymbol{F}$ 与力偶矩 $\boldsymbol{M}$ 的关系。

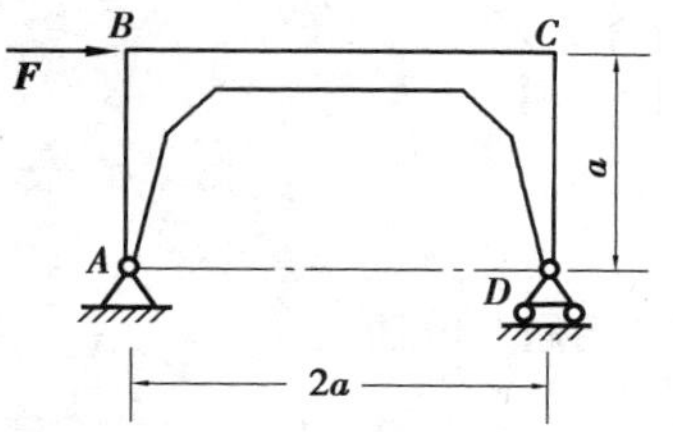

习题 5.3 图

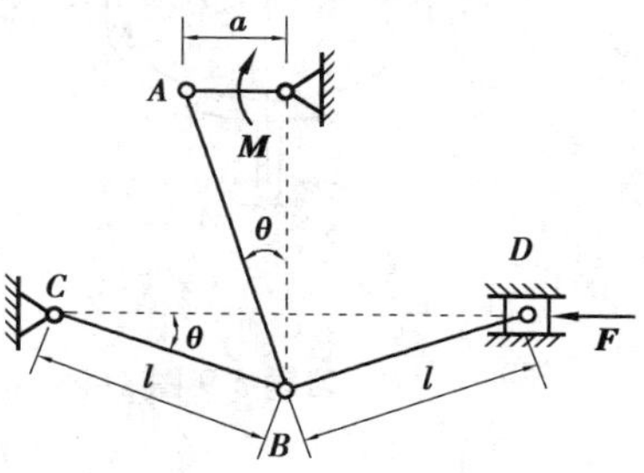

习题 5.4 图

5.5 如图所示，输电线 ACB 架在两线杆之间形成一下垂曲线，下垂距离 $CD=f=1$ m，两电线杆距离 $AB=40$ m。电线 ACB 段重 $P=400$ N，可近似认为沿 AB 连线均匀分布。求电线中点和两端的拉力。

5.6 如图所示，铰链杆机构 $CABD$ 的 CD 边固定，在铰链 A、B 处有力 $\boldsymbol{F}_1$，$\boldsymbol{F}_2$作用，如图所示。该机构在图示位置平衡，不计杆自重，求力 $\boldsymbol{F}_1$ 与 $\boldsymbol{F}_2$的关系。

5.7 图示空间桁架由杆 1、2、3、4、5 和 6 构成。在节点 A 上作用一个力 $\boldsymbol{F}$，此力在矩形 $ABDC$ 平面内，且与铅直线成 45°角。$\triangle EAK=\triangle FBM$。等腰三角形 EAK、FBM 和 NDB 在顶点 A、B 和 D 处均为直角，又有 $EC=CK=FD=DM$。若 $F=10$ kN，求各杆的内力。

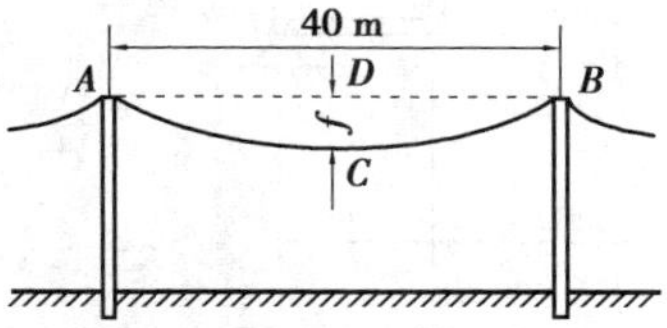

习题 5.5 图

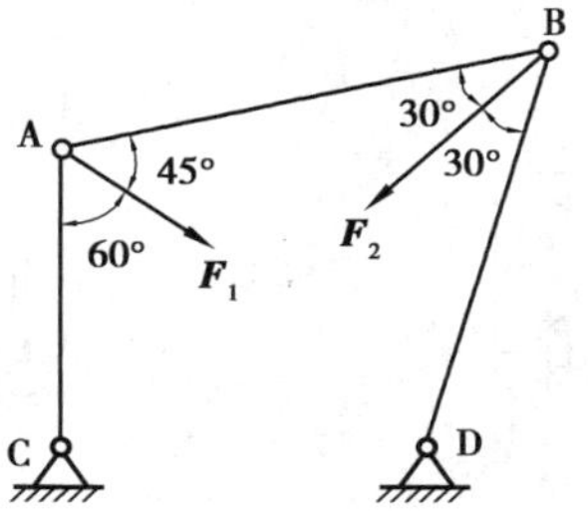

习题 5.6 图

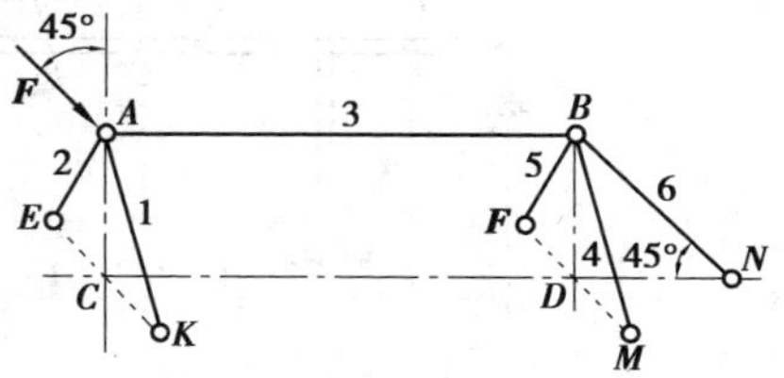

习题 5.7 图

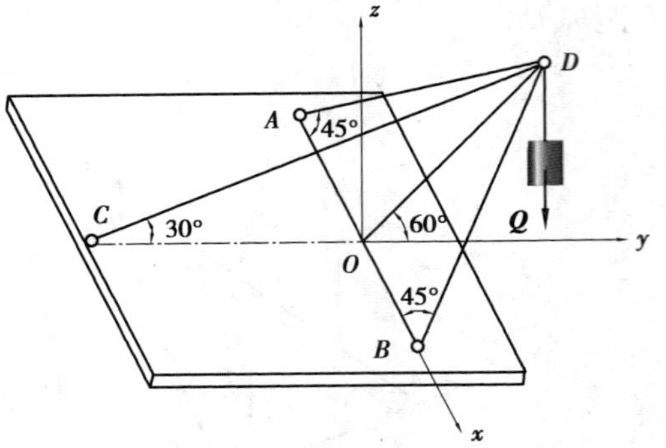

习题 5.8 图

5.8 求图示结构中 A、B、C 三处铰链的约束力。已知重物重 $Q=1$ kN。

5.9 水平圆盘的半径为 r，外缘 C 处作用有已知力 $\boldsymbol{F}$。力 $\boldsymbol{F}$ 位于铅垂平面内，且与 C 处圆盘切线夹角为 60°，其他尺寸如图所示。求力 $\boldsymbol{F}$ 对 x、y、z 轴之矩。

5.10 求如图所示力（$F=1\ 000$ N）对于 z 轴的力矩 M_z。

5.11 构件的支承及载荷情况如图所示，求支座 A、B 的约束力。

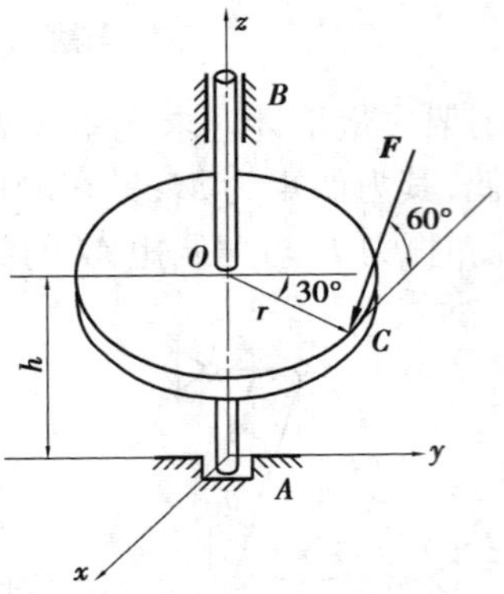

习题 5.9 图

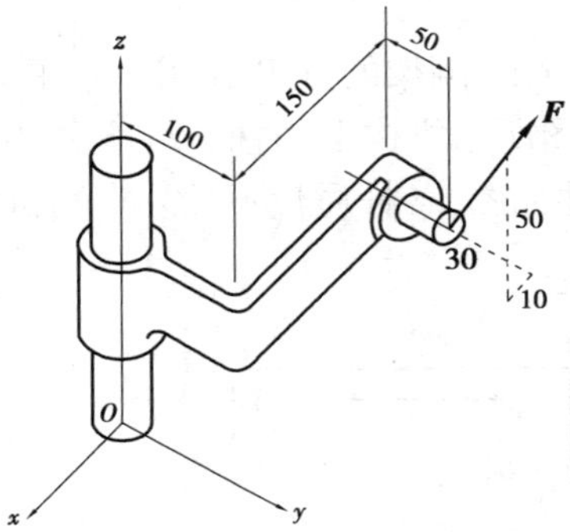

习题 5.10 图

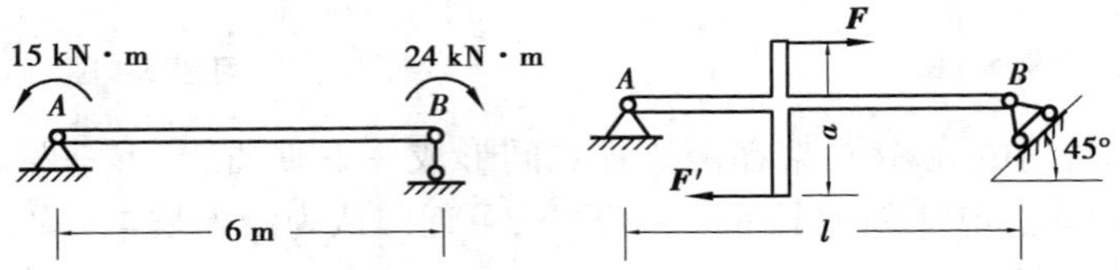

习题 5.11 图

5.12 如图所示结构中，各构件的自重略去不计，在构件 BC 上作用一力偶矩为 M 的力偶，各尺寸如图。求支座 A 的约束力。

5.13 如图所示结构中，各构件自重不计。在构件 AB 上作用一力偶矩为 M 的力偶，求支座 A 和 C 的约束力。

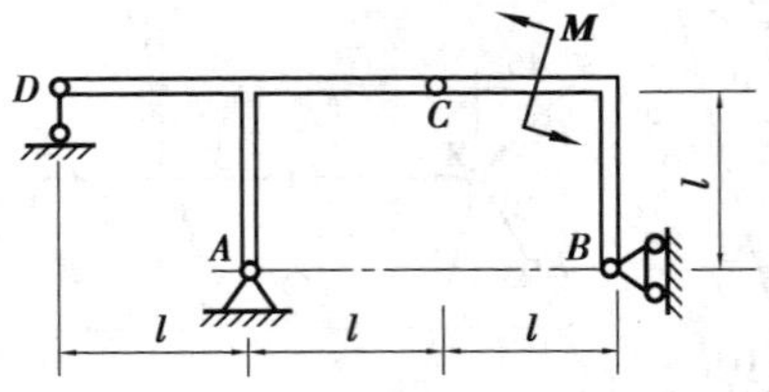

习题 5.12 图

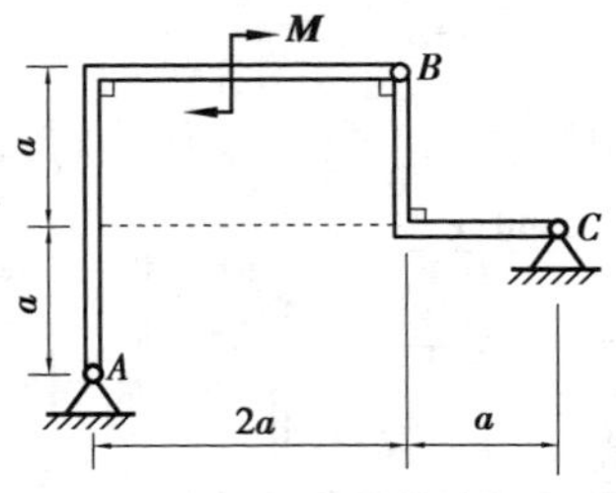

习题 5.13 图

6 一般力系

各力的作用线同处于同一平面内的力系可以称为平面力系，而各力的作用线不一定在同一平面的力系，称为空间力系。不管是平面力系还是空间力系，根据力系的位置关系，都可以分为汇交力系、力偶系、平行力系、任意力系等。本章主要研究这些力系的简化、合成与平衡以及物体系统的平衡问题。

6.1 任意力系的简化

►6.1.1 平面任意力系的简化

各力的作用线同处于同一平面内且可任意分布的力系，可以称为平面任意力系。

1) 力的平移定理

平面内，可以把作用在刚体上点 A 的力平行移动到任一点 B，但必须同时附加一个大小等于原力对点 B 的力偶。

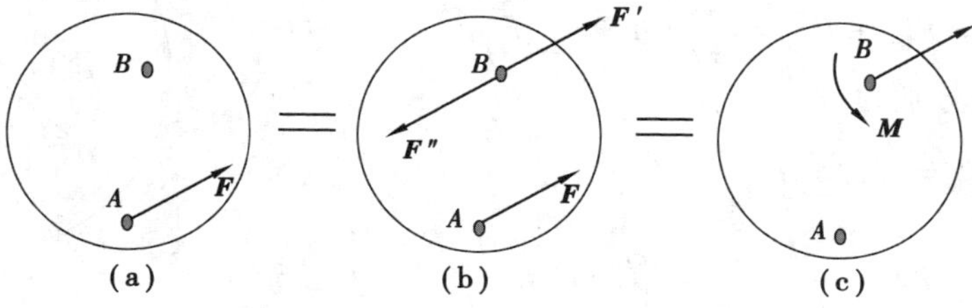

图 6.1

证明:在刚体上任取一点 B(图 6.1(a)),并在点 B 处加上一对平衡力 $\boldsymbol{F}'$ 和 $\boldsymbol{F}''$。令 $F=F'=F''$(图 6.1(b)),则可看出这 3 个力与原力 F 等效,这 3 个力又可视为一个作用在点 B 的力 $\boldsymbol{F}'$ 和一个力偶矩,这个附加的力偶矩的大小为

$$M = F \times d = M_B(F) \tag{6.1}$$

力的平移定理是力的简化的重要依据,也是分析力的作用效果的方法。如图 6.2 所示,轮子受到与边相切传来的载荷的作用。要分析这个力 F 对轮子的力的效果,运用力的平移定理,我们可以看出轮子受一个过圆心且平行于原力的力 $\boldsymbol{F}'$,以及一个大小为 $M=FR$ 的弯矩作用。

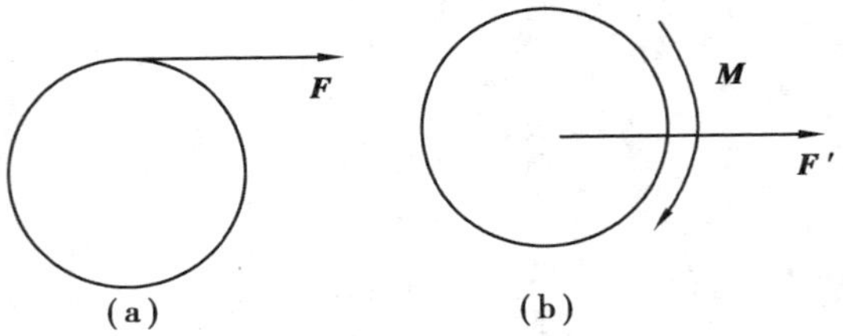

图 6.2

2)主矢和主矩

将刚体上作用的平面任意力系都平移到任意一点 O,得到一个作用于点 O 的合力,以及一个对点 O 的力矩,如图 6.3 所示。

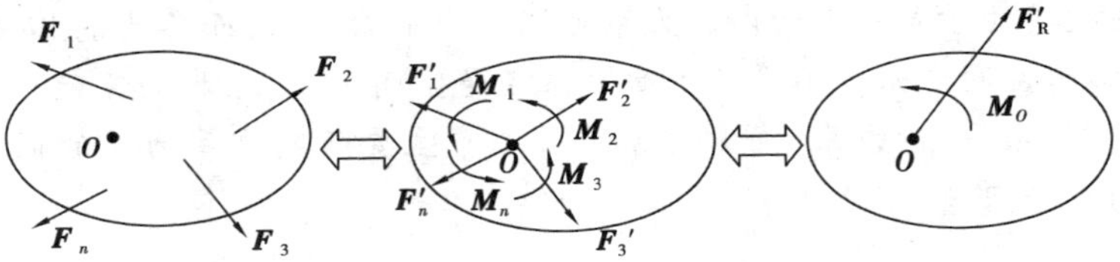

图 6.3

对于简化中心 O,有:

$$\boldsymbol{F}'_R = \boldsymbol{F}'_1 + \boldsymbol{F}'_2 + \cdots + \boldsymbol{F}'_n = \sum \boldsymbol{F}'_n = \sum \boldsymbol{F}_i \tag{6.2}$$

$$\boldsymbol{M}_O = \boldsymbol{M}_1 + \boldsymbol{M}_2 + \cdots + \boldsymbol{M}_n = \sum \boldsymbol{M}_O(\boldsymbol{F}_i) \tag{6.3}$$

通过上面的简化过程,可以知道平面任意力系可简化成为两个简单力系,即平面汇交力系和平面力偶系,而平面汇交力系 $\boldsymbol{F}_1,\boldsymbol{F}_2,\boldsymbol{F}_3,\cdots,\boldsymbol{F}_n$ 的合成结果为作用于简化中心点 O 的力 $\boldsymbol{F}'_R$。我们称 $\boldsymbol{F}'_R$ 为原力系的主矢,而平面力偶系的合成结果 $\boldsymbol{M}_O$ 即为原力系的主矩。

在点 O 建立坐标系 Oxy(图 6.4),可以得出主矢的矢量表达形式:

$$\boldsymbol{F}'_R = \boldsymbol{F}'_{Rx} + \boldsymbol{F}'_{Ry} = \sum F_x \boldsymbol{i} + \sum F_y \boldsymbol{j} \tag{6.4}$$

其大小和方向余弦分别为:

$$F'_R = \sqrt{\left(\sum F_x\right)^2 + \left(\sum F_y\right)^2} \tag{6.5}$$

$$\cos\ (\boldsymbol{F}'_R,\boldsymbol{i}) = \frac{\sum F_x}{F'_R},\ \cos\ (\boldsymbol{F}'_R,\boldsymbol{j}) = \frac{\sum F_y}{F'_R} \tag{6.6}$$

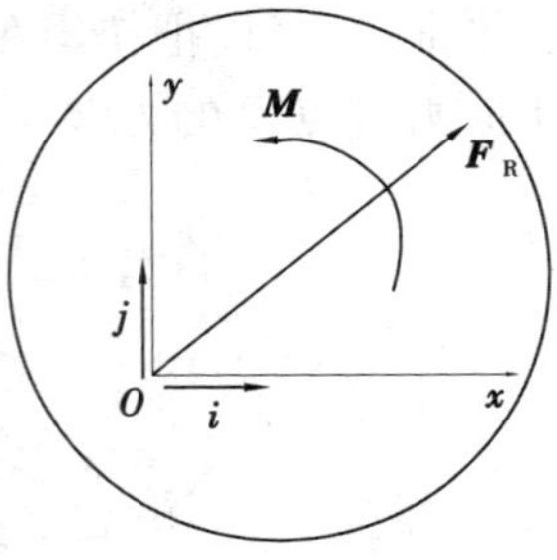

图 6.4

主矩的表达式为：

$$M_O = \sum_{i=1}^{n} M_O(\boldsymbol{F}_i) = \sum_{i=1}^{n} (x_i F y_i - y_i F x_i) \tag{6.7}$$

3）平面任意力系的简化结果分析

平面力系向作用面内任意一点简化的结果可能有下列 4 种情况：

①如果力系的主矢为零，主矩不为零（即 $\boldsymbol{F}_R'=0, \boldsymbol{M}_O \neq 0$），则平面力系简化为一个平面力偶。

②如果力系的主矢不为零，而主矩为零（即 $\boldsymbol{F}_R' \neq 0, \boldsymbol{M}_O = 0$），则平面任意力系简化为一个作用线过简化中心的力。

③如果力系的主矩与主矢均不为零（即 $\boldsymbol{M}_O \neq 0, \boldsymbol{F}_R' \neq 0$），则通过力的平移定理，可以得出平面任意力系简化为一个作用线不过简化中心的力，如图 6.5 所示。

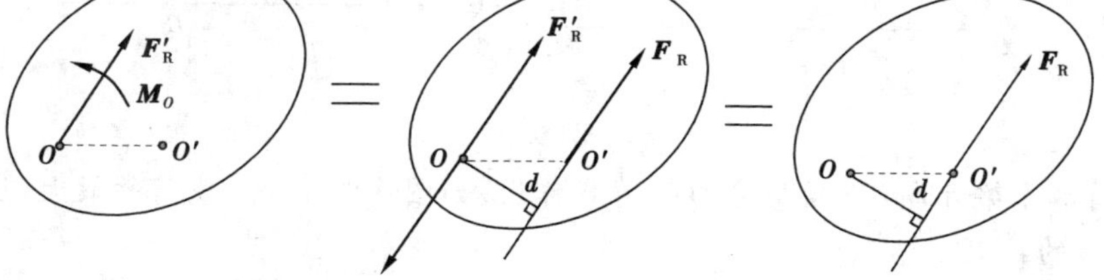

图 6.5

可以将在点 O 处的力矩和力 $\boldsymbol{F}_R'$ 等效成作用在点 O' 处的合力 $\boldsymbol{F}_R$，而合力作用线到点 O 之间的距离 $d=\dfrac{M_O}{F_R'}$。

④如果 $\boldsymbol{F}_R'=0, \boldsymbol{M}_O=0$，则平面任意力系平衡。

【例 6.1】如图 6.6 所示，在长方形平板的 O、A、B、C 点上分别作用着 4 个力：$F_1=1$ kN，$F_2=2$ kN，$F_3=F_4=3$ kN。试求以上 4 个力构成的力系对 O 点的简化结果，以及该力系的最后合成结果。

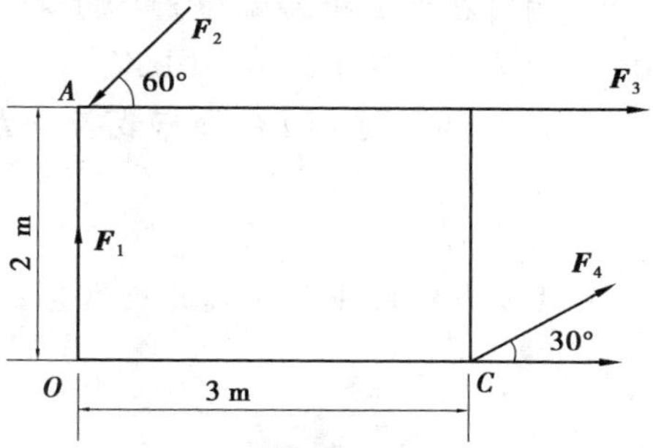

图 6.6

【解】（1）求主矢 $\boldsymbol{F}_R'$

建立直角坐标系 Oxy，有：

$$F'_{Rx} = \sum F_x = -F_2\cos 60° + F_3 + F_4\cos 30° = 0.598 \text{ kN}$$

$$F'_{Ry} = \sum F_x = F_1 - F_2\sin 60° + F_4\sin 30° = 0.789 \text{ kN}$$

所以，主矢的大小为 $F_R' = \sqrt{F'^2_{Rx}+F'^2_{Ry}} = 0.794$ kN

主矢的方向：

$$\cos(\boldsymbol{F}'_R, \boldsymbol{i}) = \frac{F'_{Rx}}{F'_R} = 0.614,\ \angle(\boldsymbol{F}'_R, \boldsymbol{i}) = 52.1°$$

$$\cos(\boldsymbol{F}'_R, \boldsymbol{j}) = \frac{F'_{Ry}}{F'_R} = 0.789,\ \angle(\boldsymbol{F}'_R, \boldsymbol{j}) = 37.9°$$

（2）求主矩 $\boldsymbol{M}_O$

主矩的大小为 $M_O = \sum M_O(\boldsymbol{F}) = 2F_2\cos 60° - 2F_3 + 3F_4\sin 30° = 0.5$ kN · m

(3)最后合成结果

由于主矩主矢均不为零,所以最后合成结果为一个不过点 O 的合力 $\boldsymbol{F}_R$。如图 6.7 所示,$\boldsymbol{F}_R=\boldsymbol{F}_R'$,合力 $\boldsymbol{F}_R$ 到点 O 的距离 $d=\dfrac{M_O}{F_R'}=0.51$ m。

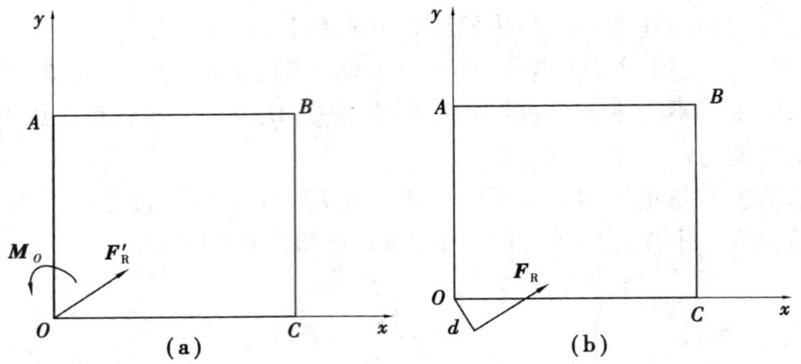

图 6.7

【例 6.2】水平梁 AB 受三角形分布的荷载作用,如图 6.8 所示。载荷的最大值为 q,梁长 l,求合力作用线的位置。

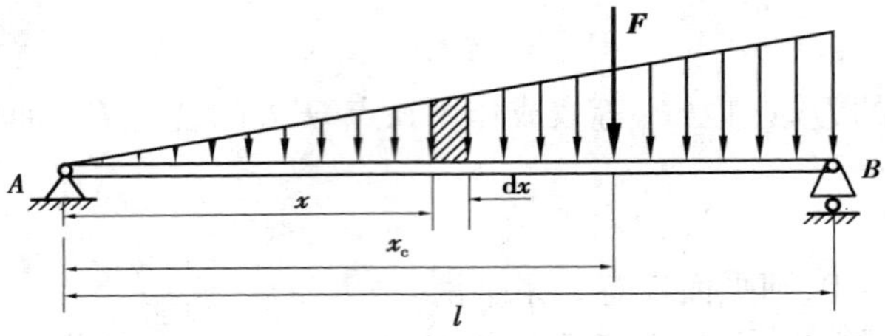

图 6.8

【解】在梁上距 A 端为 x 处的荷载集度为 $q(x)=qx/l$。在此处取的一微段 dx,梁在微段 dx 受的力近似为 $F(x)=qxdx/l$。

梁由 $x=0$ 到 $x=l$ 的分布载荷合力为:

$$F=\int_0^l q(x)\,dx=\frac{ql}{2}$$

设合力作用线到 A 端的距离为 x_c,则由于合力矩定理可得:

$$F\cdot x_c=\int_0^l q(x)x\,dx$$

$$x_c=\frac{1}{F}\int_0^l\frac{qx^2}{l}dx=\frac{ql^2}{3}\bigg/\frac{ql}{2}=\frac{2}{3}l$$

▶6.1.2 空间任意力系的简化

相对于平面力系而言,工程中我们常常遇到的是各力的作用线不在同一平面的力系,即空间力系。空间力系是最一般的力系。

当空间力系中各力的作用线可以在空间任意分布时,我们称其为空间任意力系。

1)主矢和主矩

空间任意力系的简化与平面任意力系的简化原理(力的平移定理)相同,运用**力的平移定理**,将作用在刚体上的空间任意力系 $\boldsymbol{F}_1,\boldsymbol{F}_2,\boldsymbol{F}_3,\cdots,\boldsymbol{F}_n$(图 6.9(a))向简化中心点 O 平移,同时附加一个相应的力偶(图 6.9(b))。这样,我们可以得出:空间任意力系也可简化为一个主矢与主矩,但由于主矩与主矢不在同一平面内,不可进一步简化为一个合力(图 6.9(c))。

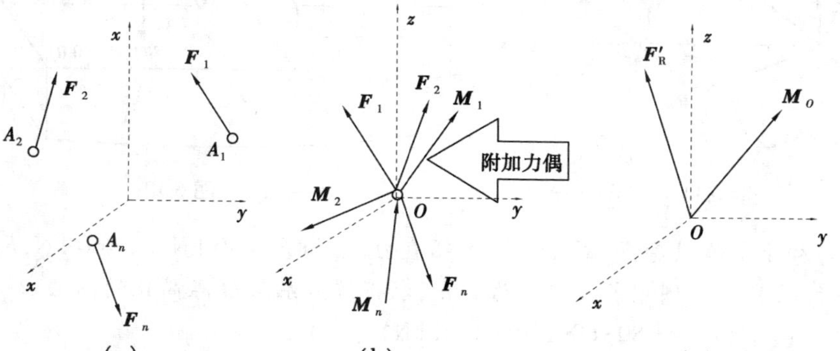

图 6.9

作用线通过简化中心点 O 的合力 $\boldsymbol{F}'_R$ 即主矢

$$\boldsymbol{F}'_R = \sum_{i=1}^{n}\boldsymbol{F}_i = \sum_{i=1}^{n}F_{xi}\boldsymbol{i} + \sum_{i=1}^{n}F_{yi}\boldsymbol{j} + \sum_{i}^{n}F_{zi}\boldsymbol{k} \tag{6.8}$$

而空间封闭的力偶系合成为一力偶(其大小等于原力系对简化中心点 O 的主矩),即

$$\boldsymbol{M}_O = \sum_{i=1}^{n}\boldsymbol{M}_i = \sum_{i=1}^{n}\boldsymbol{M}_O(\boldsymbol{F}_i) = \sum_{i=1}^{n}(\boldsymbol{r}_i \times \boldsymbol{F}_i) \tag{6.9}$$

2)空间任意力系的简化结果

空间任意力系的简化结果和平面力系类同,不过要注意的是:当 $\boldsymbol{M}_O\neq 0$、$\boldsymbol{F}'_R\neq 0$ 时,若 $\boldsymbol{F}'_R\perp \boldsymbol{M}_O$,此时可进一步简化为一个合力,合力作用线距简化中心的距离 $d=\dfrac{|\boldsymbol{M}_O|}{F'_R}$,如图 6.10 所示。

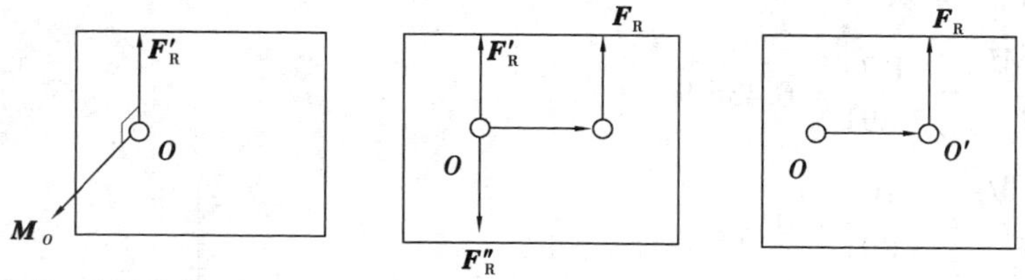

图 6.10

当 $\boldsymbol{F}'_R /\!/ \boldsymbol{M}_O$ 时,原力系的简化结果为力螺旋(即力垂直于力偶的作用面);若两者既不平行也不垂直,则原力系也可简化为力螺旋,如图 6.11 所示。

将 $\boldsymbol{M}_O$ 沿 $\boldsymbol{F}_R$ 和 $\boldsymbol{F}_R$ 垂直方向投影,得分量 $\boldsymbol{M}'_O$ 和 $\boldsymbol{M}''_O$。

其中 $\boldsymbol{M}'_O$ 和 $\boldsymbol{F}_R$ 可以沿 $\overrightarrow{OB}$ 方向平移到 B 点,平移的距离 $|OB|=\dfrac{|\boldsymbol{M}''_O|}{F_R}$,

简化为一个过点 B 的主矢 $\boldsymbol{F}'_R$(且 $F'_R=F_R$)进一步与 $\boldsymbol{M}'_O$ 组成一个力螺旋。

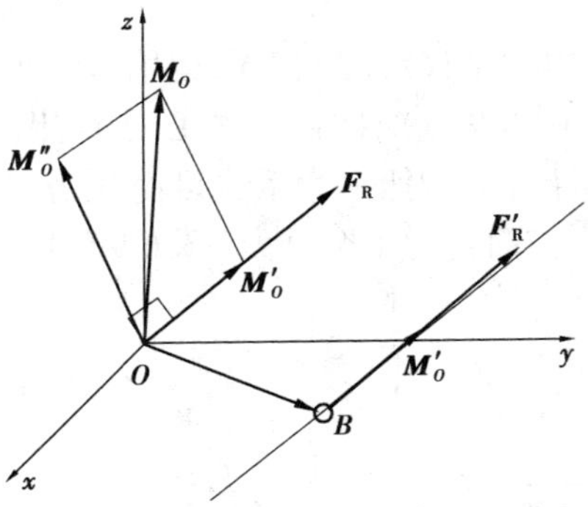

图 6.11

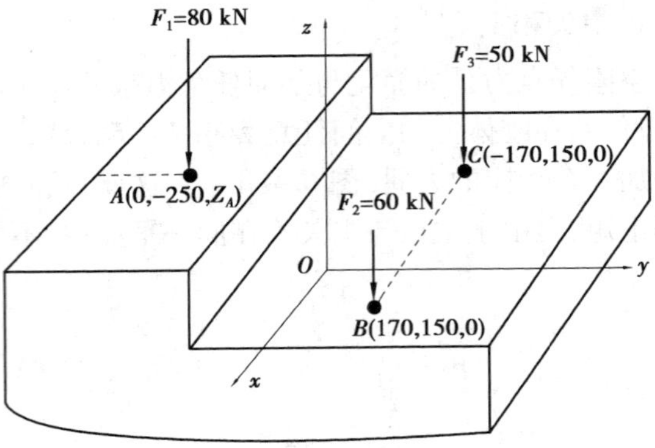

图 6.12

【例 6.3】柱子上作用着 $\boldsymbol{F}_1$、$\boldsymbol{F}_2$、$\boldsymbol{F}_3$ 三个铅直力，已知 $F_1=80$ kN，$F_2=60$ kN，$F_3=50$ kN，三力位置如图 6.12 所示。图中长度单位为 mm，求将该力系向 O 点简化的结果。

【解】主矢：$F_R=F_{Rz}=-80-60-50=-190$(kN)（↓）

竖向力产生的矩	$M_x(F_1)=80\times0.25=20$(kN·m)	$M_y(F_1)=0$	$M_z(F_1)=0$
	$M_x(F_2)=-60\times0.15=-9$(kN·m)	$M_y(F_2)=60\times0.17=10.2$(kN·m)	$M_z(F_2)=0$
	$M_x(F_3)=-50\times0.15=-7.5$(kN·m)	$M_y(F_3)=-50\times0.17=-8.5$(kN·m)	$M_z(F_3)=0$
$\sum$	3.5 kN·m	1.7 kN·m	0

主矩：$M_O=\sqrt{(\sum M_x)^2+(\sum M_y)^2+(\sum M_z)^2}=\sqrt{3.5^2+1.7^2+0^2}=3.891$(kN·m)

方向余弦：

$$\cos\alpha=\frac{\sum M_x}{M_O}=\frac{3.5}{3.891}=0.899\ 5$$

$$\cos\beta=\frac{\sum M_y}{M_O}=\frac{1.7}{3.891}=0.436\ 9$$

$$\cos\gamma=\frac{\sum M_z}{M_O}=\frac{0}{3.891}=0$$

【例 6.4】力系中，$F_1=100$ N、$F_2=300$ N、$F_3=200$ N，各力作用线的位置如图 6.13 所示。试将力系向原点 O 简化。

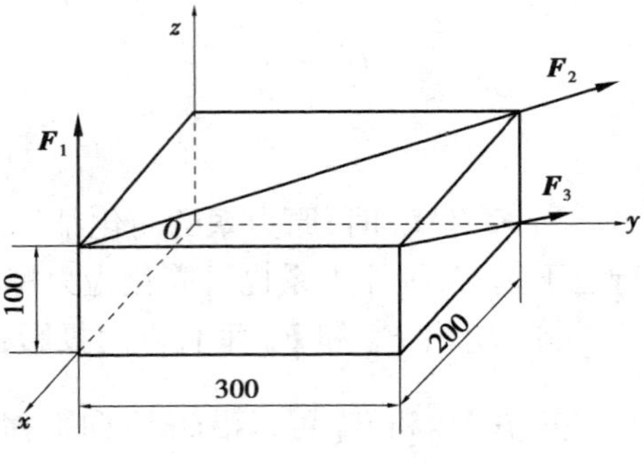

图 6.13

【解】由题意得

$$F_{Rx}=-300\times\frac{2}{\sqrt{13}}-200\times\frac{2}{\sqrt{5}}=-345(\text{N})$$

$$F_{Ry}=300\times\frac{3}{\sqrt{13}}=250(\mathrm{N})$$

$$F_{Rz}=100-200\times\frac{1}{\sqrt{5}}=10.6(\mathrm{N})$$

$$M_x=-300\times\frac{3}{\sqrt{13}}\times 0.1-200\times\frac{1}{\sqrt{5}}\times 0.3=-51.8(\mathrm{N\cdot m})$$

$$M_y=-100\times 0.20+200\times\frac{2}{\sqrt{13}}\times 0.1=-36.6(\mathrm{N\cdot m})$$

$$M_z=300\times\frac{3}{\sqrt{13}}\times 0.2+200\times\frac{2}{\sqrt{5}}\times 0.3=103.6(\mathrm{N\cdot m})$$

主矢：$F_R=\sqrt{F_{Rz}^2+F_{Ry}^2+F_{Rx}^2}=426\ \mathrm{N}$，$\boldsymbol{F}_R=(-345\boldsymbol{i}+250\boldsymbol{j}+10.6\boldsymbol{k})\mathrm{N}$

主矩：$M_O=\sqrt{M_x^2+M_y^2+M_z^2}=122\ \mathrm{N\cdot m}$，$\boldsymbol{M}_O=(-51.8\boldsymbol{i}-36.6\boldsymbol{j}+104\boldsymbol{k})\mathrm{N\cdot m}$

6.2 力系的平衡

►6.2.1 平面任意力系的平衡

平面任意力系平衡的充要条件是：力系的主矢和对任一点的主矩都同时为零。其数学表达式为：

$$\left.\begin{aligned}&\text{主矢：} && F'_R=\sum F_i=0\\&\text{主矩：} && M_O=\sum M_O(\boldsymbol{F}_i)=0\end{aligned}\right\}\tag{6.10}$$

显然，主矢等于零，表明作用于简化中心 O 的汇交力系为平衡力系；主矩等于零，表明附加力偶系也是平衡力系，所以原力系必为平衡力系。因此，式(6.10)为平面任意力系的充分条件。

若主矢和主矩有一个不等于零，则力系应简化为合力或合力偶；若主矢与主矩都不等于零时，可进一步简化为一个合力。上述情况下力系都不能平衡，只有当主矢和主矩都等于零时力系才能平衡，因此，式(6.10)又是平面任意力系平衡的必要条件。

因为

$$F'_R=\sqrt{(\sum F_x)^2+(\sum F_y)^2},\ M_O=\sum M_O(\boldsymbol{F}_i)$$

所以

$$\begin{cases}\sum F_x=0\\\sum F_y=0\\\sum M_O(\boldsymbol{F}_i)=0\end{cases}\tag{6.11}$$

上式表明，平面任意力系平衡的解析条件是力系中各力在平面内任意两个坐标轴上的投影的代数和等于零，以及这些力对该平面内任意点之矩的代数和等于零。式(6.11)称为平面任意力系基本形式的平衡方程，因方程中仅含有一个力矩方程，故又称为一矩式平衡方程。

平衡方程中3个方程彼此独立,故可求解3个未知量。

式(6.11)中如果矩方程恒成立,即为平面汇交力系的平衡方程;如果两主矢方程恒成立,则是平面力偶系的平衡方程;平面平行力系的平衡方程式则是一个矩方程加一个主矢投影方程。

【例 6.5】如图 6.14(a)所示的平面结构,已知铅垂力 $F_C=4$ kN,水平力 $F_E=2$ kN。求 A 处和 B 处的支座约束力。

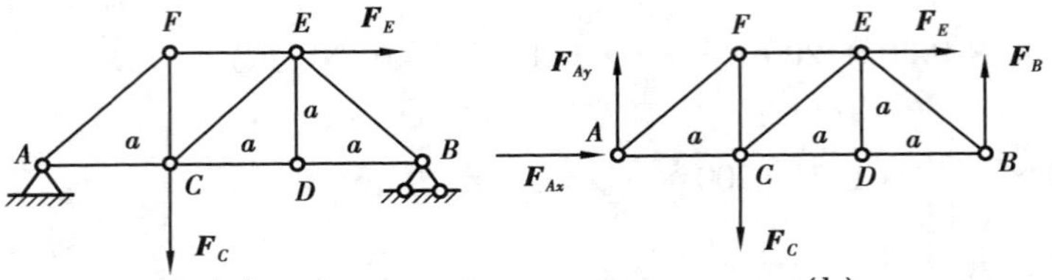

图 6.14

【解】先取整体为研究对象,受力如图 6.14(b)所示。

列平面任意力系的平衡方程,即

$$\sum F_x = 0,\ F_{Ax} + F_E = 0$$

$$\sum F_y = 0,\ F_{Ay} + F_B - F_C = 0$$

$$\sum M_A(\boldsymbol{F}) = 0,\ -aF_E + 3aF_B - aF_C = 0$$

求解以上方程,得

$F_{Ax}=-2$ kN(负号表示与图中假设方向相反), $F_{Ay}=2$ kN, $F_B=2$ kN

【例 6.6】图示起重机的铅直支柱 AB 由点 B 的止推轴承和点 A 的径向轴承支持。P_1、P_2、a、b、c 为已知量,求在轴承 A 和 B 两处的支座反力。

【解】对起重机作受力分析,画起重机受力图如图 6.15 所示。

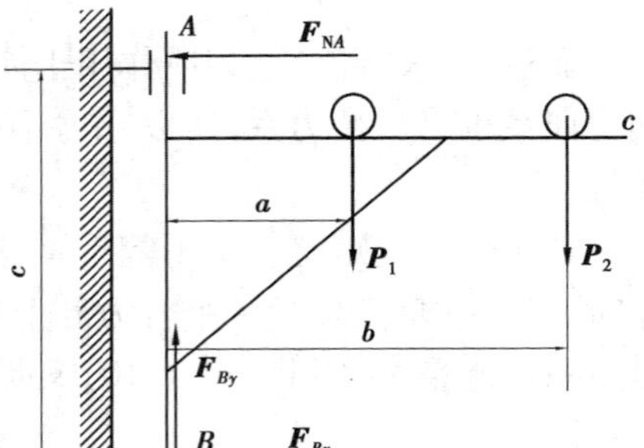

图 6.15

列出平衡方程:

$$\sum F_x = 0,\ -F_{NA} + F_{Bx} = 0$$

$$\sum F_y = 0,\ F_{By} - P_1 - P_2 = 0$$

$$\sum M_B(\boldsymbol{F}) = 0,\ F_{NA}c - P_1a - P_2b = 0$$

解上述方程,得

$$F_{NA} = F_{Bx} = \frac{P_1a + P_2b}{c}$$

$$F_{By} = P_1 + P_2$$

【例 6.7】在如图 6.16(a)所示刚架中,已知 $q=3$ kN/m, $F=6\sqrt{2}$ kN, $M=10$ kN·m。不计刚架自重,求固定端 A 处的约束力。

【解】取钢架为研究对象,除主动力外,还受有固定端 A 处的约束力 $\boldsymbol{F}_{Ax}$, $\boldsymbol{F}_{Ay}$ 和约束力偶 $\boldsymbol{M}_A$。受力分析如图 6.16(b)所示。

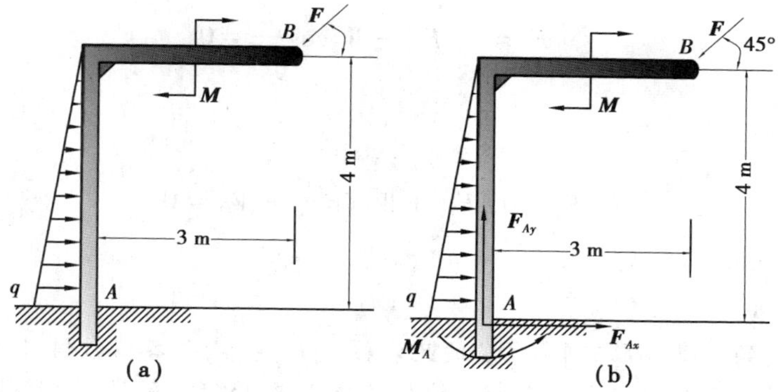

图 6.16

列平衡方程：

$$\sum F_x = 0,\ F_{Ax} + \frac{1}{2}q \cdot 4 - F\cos 45^\circ = 0$$

$$\sum F_y = 0,\ F_{Ay} - F\sin 45^\circ = 0$$

$$\sum M_A(\boldsymbol{F}) = 0,\ M_A - \frac{1}{2}q \times 4 \times \frac{4}{3} - M - 3F\sin 45^\circ + 4F\cos 45^\circ = 0$$

解方程，求得

$$F_{Ax} = 0,\ F_{Ay} = 6\ \text{kN},\ M_A = 12\ \text{kN}\cdot\text{m}$$

【例 6.8】如图 6.17(a)所示，吊桥 AB 长 L，重 W_1，重心在中心。A 端由铰链支于地面，B 端由绳拉住，绳绕过小滑轮 C 挂重物，重 W_2 已知。重力作用线沿铅垂线 AC($AC=AB$)。问吊桥与铅垂线的交角 θ 为多大时方能平衡，并求此时铰链 A 对吊桥的约束力。

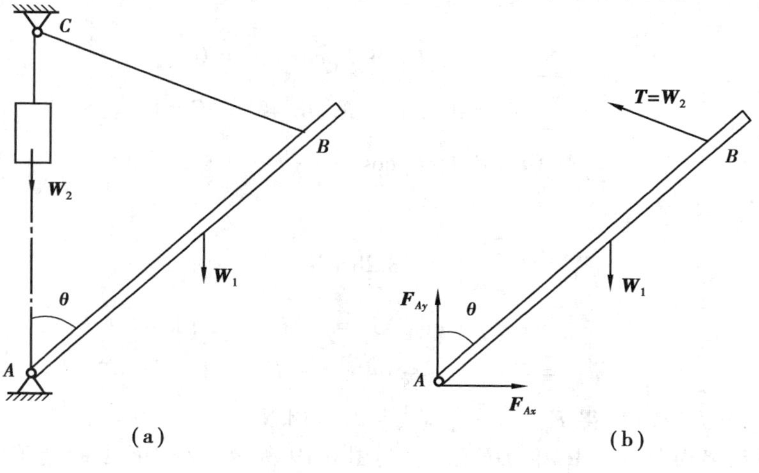

图 6.17

【解】对 AB 杆进行受力分析，如图 6.17(b)所示，列平衡方程：

$$\sum M_A = 0,\ W_1 \frac{L}{2}\sin\theta - W_2 L\cos\frac{\theta}{2} = 0$$

解得： $\theta = 2\arcsin\dfrac{W_2}{W_1}$

$$\sum F_x = 0,\ F_{Ax} - W_2\cos\frac{\theta}{2} = 0$$

解得：　$F_{Ax} = W_2\cos\dfrac{\theta}{2}$

$$\sum F_y = 0,\ F_{Ay} + W_2\sin\frac{\theta}{2} - W_1 = 0$$

解得：　$F_{Ay} = \dfrac{W_1^2 + W_2^2}{W_1}$

【例 6.9】支架的横梁 AB 与斜杆 DC 彼此以铰链 C 连接，并各以铰链 A、D 连接于铅直墙上，如图 6.18 所示。已知杆 $AC=CB$，杆 DC 与水平线成 45°角，荷载 $F=10$ kN 作用于 B 处。梁和杆的自重忽略不计，求铰链 A 的约束力和杆 DC 所受的力。

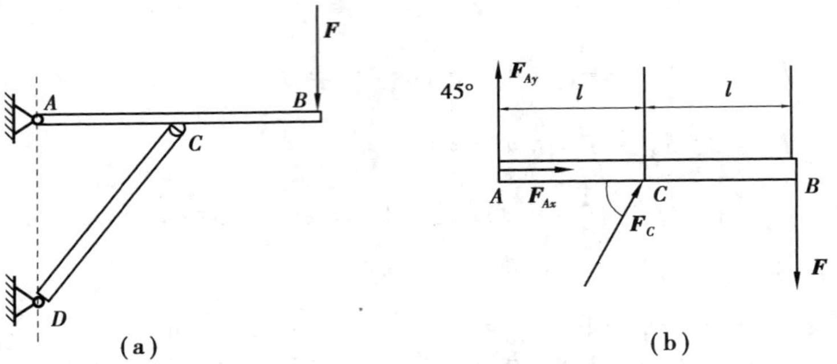

图 6.18

【解】取 AB 杆为研究对象，受力分析如图 6.18(b) 所示。由于 CD 杆是二力杆，列平衡方程：

$$\sum F_x = 0,\ F_{Ax} + F_C\cos 45^\circ = 0$$

$$\sum F_y = 0,\ F_{Ay} + F_C\sin 45^\circ - F = 0$$

$$\sum M_A(\boldsymbol{F}) = 0,\ F_C\cos 45^\circ \cdot l - F \cdot 2l = 0$$

解平衡方程可得

$$F_C = \frac{2F}{\cos 45^\circ} = 28.28\ \text{kN}$$

$$F_{Ax} = -F_C \cdot \cos 45^\circ = -2F = -20\ \text{kN}$$

$$F_{Ay} = F - F_C \cdot \sin 45^\circ = -F = -10\ \text{kN}$$

若将力 F_{Ax} 和 F_{Ay} 合成，得 $F_{RA} = \sqrt{F_{Ax}^2 + F_{Ay}^2} = 22.36$ kN

【例 6.10】构架由杆 AB、AC 和 DF 组成，如图 6.19 所示。杆 DF 上的销子 E 可在杆 AC 的光滑槽内滑动，不计各杆质量。在水平杆 DF 的一端作用铅直力 F，求铅直杆 AB 上铰链 A、D 和 B 所受的力。

【解】取整体为研究对象，画受力图如图 6.19(a) 所示。

列平衡方程：

$$\sum F_y = 0,\ F_{Cy} - F = 0$$

$$\sum M_C(\boldsymbol{F}) = 0,\ -2aF_{By} = 0$$

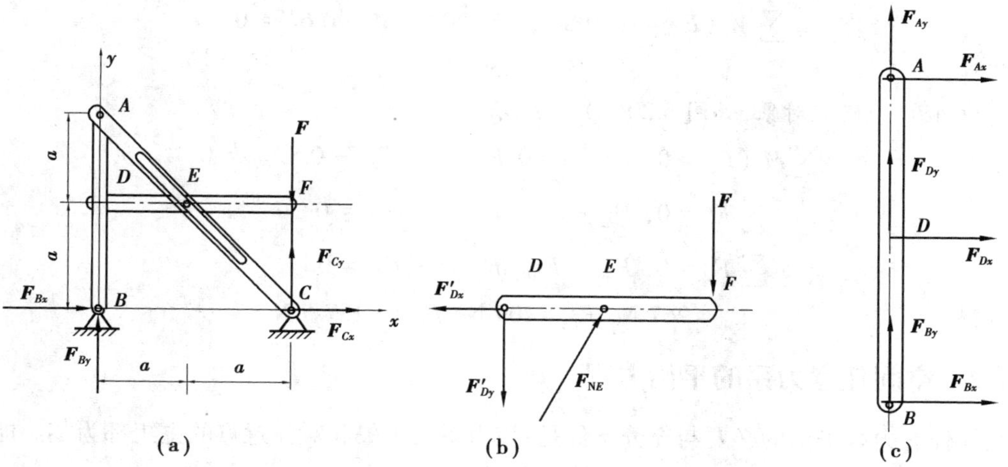

图 6.19

得
$$F_{Cy}=F,\ F_{By}=0$$

再选取 DEF 杆作研究对象,受力图如图 6.19(b)所示。列平衡方程:

$$\sum M_E=0,\ aF'_{Dy}-aF=0$$

$$\sum M_B=0,\ aF'_{Dx}-2aF=0$$

得
$$F'_{Dx}=2F,\ F'_{Dy}=F$$

最后对 ADB 杆进行受力分析,如图 6.19(c)所示。列平衡方程:

$$\sum M_A=0,\ 2aF_{Bx}+aF_{Dx}=0$$

$$\sum F_x=0,\ F_{Ax}+F_{Dx}+F_{Bx}=0$$

$$\sum F_y=0,\ F_{Ay}+F_{Dy}+F_{By}=0$$

解得
$$F_{Bx}=-F,\ F_{Ax}=-F,F_{Ay}=-F$$

【例 6.11】在图示构架中,已知 $F=200$ N,$M=100$ N·m,尺寸如图 6.20(a)所示。不计各杆自重,求 A、B、C 处的约束反力。

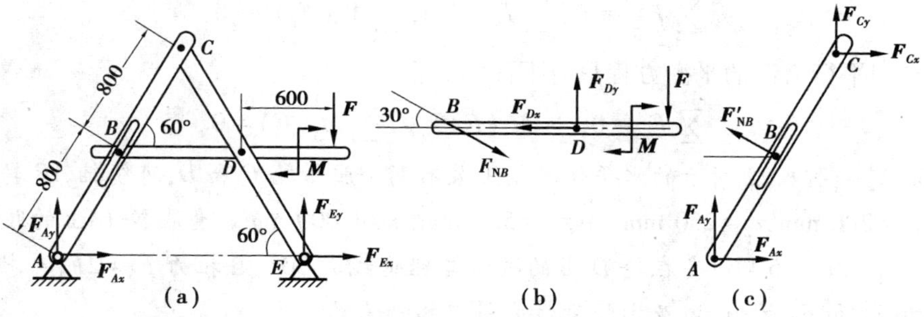

图 6.20

【解】①整体受力如图 6.20(a)所示,有

$$\sum M_E(\boldsymbol{F})=0,\ -1.6F_{Ay}-M-F(0.6-0.4)=0$$

解得
$$F_{Ay}=-87.5\ \text{N}$$

②取 BD 为研究对象,如图 6.20(b)所示,有

$$\sum M_D(\boldsymbol{F}) = 0,\ 0.8F_{NB}\sin 30° - M - 0.6F = 0$$

解得 $$F_{NB} = 550\ \text{N}$$

③取 ABC 为研究对象,如图 6.20(c)所示,有

$$\sum M_C(\boldsymbol{F}) = 0,\ 1.6\sin 60°F_{Ax} - 0.8F_{Ay} - 0.8F_{NB} = 0$$

$$\sum F_x = 0,\ F_{Ax} - F_{NB}\cos 30° + F_{Cx} = 0$$

$$\sum F_y = 0,\ F_{Ay} + F_{NB}\sin 30° + F_{Cy} = 0$$

解得 $$F_{Ax} = 267\ \text{N},\ F_{Cx} = 209\ \text{N},\ F_{Cy} = -187.5\ \text{N}$$

▶6.2.2 空间任意力系的平衡方程

空间任意力系平衡的必要与充分条件是:该力系的主矢和对任意点的主矩都为零。即

$$\boldsymbol{F}'_R = 0,\ \boldsymbol{M} = 0$$

空间任意力系的平衡方程有 6 个:

$$\sum_{i=1}^{n} F_{xi} = 0,\ \sum_{i=1}^{n} F_{yi} = 0,\ \sum_{i=1}^{n} F_{zi} = 0 \tag{6.12}$$

$$\sum M_x(\boldsymbol{F}) = 0,\ \sum M_y(\boldsymbol{F}) = 0,\ \sum M_z(\boldsymbol{F}) = 0 \tag{6.13}$$

式(6.12)及式(6.13)表明,空间任意力系平衡的解析条件是力系中各力在三个坐标轴中每一轴上的投影的代数和等于零,以及这些力对每一坐标轴的矩的代数和等于零。式(6.12)和式(6.13)称为空间任意力系的平衡方程。

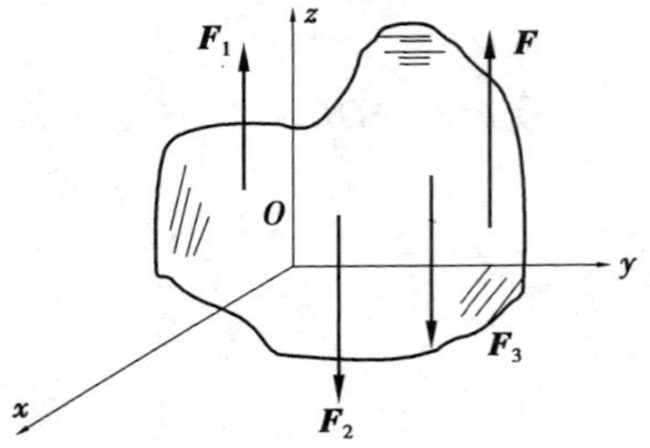

图 6.21

由空间任意力系的平衡方程还可导出其他特殊类型的力系的平衡方程。例如,对空间平行力系,不失一般性地假定取 z 轴与各力平行(如图 6.21 所示),则空间任意力系的 6 个平衡方程中有 3 个恒为零,即

$$\sum_{i=1}^{n} F_{xi} \equiv 0,\ \sum_{i=1}^{n} F_{yi} \equiv 0,\ \sum_{i=1}^{n} M_z(\boldsymbol{F}_i) \equiv 0 \tag{6.14}$$

因而空间平行力系的平衡方程只有下面的 3 个:

$$\sum F_z = 0,\ \sum M_x(\boldsymbol{F}) = 0,\ \sum M_y(\boldsymbol{F}) = 0 \tag{6.15}$$

【例 6.12】如图 6.22 所示的水平传动轴上装有两个胶带轮 C 和 D,可绕轴 AB 转动。胶带轮的半径 $r_1 = 200$ mm,$r_2 = 250$ mm。$a = b = 500$ mm,$c = 1\ 000$ mm。套在轮 C 上的胶带是水平的,且拉力 $F_1 = 2F_2 = 5$ kN;套在轮 D 上的胶带与铅垂线成 30°,且拉力 $F_3 = 2F_4$。求在平衡的状态下拉力 F_3 和 F_4 的值,以及由胶带拉力引起的轴承约束力。

【解】以整个轴为研究对象,受力分析如图 6.22 所示。轴受空间任意力系作用,选取如图所示的坐标轴,列出平衡方程:

$$\sum F_x = 0, F_{Ax} + F_{Bx} + F_1 + F_2 + (F_3 + F_4)\sin\theta = 0$$

$$\sum F_z = 0, F_{Az} + F_{Bz} - (F_3 + F_4)\cos\theta = 0$$

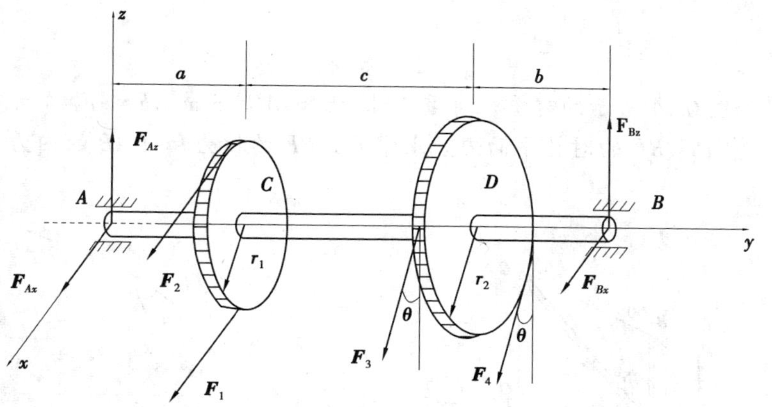

图 6.22

$$\sum M_x(\boldsymbol{F}) = 0, F_{Bz}(a + b + c) - (F_3 + F_4)(a + c)\cos\theta = 0$$

$$\sum M_y(\boldsymbol{F}) = 0, F_2 r_1 - F_1 r_1 + F_3 r_2 - F_4 r_2 = 0$$

$$\sum M_z(\boldsymbol{F}) = 0, -F_{Bx}(a + b + c) - (F_3 + F_4)(a + c)\sin\theta - (F_1 + F_2)a = 0$$

解得

$$F_3 = 4\ \text{kN},\ F_4 = 2\ \text{kN},\ F_{Bx} = -4.125\ \text{kN}$$

$$F_{Bz} = 3.897\ \text{kN},\ F_{Ax} = -6.375\ \text{kN},\ F_{Az} = 1.299\ \text{kN}$$

【例 6.13】扒杆如图 6.23(a)所示,立柱 AB 用 BG 和 BH 两根缆风绳拉住,并在 A 点用球铰约束,臂杆的 D 端吊悬的重物重 P=20 kN,求两绳的拉力和支座 A 的约束反力。

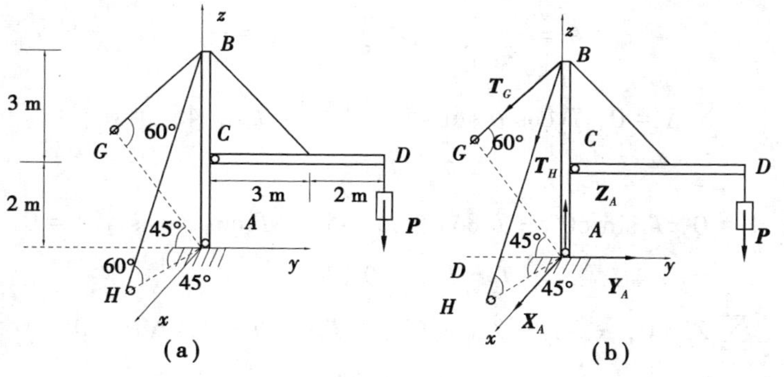

图 6.23

【解】以立柱和臂杆组成的系统为研究对象,建立如图 6.23(b)所示的坐标系 $Axyz$,受力分析如图所示,列平衡方程:

$$\sum X = 0,\ X_A + T_H\cos 60^\circ \sin 45^\circ - T_G\cos 60^\circ \sin 45^\circ = 0$$

$$\sum Y = 0,\ Y_A - T_H\cos 60^\circ \cos 45^\circ - T_G\cos 60^\circ \cos 45^\circ = 0$$

$$\sum Z = 0,\ Z_A - T_H\sin 60^\circ - T_G\sin 60^\circ - P = 0$$

$$\sum M_x(\boldsymbol{F}) = 0,\ T_H\cos 60^\circ \cos 45^\circ \cdot 5 + T_G\cos 60^\circ \cos 45^\circ \cdot 5 - P \cdot 5 = 0$$

$$\sum M_y(\boldsymbol{F}) = 0,\ T_H\cos 60^\circ \sin 45^\circ \cdot 5 - T_G\cos 60^\circ \sin 45^\circ \cdot 5 = 0$$

解得

$$T_G = T_H = 28.3\ \text{kN}$$

$$X_A = 0$$

$$Y_A = 20\text{ kN}, Z_A = 69\text{ kN}$$

【例 6.14】如图 6.24 所示的起重机自重不计，已知：$AB=3$ m，$AE=AF=4$ m，$Q=200$ kN，起重臂 AC 位于拉索 BE、BF 的对称平面内。求索 BE、BF 的拉力和杆 AB 的内力。

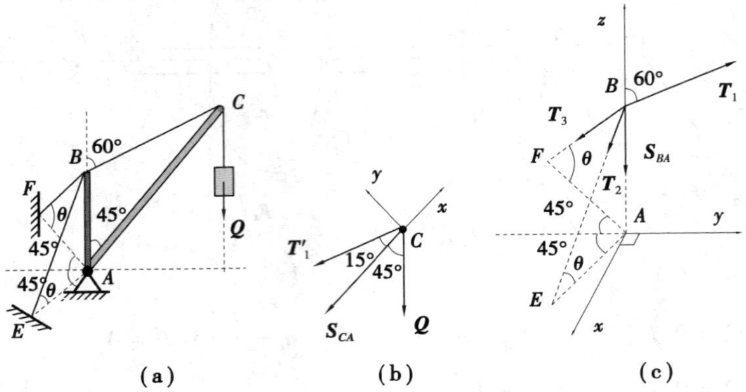

图 6.24

【解】以 C 点为研究对象（平面汇交力系），受力分析如图 6.24(b)所示。

$$\sum Y = 0, T_1' \sin 15° - Q \sin 45° = 0$$

解得 $$T_1' = 546\text{ kN}$$

以 B 点为研究对象，受力分析如图 6.24(c)所示，有

$$\cos\theta = \frac{4}{\sqrt{3^2+4^2}} = \frac{4}{5},\ \sin\theta = \frac{3}{5}$$

$$\sum X = 0,\ T_2 \cos\theta \sin 45° - T_3 \cos\theta \sin 45° = 0$$

得 $$T_2 = T_3$$

$$\sum Y = 0,\ T_1 \sin 60° - T_2 \cos\theta \cos 45° - T_3 \cos\theta \cos 45° = 0$$

得 $$T_2 = T_3 = 419\text{ kN}$$

$$\sum Z = 0,\ -S_{BA} + T_1 \cos 60° - T_2 \sin\theta - T_3 \sin\theta = 0$$

得 $$S_{BA} = -230\text{ kN}$$

【例 6.15】曲杆 $ABCD$ 如图 6.25(a)所示，$\angle ABC=\angle BCD=90°$。已知力偶 m_2 和 m_3，试求支座 A 和 D 的约束反力及力偶 m_1。

【解】取整体为研究对象，受力分析如图 6.25(b)所示。列平衡方程，解得

$$\sum X = 0,\ X_D = 0$$

$$\sum M_y = 0,\ -m_2 + Z_A \cdot a = 0,\ Z_A = \frac{m_2}{a}$$

$$\sum M_z = 0,\ m_3 - Y_A \cdot a = 0,\ Y_A = \frac{m_3}{a}$$

$$\sum Y = 0,\ Y_A + Y_D = 0,\ Y_D = -Y_A = -\frac{m_3}{a}$$

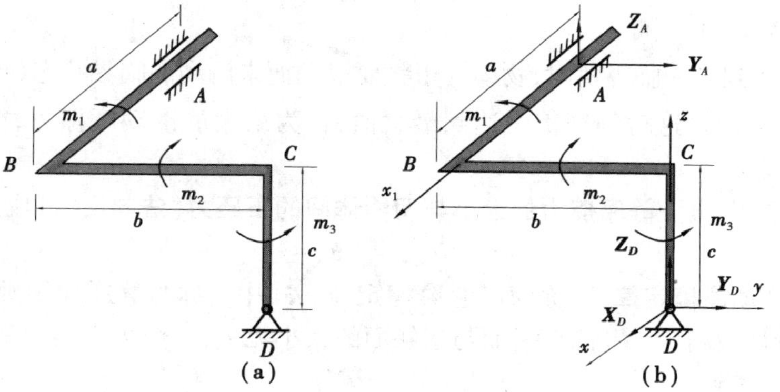

图 6.25

$$\sum Z = 0,\ Z_A + Z_D = 0,\ Z_D = -Z_A = -\frac{m_2}{a}$$

$$\sum M_x = 0,\ m_1 + b \cdot Z_D + c \cdot Y_D = 0,$$

$$m_1 = -b \cdot Z_D - c \cdot Y_D = -\left[b\left(-\frac{m_2}{a}\right) + c\left(-\frac{m_3}{a}\right)\right] = \frac{b}{a}m_2 + \frac{c}{a}m_3$$

6.3 考虑摩擦的平衡

►6.3.1 滑动摩擦定律

两个相互接触的物体,如有相对滑动或滑动趋势,这时在接触面间彼此会产生阻碍相对滑动的切向阻力,这种阻力称为**滑动摩擦力**。为了研究滑动摩擦的规律,可做如下实验:如图6.26(a)所示,将重力为 G 的物体放在表面粗糙的固定水平面上,此时物体在重力 G 与法向反力 F_N 作用下处于平衡。若给物体一水平拉力 $\boldsymbol{F}_P$,并由零逐渐增大,物体将发生相对滑动或有滑动趋势。现讨论以下几种情形:

1)静摩擦力

在拉力 $\boldsymbol{F}_P$ 由零逐渐增大至某一临界值的过程中,物体虽有向右滑动的趋势但仍保持静止状态,这说明在两接触面之间除法向反力外必存在一阻碍物体滑动的切向阻力 $\boldsymbol{F}$,如图6.26(b)所示。这个力称为**静滑动摩擦力**,简称**静摩擦力**。静摩擦力 $\boldsymbol{F}$ 的大小随主动力 $\boldsymbol{F}_P$ 而改变,其方向与物体滑动趋势方向相反,由平衡条件确定。

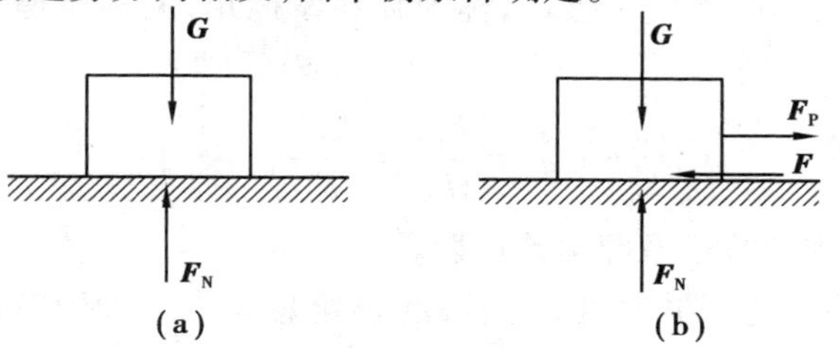

图 6.26

2)**最大静摩擦力**

当拉力 $\boldsymbol{F}_P$ 达到某一临界值时,物体处于将要滑动而未滑动的临界状态(即力 $\boldsymbol{F}_P$ 再增大一点,物体就开始滑动),这时静摩擦力达到最大值,称为最大静滑动摩擦力,简称**最大静摩擦力**,以 $\boldsymbol{F}_{max}$ 表示。

大量实验证明:**最大静摩擦力的大小与两物体间的正压力(法向反力)成正比**。即

$$\boldsymbol{F}_{max}=f_s\boldsymbol{F}_N \tag{6.16}$$

这称为**静滑动摩擦定律**,又称为**库仑摩擦定律**。式中 f_s 称为**静摩擦因数**,它的大小与两接触物体的材料以及表面情况有关,而与接触面的大小无关,一般可由实验测定,其数值可在机械工程手册中查到。

3)**动摩擦力**

当拉力 $\boldsymbol{F}_P$ 再增大,只要稍大于 $\boldsymbol{F}_{max}$ 时,物体就开始向右滑动,此时物体间的摩擦力称为动滑动摩擦力,简称**动摩擦力**,以 $\boldsymbol{F}'$ 表示。

实验证明,**动摩擦力的大小也与两物体间的正压力(即法向反力)成正比**。即

$$\boldsymbol{F}'=f\boldsymbol{F}_N \tag{6.17}$$

这就是**动摩擦定律**,式中 f 称为**动摩擦因数**,它主要取决于接触面材料的表面情况。在一般情况下,f 略小于 f_s,可近似认为 $f=f_s$。

以上分析说明,考虑滑动摩擦问题时,要分清物体处于静止、临界平衡和滑动三种情况中的哪种状态,然后选用相应的方法进行计算。

滑动摩擦定律提供了利用摩擦和减小摩擦的途径。若要增大摩擦力,可以通过加大正压力和增大摩擦因数来实现。例如,在带传动中,要增加胶带和胶带轮之间的摩擦,可用张紧轮,也可采用 V 形胶带代替平胶带的方法。又如,火车在下雪后行驶时,要在铁轨上洒细沙,以增大摩擦因数,避免打滑。另外,要减小摩擦时可以设法减小摩擦因数,例如在机器中常用降低接触表面的粗糙度或加润滑剂等方法来减小摩擦和损耗。

►6.3.2 摩擦角与自锁现象

仍以前述实验为例,物体受力 $\boldsymbol{F}_P$ 作用仍静止时,把它所受的法向反力 $\boldsymbol{F}_N$ 和切向摩擦力 $\boldsymbol{F}$ 合成为一个反力 $\boldsymbol{F}_R$,称为**全约束反力**,或**全反力**。它与接触面法线间的夹角为 φ,如图 6.27(a)所示,由此得

$$\tan\varphi=\frac{F}{F_N}$$

φ 角将随主动力的变化而变化,当物体处于平衡的临界状态时,静摩擦力达到最大静摩擦力 $\boldsymbol{F}_{max}$,φ 角也将达到相应的最大值 φ_f,称为临界摩擦角,简称**摩擦角**,如图 6.27(b)所示。此时有

$$\tan\varphi_f=\frac{F_{max}}{F_N}=\frac{f_sF_N}{F_N}=f_s \tag{6.18}$$

上式表明,**静摩擦因数等于摩擦角的正切**。

由于静摩擦力不能超过其最大值 F_{max},因此 φ 角总是小于等于摩擦角 φ_f($0\leqslant\varphi\leqslant\varphi_f$),即全反力的作用线不可能超出摩擦角的范围。

由此可知：

①当主动力的合力 $\boldsymbol{F}_Q$ 的作用线在摩擦角 φ_f 以内时，由二力平衡公理可知，全反力 $\boldsymbol{F}_R$ 与之平衡（图 6.28）。因此，只要主动力合力的作用线与接触面法线间的夹角 α 不超过 φ_f，即 $\alpha \leqslant \varphi_f$，则不论该合力的大小如何，物体总处于平衡状态。这种现象称为**摩擦自锁**，$\alpha \leqslant \varphi_f$ 为**自锁条件**。利用自锁原理可设计某些机构或夹具（如千斤顶、压榨机、圆锥销等），使之始终保持在平衡状态下工作。

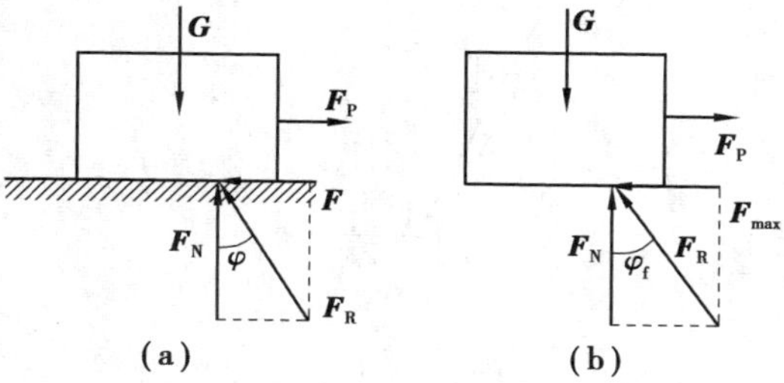

图 6.27

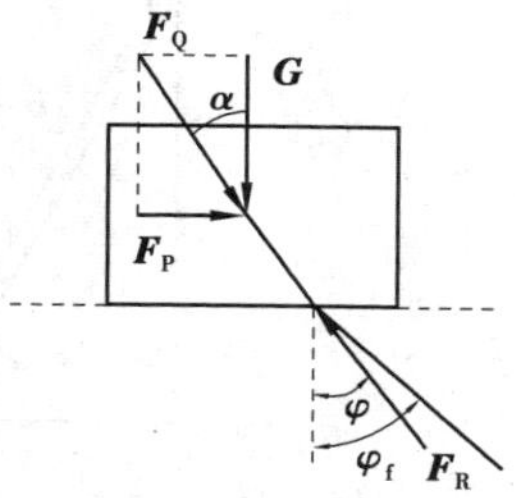

图 6.28

②当主动力合力的作用线与接触面法线间的夹角 $\alpha > \varphi_f$ 时，全反力不可能与之平衡，因此不论这个力多么小，物体一定会滑动。例如，对于传动机构，可利用这个原理避免自锁，从而使机构不致卡死。

▶6.3.3 考虑摩擦时的平衡问题

考虑有摩擦的平衡问题，其解法与前几章基本一样，只是要加上静摩擦力。静摩擦力的方向总是与相对滑动趋势的方向相反，不能假定，只有摩擦力是待求未知数时，可以假设其方向 。静摩擦力的大小有个变化范围，相应地，平衡问题的解答也具有一个范围。为了避免解不等式，往往先考虑临界状态（$F_{max} = f_s F_N$），求得结果后再讨论解的平衡范围。

【例 6.16】 图 6.29（a）中物块 A 重力 $P = 10$ N，放在粗糙的水平固定面上，它与固定面之间的静摩擦因数 $f_s = 0.3$。今在物块 A 上施加 $F = 4$ N 的力，$\theta = 30°$，试求作用在物体上的摩擦力。

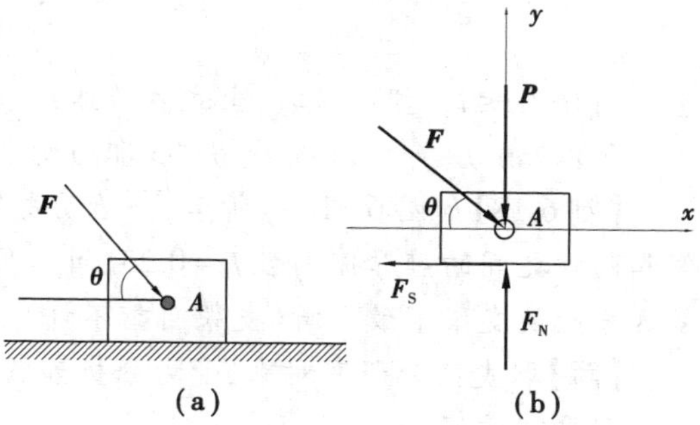

图 6.29

【解】 取物块 A 为研究对象，受力分析如图 6.29（b）所示。

列平衡方程

$$\sum F_x = 0, F\cos\theta - F_s = 0$$

$$\sum F_y = 0, F_N - P - F\sin\theta = 0$$

联立求解得

$$F_s = 3.46 \text{ N}$$

最大静摩擦力

$$F_{max} = f_s F_N = f_s(P + F\sin\theta) = 3.6 \text{ N}$$

因为 $F_s < F_{max}$，所以作用在物体上的摩擦力 $F_s = 3.46$ N。

【例 6.17】长为 l 的梯子 AB 一端靠在墙壁上，另一端搁在地板上，如图 6.30(a)所示。假设梯子与墙壁的接触是完全光滑的，梯子与地板之间有摩擦，其静摩擦因数为 f_s。梯子的自重略去不计。今有一重力为 P 的人沿梯子向上爬，要保证人爬到顶端而梯子不致下滑，求梯子与墙壁的夹角 θ。

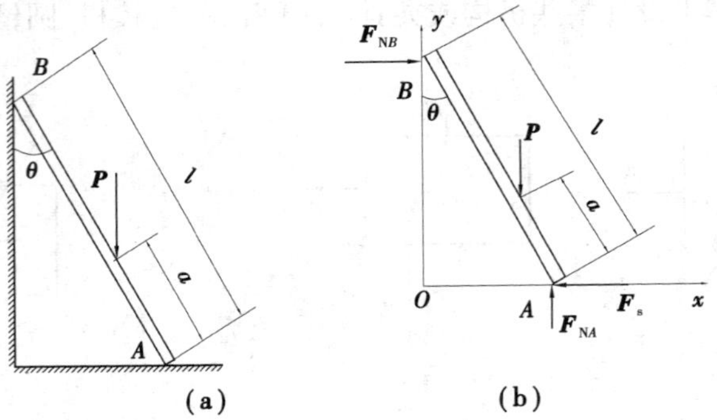

图 6.30

【解】以梯子 AB 为研究对象，人的位置用距离 a 表示，梯子的受力如图 6.30(b)所示。

使梯子保持静止，必须满足下列平衡方程：

$$\sum F_x = 0,\ F_{NB} - F_s = 0$$

$$\sum F_y = 0,\ F_{NA} - P = 0$$

$$\sum M_A(\boldsymbol{F}) = 0,\ Pa\sin\theta - F_{NB}l\cos\theta = 0$$

同时满足物理条件

$$F_s \leqslant f_s F_{NA}$$

联立解得

$$\frac{a}{l}\tan\theta \leqslant f_s$$

因 $0\leqslant a\leqslant l$，当 $a=l$ 时，上式左边达到最大值。

所以 $\tan\theta\leqslant f_s=\tan\varphi_f$ 或 $\theta\leqslant\varphi_f$ 即为所求。

【例 6.18】如图 6.31(a)所示，一活动支架套在固定圆柱的外表面，且 $h = 20$ cm。假设支架和圆柱之间的静摩擦因数 $f_s=0.25$，问作用于支架的主动力 F 的作用线距圆柱中心线至少多远才能使支架不致下滑(支架自重不计)。

【解】取支架为研究对象，受力分析如图 6.31(b)所示。

列平衡方程

$$\sum F_x = 0,\ -F_{NA} + F_{NB} = 0$$

$$\sum F_y = 0,\ F_A + F_B - F = 0$$

$$\sum M_O(\boldsymbol{F}) = 0,\ hF_{NA} - \frac{d}{2}(F_A - F_B) - xF = 0$$

补充方程

$$F_A = f_s \times F_{NA},\ F_B = f_s \times F_{NB}$$

联立求解得

$$F_{NA} = F_{NB} = 2F,\ x = 40\ \text{cm}$$

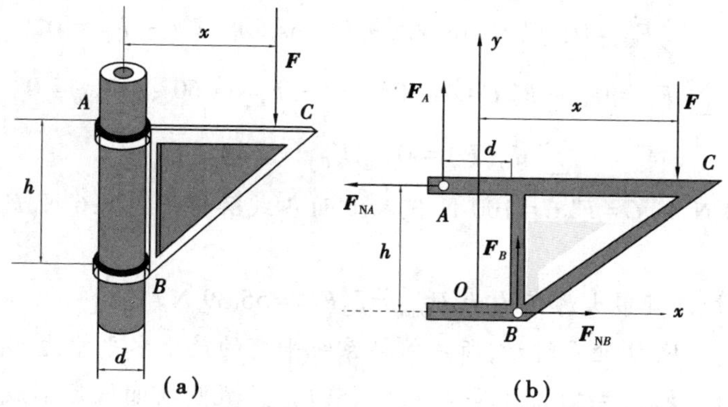

图 6.31

【例 6.19】重力 $P=100$ N 的匀质滚轮夹在无重杆 AB 和水平面之间，在杆端 B 作用一垂直于 AB 的力 F_B，其大小为 $F_B=50$ N。A 为光滑铰链，轮与杆间的摩擦因数为 $f_{s1}=0.4$。轮半径为 r，杆长为 l，当 $\theta=60°$时，$AC=CB=0.5l$，如图 6.32(a)所示。如要维持系统平衡，(1) 若 D 处静摩擦因数 $f_{s2}=0.3$，求此时作用于轮心 O 处水平推力 F 的最小值；(2) 若 $f_{s2}=0.15$，此时 F 的最小值又为多少？

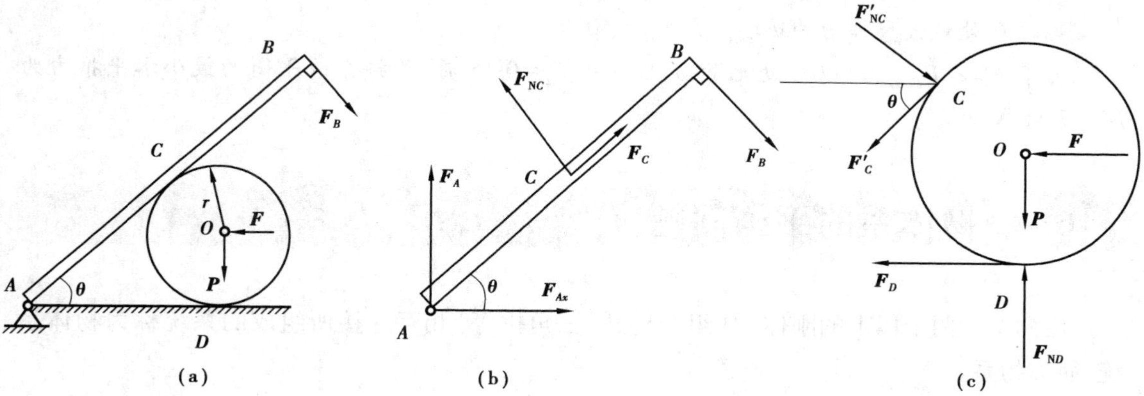

图 6.32

【解】此题在 C、D 两处都有摩擦，两个摩擦力之中只要有一个达到最大值，系统即处于临界状态。假设 C 处的摩擦先达到最大值，轮有水平向右滚动的趋势。

以杆 AB 为研究对象，受力分析如图 6.32(b)所示。

列平衡方程

$$\sum M_A(\boldsymbol{F}) = 0,\ F_{NC}\frac{l}{2} - F_B l = 0$$

补充方程

$$F_C = F_{C\max} = f_{s1}F_{NC}$$

解得

$$F_C = 40\ \text{N},F_{NC} = 100\ \text{N}$$

以轮为研究对象，受力分析如图 6.32(c)所示。

列平衡方程

$$\sum F_x = 0,\ F'_N C \sin 60° - F'_C \cos 60° - F - F_D = 0$$

$$\sum F_y = 0,\ -F'_N C \cos 60° - P - F'_C \sin 60° + F_{ND} = 0$$

$$\sum M_O(\boldsymbol{F}) = 0,\quad F'_C r - F'_D r = 0$$

将 $F_C = F'_C = 40$ N、$F_N C = F'_N C = 100$ N 代入上面各式解得 $F = 26.6$ N，$F_{ND} = 184.6$ N，$F_D =$ 40 N。

①当 $f_{s2} = 0.3$ 时，D 处最大摩擦力为 $F_{D\max} = f_{s2} F_{ND} = 55.39$ N。

由于 $F_D < F_{D\max}$，故 D 处无滑动，所以维持系统平衡的最小水平推力，为 $F = 26.6$ N。

②当 $f_{s2} = 0.15$ 时，$F_{D\max} = f_{s2} F_{ND} = 27.7$ N，$F_D > F_{D\max}$，说明前面假定不成立，D 处应先达到临界状态。受力图不变，补充方程应改为

$$F_D = F_{D\max} = f_{s2} F_{ND}$$

解方程得

$$F'_C = F_D = f_{s2} F_{ND}$$

$$F_D = F'_C = \frac{f_{s2}(F'_{NC} \cos 60° + P)}{1 - f_{s2} \sin 60°} = 25.86 \text{ N}$$

最小水平推力为 $F = F'_N C \sin 60° - F_D(1 + \cos 60°) = 47.81$ N。

此时 C 处最大摩擦力为 $F_{C\max} = f_{s1} F_{NC} = 40$ N。

由于 $F'_C < F_{C\max}$，所以 C 处无滑动，因此当 $f_{s2} = 0.15$ 时，维持系统平衡的最小水平推力为 $F = 47.81$ N。

6.4 物体系的平衡问题

由两个或两个以上的刚体（如组合构架、三角拱等）相互连接所组成的系统称为物体系统，简称物系。

▶6.4.1 静定与超静定

当物体系平衡时，组成该系统的每一个物体都处于平衡状态，因此对于每一个受平面任意力系作用的物体都应该可以写出 3 个平衡方程。如物体系由 n 个物体组成，该体系就可以列出 $3n$ 个独立方程。如果存在平面汇交力系和平面平行力系作用，则系统平衡方程数量会减少，当未知数数量等于平衡方程数量时，未知数可求出，这类问题称为静定问题。在工程中，往往为了提高结构的刚度和稳定性而增加多余的约束，从而使结构未知数大于平衡方程数，不能解出未知量，需要加列补充方程才能解出未知量，这样的问题称为超静定问题。该类问题超出了静定力学的范围，会在材料力学与结构力学中给出详细的解法。

▶6.4.2 静定物系的解法步骤与技巧

①选取研究对象，分离体应包含待求未知力。

②进行受力分析。因为主动力一般是给定的,受力分析主要是根据约束特性正确地画出约束力。

③列出平衡方程,解出未知力。

在实际问题中往往不需要列出所有的方程,这时,如何列写对问题求解有用的最少平衡方程就成为物系平衡问题快速求解的关键。

图 6.33 分别是静定和超静定的梁和刚架示意图。

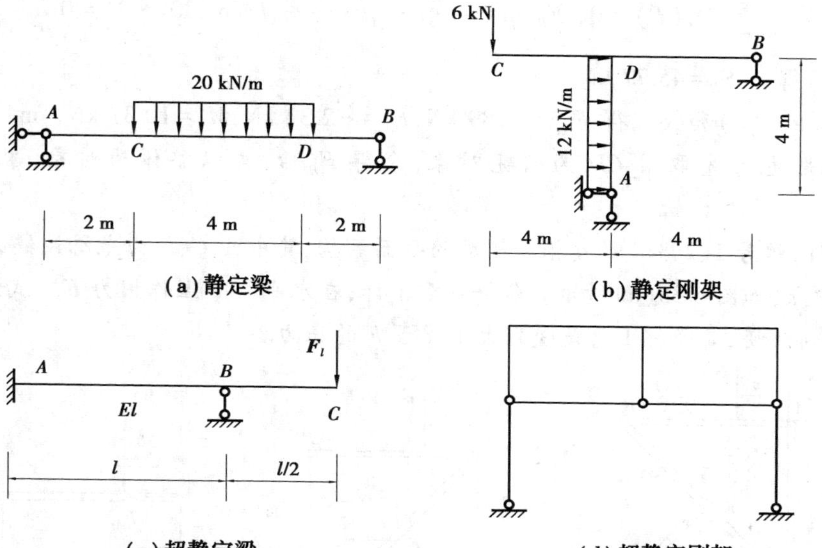

(a)静定梁　(b)静定刚架

(c)超静定梁　(d)超静定刚架

图 6.33

【例 6.20】如图 6.34(a)所示的组合梁(不计自重),由 AC 和 CD 铰接而成。已知 $F=20$ kN,均布载荷 $q=10$ kN/m,$M=20$ kN·m,$l=1$ m。试求插入端 A 及滚动支座 B 的约束力。

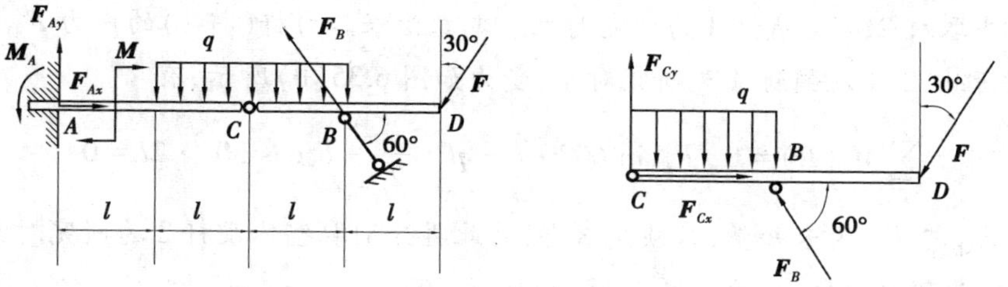

(a)　(b)

图 6.34

【解】①先以整体为研究对象,组合梁在主动力 $\boldsymbol{M}$、$\boldsymbol{F}$、q 和约束力 $\boldsymbol{F}_{Ax}$、$\boldsymbol{F}_{Ay}$、$\boldsymbol{M}_A$ 及 $\boldsymbol{F}_B$ 作用下平衡,受力如图 6.34(a)所示。其中均布载荷的合力通过点 C,大小为 $2ql$。

②列平衡方程:

$$\sum F_x = 0,\ F_{Ax} - F_B\cos 60° - F\sin 30° = 0 \tag{a}$$

$$\sum F_y = 0,\ F_{Ay} + F_B \sin 60° - 2ql - F\cos 30° = 0 \tag{b}$$

$$\sum M_A(\boldsymbol{F}) = 0,\ M_A - M - 2ql \cdot l + F_B \sin 60° \cdot 3l - F\cos 30° \cdot 4l = 0 \tag{c}$$

③取梁 CD 为研究对象再补充方程求解。

以上 3 个方程中包含有 4 个未知量，必须再补充方程才能求解。为此，可取梁 CD 为研究对象，受力如图 6.34(b)所示，有

$$\sum M_C(\boldsymbol{F}) = 0,\ F_B \sin 60° \cdot l - ql \cdot \frac{l}{2} - F\cos 30° \cdot 2l = 0 \tag{d}$$

由式(d)得　$F_B = 45.77$ kN

代入式(a)、(b)和(c)，得 $F_{Ax} = 32.89$ kN，$F_{Ay} = -2.32$ kN，$M_A = 10.37$ kN·m

(注：此题也可先取梁 CD 为研究对象，求得 $\boldsymbol{F}_B$ 后，再以整体为对象，求出 $\boldsymbol{F}_{Ax}$，$\boldsymbol{F}_{Ay}$ 及 $\boldsymbol{M}_A$。)

【例 6.21】编号 1、2、3、4 的 4 根杆组成的平面结构，其中 A、C、E 为光滑铰链，B、D 为光滑接触，E 为中点，如图 6.35(a)所示。各杆自重不计，在水平杆 2 上作用力 **F**。试证：无论力 **F** 的位置 x 如何改变，其竖杆 1 总是受到大小等于 F 的压力。

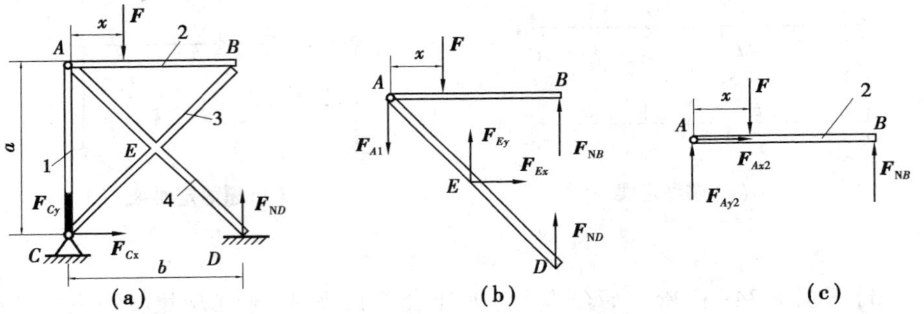

图 6.35

【解】①先取杆 2、4 及销钉 A 为研究对象。本题为求二力杆(杆 1)的内力 $\boldsymbol{F}_{A1}$ 或者 $\boldsymbol{F}_{C1}$。

为此，先取杆 2、4 及销钉 A 为研究对象，受力如图 6.35(b)所示，有

$$\sum M_C(\boldsymbol{F}) = 0,\ F_B \sin 60° \cdot l - ql \cdot \frac{l}{2} - F\cos 30° \cdot 2l = 0 \tag{a}$$

上式中 F_{ND} 与 F_{NB} 为未知量，必须先求得，为此再分别取整体及杆 2 为研究对象。

②取整体为研究对象，受力如图 6.35(a)所示，有

$$\sum M_C(\boldsymbol{F}) = 0,\quad F_{ND} \cdot b - Fx = 0 \tag{b}$$

③再取水平杆 2 为研究对象，受力如图 6.35(c)所示。A 处不含销钉，其中 F_{Ax2} 与 F_{Ay2} 是销钉 A 对杆 2 的约束力，有

$$\sum M_A(\boldsymbol{F}) = 0,\quad F_{NB} \cdot b - F_x = 0 \tag{c}$$

由式(b)、(c)求得

$$F_{ND} = F_{NB} = \frac{Fx}{b}$$

代入式(a)求得 $F_{A1}=-F$

F_{A1}大小等于F,为负值,说明杆1受压,且与x无关。

6.5 平面理想桁架

▶6.5.1 桁架的特点和组成分类

桁架是工程中常用的一种结构,它是由若干直杆在其两端用铰链链接而成的几何形状不变的结构,如钢架桥梁、油田井架、起重机的机身、电视塔等。

所有杆件的轴线都在同一平面的桁架称为**平面桁架**,杆件的连接点称为节点。在简单平面桁架中,杆件的数目m与节点数目n之间有确定关系。基本三角框架的杆件数和节点数都等于3,此后增加的杆件数($m-3$)与节点数($n-3$)之间的比例是2∶1,故有

$$m-3=2(n-3)$$

即

$$m+3=2n \tag{6.19}$$

理想桁架:当荷载仅作用在节点上时,杆件仅承受轴向力,截面上只有均匀分布的正应力,这是理想的一种结构形式。

理想桁架假设:

①桁架的杆件都是直的,且自重不计。

②桁架的节点都是光滑无摩擦的铰接点。

③桁架上所有受力都作用于节点上,且位于轴线的平面内。

在以上假设下,每一杆件都是二力构件,故所受力都沿其轴线,或为拉力,或为压力。为便于分析,在受力图中总是假设杆件承受拉力,若计算结果为负值,则表示杆件承受压力。

本节只研究平面简单桁架中的静定桁架,如图6.36所示。此桁架以三角形为基础,每增加一个节点,需要增加两根杆件。容易证明,平面简单桁架是静定的。

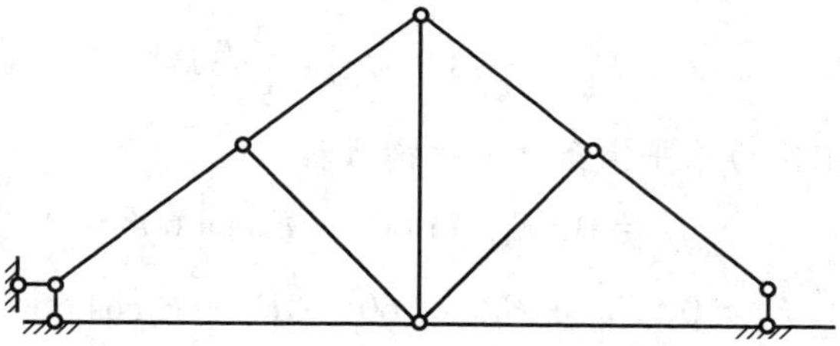

图 6.36

▶6.5.2 静定桁架的内力计算

1)节点法

因为桁架的各节杆都是二力杆,所以每个节点都受到平面会交力系的作用,为计算各杆内力,可以逐个地取节点为研究对象,由已知力求出全部未知力,这种方法称为节点法。

由于平面会交力系只能列出两个独立平衡方程,所以应用节点法必须从只含两个(或两

个以下)未知力大小的节点开始计算。

【例 6.22】平面桁架节点 E 处作用有荷载 $\boldsymbol{P}$,各杆长度均为 l,如图 6.37(a)所示。求 1、2、3 杆的受力。

【解】①先求支座反力。以整体为研究对象进行受力分析,列平衡方程:

$$\sum F_x = 0,\ F_{Ax} = 0$$

$$\sum M_B = 0,\ 2lP - 3lF_{Ay} = 0$$

得

$$F_{Ay} = \frac{2}{3}P$$

采用节点法,依次取节点 A、C、E 为研究对象作受力分析,如图 6.37(b)所示。

对节点 A,由平面汇交力系平衡条件列平衡方程:

$$\sum F_y = 0,\ F_{Ay} + F_{AC}\sin 60^\circ = 0$$

$$\sum F_x = 0,\ F_{AE} + F_{AC}\cos 60^\circ = 0$$

得

$$F_{AC} = -\frac{F_{Ay}}{\sin 60^\circ} = -\frac{4}{9}\sqrt{3}P \qquad F_{AE} = \frac{2}{9}\sqrt{3}P$$

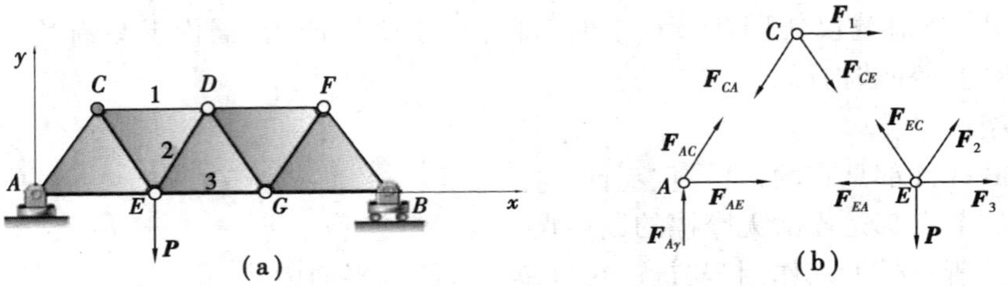

图 6.37

对节点 C,由平面汇交力系平衡条件平衡方程

$$\sum F_y = 0,\ F_{CA}\cos 30^\circ + F_{CE}\cos 30^\circ = 0$$

$$\sum F_x = 0,\ F_1 + F_{CE}\cos 60^\circ - F_{CA}\cos 60^\circ = 0$$

得

$$F_1 = -\frac{4}{9}\sqrt{3}P,\ F_{CE} = \frac{4}{9}\sqrt{3}P$$

对节点 E,由平面汇交力系平衡条件列平衡方程

$$\sum F_y = 0,\ F_{EC}\sin 60^\circ + F_2\cos 60^\circ = P$$

$$\sum F_x = 0,\ F_{EA} + F_{EC}\cos 60^\circ - F_3 - F_2\cos 60^\circ = 0$$

最后解得

$$F_2 = \frac{2}{9}\sqrt{3}P,\ F_3 = \frac{\sqrt{3}}{3}P$$

解题思路:依次取各节点为研究对象并画出相应的受力图,应用相应的汇交力系的平衡条件列平衡方程求出各杆件的未知力。

2)截面法

若只需求出某些杆件的内力,则可适当地选取一截面,假想把桁架截面截开,取其中一部分为研究对象,用平面任意力系的平衡方程求出这些被截断杆件的内力,这种方法称为截面法。

求解的步骤一般是:先求出外部支反力,再假想在未知力杆件处截断,让内力变为外力,利用平衡方程求解。

【例 6.23】 平面桁架如图 6.38(a)所示，求杆 FE、CE、CD 的内力。已知铅垂力 $F_C=4$ kN，水平力 $F_E=2$ kN。

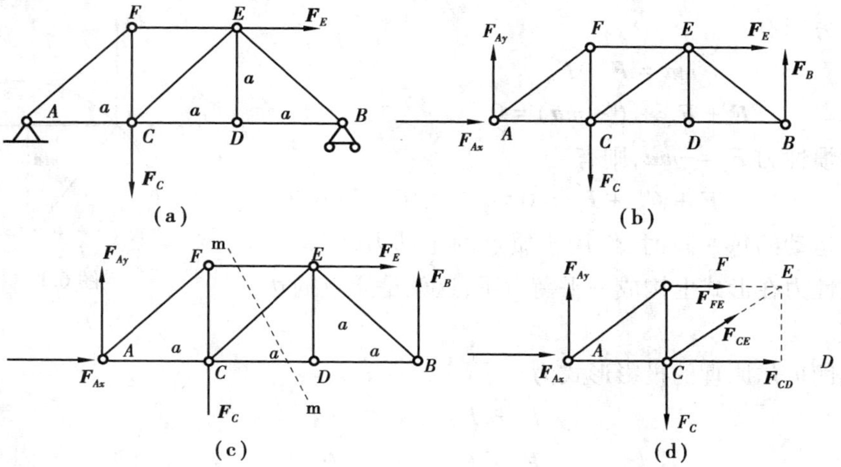

图 6.38

【解】 先求解 A、B 两处的支座反力，取整体为研究对象，受力分析如图 6.38(b)所示。

列平衡方程：

$$\sum F_x = 0,\ F_{Ax} + F_E = 0$$

$$\sum F_y = 0,\ F_B + F_{Ay} - F_C = 0$$

$$\sum M_A(\boldsymbol{F}) = 0,\ -F_C \times a - F_E \times a + F_B \times 3a = 0$$

联立求解得

$$F_{Ax}=-2\ \text{kN},\ F_{Ay}=2\ \text{kN},\ F_{By}=2\ \text{kN}$$

作一截面 m—m 将三杆截断，如图 6.38(c)所示。取左部分为分离体，受力分析如图 6.38(d)所示，列平衡方程：

$$\sum F_x = 0,\ F_{CD} + F_{Ax} + F_{FE} + F_{CE}\cos 45^\circ = 0$$

$$\sum F_y = 0,\ F_{Ay} - F_C + F_{CE}\cos 45^\circ = 0$$

$$\sum M_C(\boldsymbol{F}) = 0,\ -F_{FE} \times a - F_{Ay} \times a = 0$$

联立求解得

$$F_{CE} =- 2\sqrt{2}\ \text{kN},\ F_{CD} = 2\ \text{kN},\ F_{FE} =- 2\ \text{kN}$$

6.6　动静法

应用**达朗贝尔原理**，将动力学问题从形式上转化为静力学问题，从而根据关于平衡的理论来列动力学方程。这种解答动力学问题的方法，称为动静法。其实质是：用静力学列平衡方程的方法来列动力学方程。

▶6.6.1 质点的达朗贝尔原理

设质量为 m 的非自由质点 M,在主动力 $\boldsymbol{F}$ 和约束力 $\boldsymbol{F}_N$ 作用下沿曲线运动,如图 6.39 所示。列平衡方程有

$$m\boldsymbol{a} = \boldsymbol{F} + \boldsymbol{F}_N$$

$$\boldsymbol{F} + \boldsymbol{F}_N + (-m\boldsymbol{a}) = 0$$

引入质点的惯性力 $\boldsymbol{F}_g = -m\boldsymbol{a}$,则有

$$\boldsymbol{F} + \boldsymbol{F}_N + \boldsymbol{F}_g = 0 \tag{6.20}$$

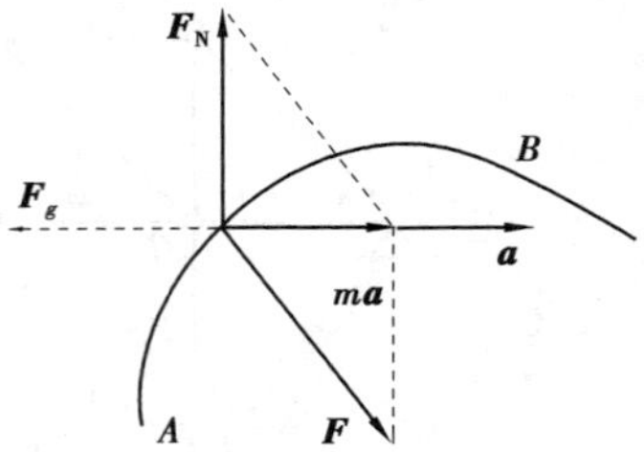

图 6.39

在质点运动的每一瞬时,作用于质点的主动力、约束力和质点的惯性力在形式上构成一平衡力系,这就是质点的达朗贝尔原理。

质点达朗贝尔原理的投影形式为

$$\left.\begin{aligned} F_x + F_{Nx} + F_{gx} = 0 \\ F_y + F_{Ny} + F_{gy} = 0 \\ F_z + F_{Nz} + F_{gz} = 0 \end{aligned}\right\} \tag{6.21}$$

对于任一质点系中每个质点有:

$$\boldsymbol{F}_i + \boldsymbol{F}_{Ni} + \boldsymbol{F}_{gi} = 0\ (i = 1,2,3,\cdots,n) \tag{6.22}$$

这表明,在质点系运动的任一瞬时,作用于每一质点上的主动力、约束力和该质点的惯性力在形式上构成一平衡力系。这就是**质点系的**达朗贝尔原理。

对于一般质点系,有 n 个形式如上式的平衡方程,根据静力学中空间任意力系的平衡条件,有:

$$\sum F_i + \sum F_{Ni} + \sum F_{gi} = 0$$

$$\sum M_O(\boldsymbol{F}_i) + \sum M_O(\boldsymbol{F}_{Ni}) + \sum M_O(\boldsymbol{F}_{gi}) = 0 \tag{6.23}$$

在任意瞬时,作用于质点系的主动力、约束力和该点的惯性力所构成力系的主矢等于零,该力系对任一点 O 的主矩也等于零。

【例 6.24】如图 6.40(a)所示,已知 m、R 和 ω,求轮缘横截面的张力。

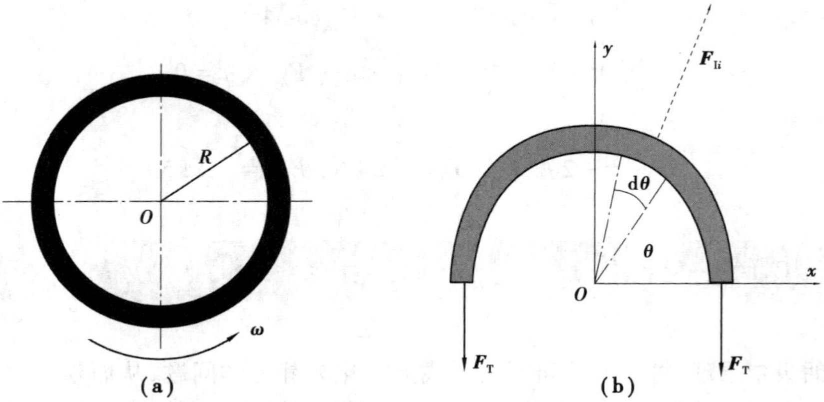

图 6.40

【解】取上半部分轮缘为研究对象,受力分析如图 6.40(b)所示。取一微段,有

$$F_{\mathrm{I}i}=\frac{m}{2\pi R}R\mathrm{d}\theta\cdot R\omega^2$$

$$\sum F_y=0$$

$$\sum F_{\mathrm{I}i}\sin\theta-2F_{\mathrm{T}}=0$$

$$F_{\mathrm{T}}=\frac{1}{2}\int_0^{\pi}\frac{m}{2\pi}R\omega^2\sin\theta\,\mathrm{d}\theta=\frac{mR\omega^2}{2\pi}$$

►6.6.2 刚体惯性力系的简化

用质点系的达朗贝尔原理求解质点系的动力学问题,需要对质点系内每个质点加上各自的惯性力,这些惯性力也形成一个力系,称为惯性力系。下面用静力学力系简化理论,求出惯性力系的主矢和主矩。

以 $\boldsymbol{F}_{\mathrm{IR}}$ 表示惯性力系的主矢。由质心运动定理及质点系的达朗贝尔原理

$$\sum\boldsymbol{F}_i^{(\mathrm{e})}+\sum\boldsymbol{F}_{\mathrm{I}i}=0$$

得 $\boldsymbol{F}_{\mathrm{IR}}=\sum\boldsymbol{F}_{\mathrm{I}i}-\sum\boldsymbol{F}_i^{(\mathrm{e})}=-m\boldsymbol{a}_C$ (6.24)

式(6.24)表明:无论刚体作什么运动, 惯性力系的主矢都等于刚体的质量与其质心加速度的乘积, 方向与质心加速度的方向相反。

由静力学中任意力系简化理论知,主矢的大小和方向与简化中心的位置无关,主矩一般与简化中心的位置有关,下面就刚体平移、定轴转动和平面运动讨论惯性力系的简化结果。

1)刚体作平移

刚体平移时,刚体内任一质点 i 的加速度 $\boldsymbol{a}_i$ 与质心的加速度 $\boldsymbol{a}_C$ 相同,有 $\boldsymbol{a}_i=\boldsymbol{a}_C$,任选一点 O 为简化中心,主矩用 $\boldsymbol{M}_{\mathrm{I}O}$ 表示,有:

$$\begin{aligned}\boldsymbol{M}_{\mathrm{I}O}&=\sum\boldsymbol{r}_i\times\boldsymbol{F}_{\mathrm{I}i}=\sum\boldsymbol{r}_i\times(-m_i\boldsymbol{a}_i)\\&=(-\sum m_i\boldsymbol{r}_i)\times\boldsymbol{a}_C=-m\boldsymbol{r}_C\times\boldsymbol{a}_C\end{aligned}\qquad(6.25)$$

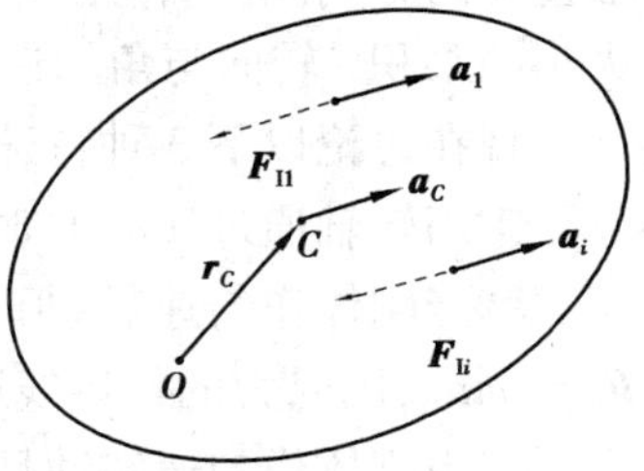

图 6.41

式中,$\boldsymbol{r}_C$ 为质心 C 到简化中心 O 的矢径。若选质心 C 为简化中心,主矩以 $\boldsymbol{M}_{\mathrm{I}C}$ 表示,则 $\boldsymbol{r}_C=\boldsymbol{0}$,有

$$\boldsymbol{M}_{\mathrm{I}C}=\boldsymbol{0}\qquad(6.26)$$

综上可得结论:平移刚体的惯性力系可以简化为通过质心的合力, 其大小等于刚体的质量与加速度的乘积,合力的方向与加速度方向相反。

2)刚体绕定轴转动

如图 6.42 所示, 具有质量对称面且绕垂直于质量对称面的轴转动的刚体,其上任一点的惯性力的分量的大小为

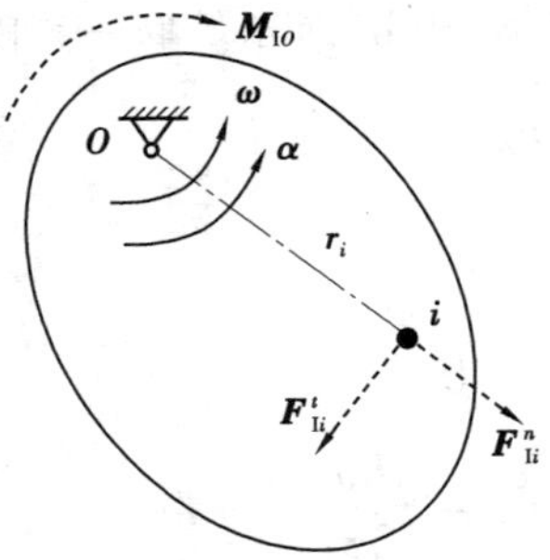

图 6.42

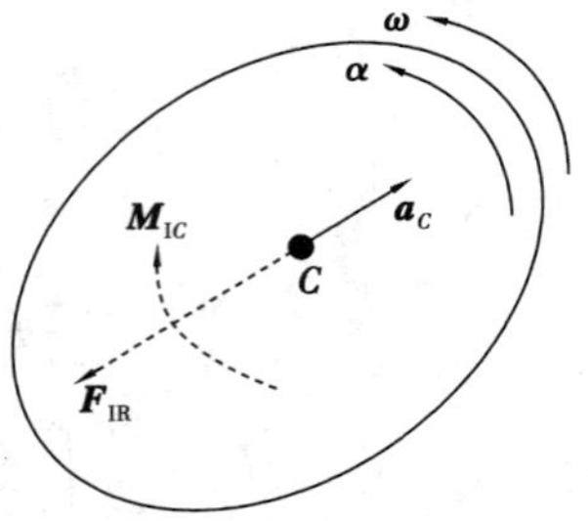

图 6.43

$$F^{\tau}_{Ii} = m_i a_i^{\tau} = m_i r_i \alpha$$
$$F^{n}_{Ii} = m_i a_i^{n} = m_i r_i \omega^2$$

其方向如图所示。该惯性力系对转轴 O 的主矩为 $\boldsymbol{M}_{IO} = \sum \boldsymbol{M}_O(\boldsymbol{F}^{n}_{Ii}) + \sum \boldsymbol{M}_O(\boldsymbol{F}^{\tau}_{Ii})$

由于 $\boldsymbol{F}^{n}_{It}$通过 O 点，则有 $\sum \boldsymbol{M}_O(\boldsymbol{F}^{n}_{It}) = 0$,所以

$$\boldsymbol{M}_{IO} = \sum \boldsymbol{M}_O(\boldsymbol{F}^{\tau}_{Ii}) = -\sum F^{\tau}_{Ii} \cdot \boldsymbol{r}_i = -\sum (m_i \boldsymbol{r}_i \alpha)\boldsymbol{r}_i = -\sum (m_i \boldsymbol{r}_i^{\,2})\alpha$$

即

$$\boldsymbol{M}_{IO} = -\boldsymbol{J}_O \alpha \tag{6.27}$$

综上可得结论:定轴转动刚体的惯性力系，可以简化为通过转轴 O 的一个惯性力 $\boldsymbol{F}_{IR}$和一个惯性力偶 $\boldsymbol{M}_{IO}$。力 $\boldsymbol{F}_{IR}$的大小等于刚体的质量与其质心加速度大小的乘积，方向与质心加速度的方向相反,作用线通过转轴;力偶$\boldsymbol{M}_{IO}$的矩等于刚体对转轴的转动惯量与其角加速度大小的乘积，转向与角加速度的转向相反。

现在讨论以下 3 种特殊情况：

①当转轴通过质心 C 时,$\boldsymbol{a}_C=0$,$\boldsymbol{F}_I=0$,$\boldsymbol{M}_{IC}=-\boldsymbol{J}_C\alpha$,此时惯性力系简化为一惯性力偶。

②当刚体作匀速转动时，$\alpha=0$。若转轴不过质心，惯性力系简化为一惯性力 $\boldsymbol{F}_I$，且 $\boldsymbol{F}_I=-m\boldsymbol{a}_C$,同时力的作用线通过转轴 O。

③当刚体作匀速转动且转轴通过质心 C 时，$\boldsymbol{F}_I=0$，$\boldsymbol{M}_{IC}=0$，惯性力系自成平衡力系。

3)刚体作平面运动(平行于质量对称面)

工程中,作平面运动的刚体常常有质量对称平面,且平行于此平面运动。当刚体作平面运动时,其上各质点的惯性力组成的空间力系,可简化为在质量对称平面内的平面力系。

取质量对称平面内的平面图形如图 6.43 所示，取质心 C 为基点，设质心的加速度为 $\boldsymbol{a}_C$，绕质心转动的角速度为 ω,角加速度为 α。与刚体绕定轴转动相似,此时惯性力系向质心 C 简化的主矩为

$$\boldsymbol{M}_{IC} = -\boldsymbol{J}_C \alpha \tag{6.28}$$

综上,可得结论:有质量对称平面的刚体,平行于此平面运动时,刚体的惯性力系简化为在此平面内的一个力和一个力偶。这个力通过质心,其大小等于刚体的质量与质心加速度的乘积，其方向与质心加速度的方向相反;这个力偶的矩等于刚体对过质心且垂直于质量对称面的轴的转动惯量与角加速度的乘积，转向与角加速度相反。

【例 6.25】如图 6.44(a)所示，牵引车的主动轮质量为 m，半径为 R，沿水平直线轨道滚动。设车轮所受的主动力可简化为作用于质心的两个力 $\boldsymbol{S}$、$\boldsymbol{T}$ 及驱动力偶矩 $\boldsymbol{M}$，车轮对于通过质心 C 并垂直于轮盘的轴的回转半径为 ρ，轮与轨道间摩擦系数为 f，试求在车轮滚动而不滑动的条件下，驱动力偶矩 M 的最大值。

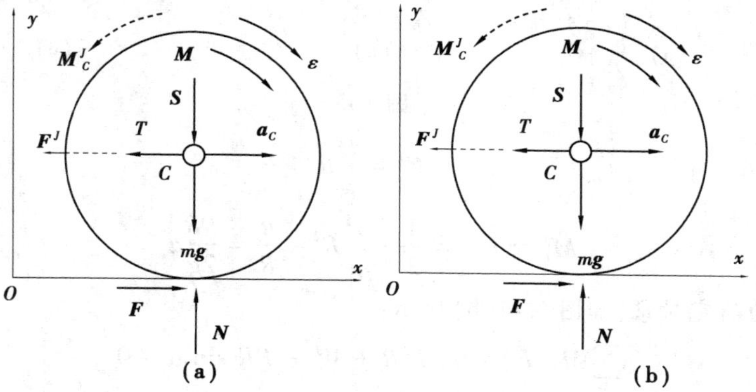

图 6.44

【解】取轮为研究对象，虚加惯性力系：

$$\boldsymbol{F}^J = m\boldsymbol{a}_C = mR\varepsilon$$

$$\boldsymbol{M}_C^J = \boldsymbol{J}_C\varepsilon = m\rho^2\varepsilon$$

受力如图 6.44(b)所示，列平衡方程：

$$\sum X = 0,\ F - T - F^J = 0 \tag{1}$$

$$\sum Y = 0,\ N - mg - S = 0 \tag{2}$$

$$\sum M_C(\boldsymbol{F}) = 0,\ -M + FR + M_J^C = 0 \tag{3}$$

由式(1)得，$F-T=F^J=mR\varepsilon$

所以将 $\varepsilon=\dfrac{F-T}{mR}$ 代入式(3)得

$$M = FR + M_C^J = FR + m\rho^2\,\frac{F-T}{mR}$$

故

$$M=F\left(\frac{\rho^2}{R}+R\right)-T\frac{\rho^2}{R} \tag{4}$$

由式(2)得 $N=P+S$，要保证车轮不滑动，必须满足

$$F \leqslant fN = f(mg+S) \tag{5}$$

把式(5)代入式(4)得：

$$M \leqslant f(mg+S)\left(\frac{\rho^2}{R}+R\right) - T\frac{\rho^2}{R}$$

可见，f 越大，越不易滑动，M_{max} 的值为上式右端的值。

【例 6.26】如图 6.45(a)所示，均质圆柱体重为 $\boldsymbol{P}$，半径为 R，自 O 点无滑动地沿倾斜板由静止开始滚动，板与水平成 α 角。试求 $OA=S$ 时板在 O 点的约束反力。(板重略去不计)

【解】圆柱体作平面运动，设其质心加速度为 $\boldsymbol{a}$，虚加惯性力

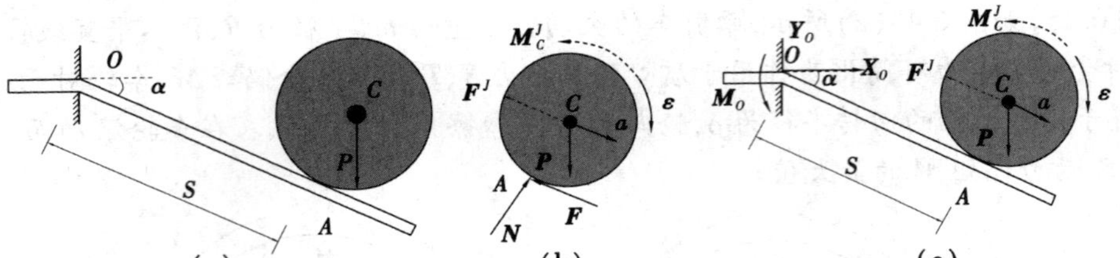

图 6.45

$$F^J = \frac{P}{g}\boldsymbol{a}$$

$$M_C^J = J_C\varepsilon = \frac{1}{2}\cdot\frac{P}{g}R^2\cdot\frac{\boldsymbol{a}}{R} = \frac{PR}{2g}\boldsymbol{a}$$

取圆柱体为研究对象,如图 6.44(b)所示:

$$\sum M_A(\boldsymbol{F}) = 0,\ F^J R + M_C^J - PR\sin\alpha = 0$$

$$\frac{P}{g}Ra + \frac{PR}{2g}a - PR\sin\alpha = 0$$

得
$$a = \frac{2}{3}g\sin\alpha$$

故
$$F^J = \frac{2P}{3}\sin\alpha,\ M_C^J = \frac{PR}{3}\sin\alpha$$

取系统体为研究对象,如图 6.44(c)所示:

$$\sum X = 0,\ X_O - F^J\cos\alpha = 0 \Rightarrow X_O = F^J\cos\alpha = \frac{1}{3}P\sin 2\alpha$$

$$\sum Y = 0,\ Y_O - P + F^J\sin\alpha = 0 \Rightarrow Y_O = P - F^J\sin\alpha = P\left(1 - \frac{2}{3}\sin^2\alpha\right)$$

$$\sum M_O(\boldsymbol{F}) = 0,\ M_O + M_C^J + F^J R - PS\cos\alpha - P\sin\alpha\cdot R = 0$$

$$\Rightarrow M_O = -M_C^J - F^J R + PS\cos\alpha + P\sin\alpha\cdot R$$

$$= -\frac{PR}{3}\sin\alpha - \frac{2P}{3}\sin\alpha\cdot R + PS\cos\alpha + P\sin\alpha\cdot R$$

$$= PS\cos\alpha$$

【例 6.27】图 6.46(a)所示系统中的均质杆 AB,质量 $m_1 = 2\ m$,长度为 l;均质圆轮质量 $m_2 = 2\ m$,半径为 r;物体 G 质量 $m_3 = m$。系统开始静止,AB 水平。求 A 端绳突然断开的瞬时,物体 G 和杆 AB 质心的加速度及 O 处的支座反力。

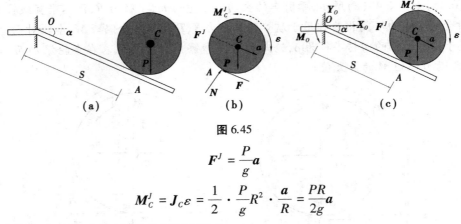

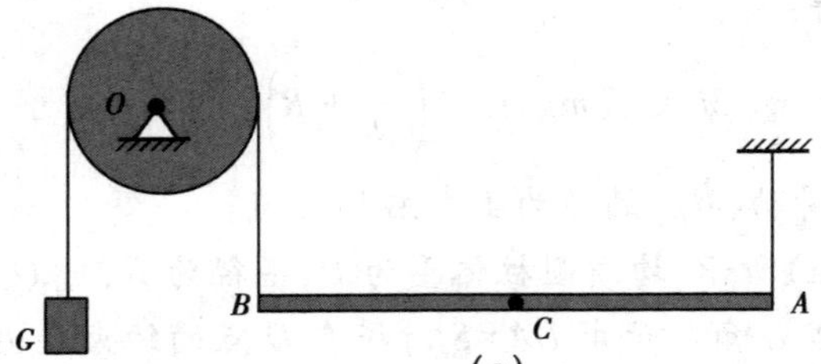

(a)

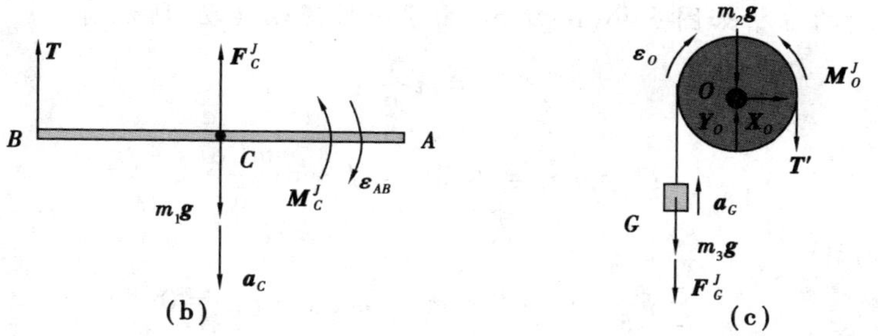

图 6.46

【解】以 AB 为研究对象,受力分析如图 6.45(b)所示。

设其质心加速度为 $\boldsymbol{a}_C$,角加速度为 ε_{AB},则

$$F_C^J = m_1 \boldsymbol{a}_C,\ \boldsymbol{M}_C^J = \boldsymbol{J}_C \varepsilon_{AB} = \frac{1}{12} m_1 l^2 \varepsilon_{AB}$$

$$\sum Y = 0,\ T + F_C^J - m_1 g = 0 \tag{1}$$

$$\sum m_C(\boldsymbol{F}) = 0,\ M_C^J - Tl/2 = 0 \tag{2}$$

以物体 G 及轮 O 为研究对象,受力分析如图 6.45(c)所示,

设物体 G 的质心加速度为 $\boldsymbol{a}_G$,轮 O 的角加速度为 $\boldsymbol{\varepsilon}_O$,虚加惯性力:

物体 G:$\boldsymbol{F}_G^J = m_3 \boldsymbol{a}_G$

轮 O:$\boldsymbol{M}_O^J = J_O \boldsymbol{\varepsilon}_O = \frac{1}{2} m_2 r^2 \boldsymbol{\varepsilon}_O$,列平衡方程:

$$\sum X = 0,\ X_O = 0 \tag{3}$$

$$\sum Y = 0,\ Y_O - F_G^J - m_2 g - m_3 g - T' = 0 \tag{4}$$

$$\sum m_O(\boldsymbol{F}) = 0,\ M_O^J + m_3 g r + F_G^J r - T' r = 0 \tag{5}$$

据运动学关系有:

$$a_C = a_G + \varepsilon_{AB} \frac{l}{2},\ \varepsilon_O = \frac{a_G}{r}$$

将各惯性力及运动学关系代入式(1)—式(5)联立解得:

$$X_O = 0,\ Y_O = \frac{17}{5} mg,\ a_G = -\frac{1}{5} g,\ a_C = \frac{7}{10} g$$

【例 6.28】如图 6.47(a)所示的均质杆长为 l,质量为 m,与水平面铰接,杆由与平面成 φ_O 角位置静止释放。试求刚开始转动时杆 AB 的角加速度及 A 点支座反力。

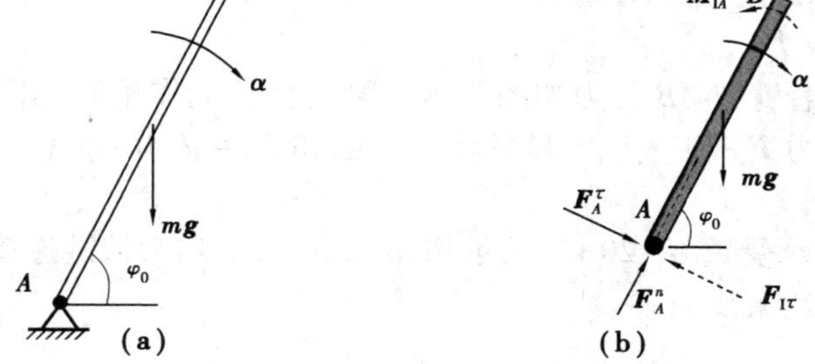

图 6.47

【解】杆 AB 受力分析如图 6.46(b)所示，由于杆作定轴转动，所以有

$$F_{\mathrm{I}}^{\tau}=m\frac{l}{2}\alpha$$

$$F_{\mathrm{I}}^{n}=ma_{n}=0,\ M_{\mathrm{I}A}=J_{A}\alpha=\frac{ml^{2}\alpha}{3}$$

根据动静法，有

$$\sum F_{\tau}=0,\ F_{A}^{\tau}+mg\cos\varphi_{0}-F_{\mathrm{I}\tau}=0 \tag{1}$$

$$\sum F_{n}=0,\ F_{A}^{n}+mg\sin\varphi_{0}=0 \tag{2}$$

$$\sum M_{A}(\boldsymbol{F})=0,\ mg\cos\varphi_{0}\cdot\frac{l}{2}-M_{\mathrm{I}A}=0 \tag{3}$$

由式(2)有：　　$F_{A}^{n}=mg\sin\varphi_{0}$

由式(3)有：　　$\alpha=\dfrac{3g}{2l}\cos\varphi_{0}$

代入式(1)有：　　$F_{A}^{\tau}=-\dfrac{mg}{4}\cos\varphi_{0}$

习　题

6.1　图示的伸臂梁受到荷载 $P=2$ kN、三角形分布荷载 $q=1$ kN/m 作用。如果不计梁重，求支座 A 和 B 的反力。

6.2　图示三铰刚架受力 $\boldsymbol{F}$ 作用，求支座 B 的约束力。

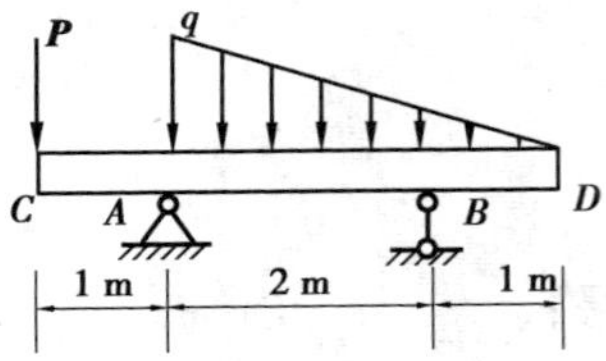

习题 6.1 图

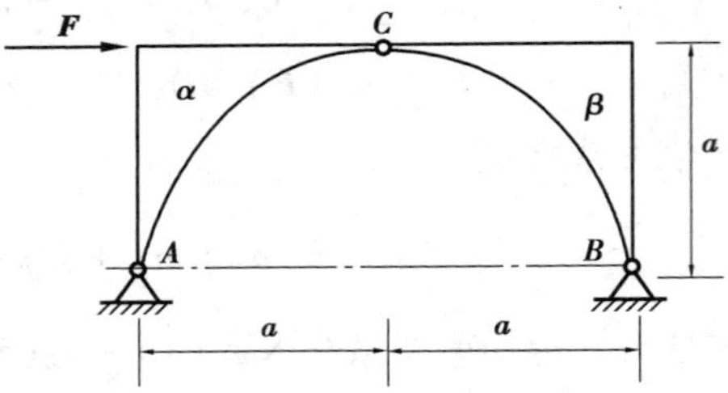

习题 6.2 图

6.3　图示结构受矩为 $M=10$ kN·m 的力偶作用。若 $a=1$ m，各杆自重不计。求固定铰支座 D 的支座反力。

6.4　杆 AB、BC、CD 用铰 B、C 连接并支承，受矩为 $M=10$ kN·m 的力偶作用，不计各杆自重，求支座 D 处约束力。

6.5　A 端固定的悬臂梁 AB 受力如图所示。梁的全长上作用有集度为 q 的均布载荷；自由端 B 处承受一集中力 $\boldsymbol{F}_{\mathrm{P}}$ 和一力偶 $\boldsymbol{M}$ 的作用。已知 $F_{\mathrm{P}}=ql$，$M=ql^{2}$（l 为梁的长度），试求固定端处的约束力。

6.6　一水平托架承受重 $G=20$ kN 的重物，A、B、C 各处均为铰链连接。各杆的自重不计，试求托架 A、B 两处的约束反力。

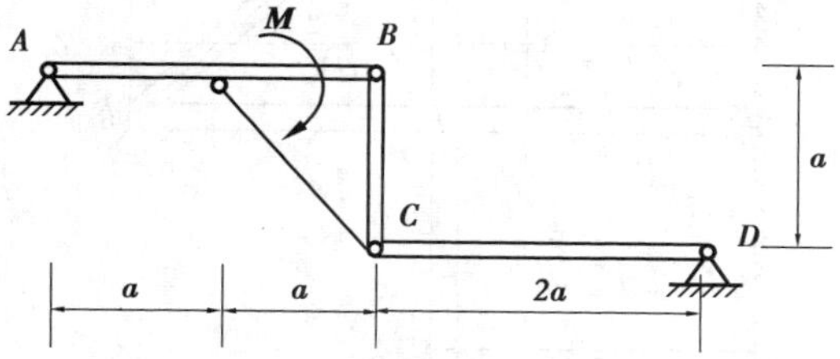

习题 6.3 图

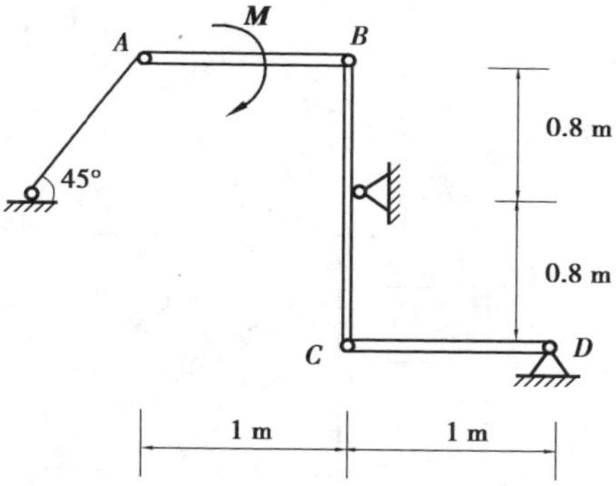

习题 6.4 图

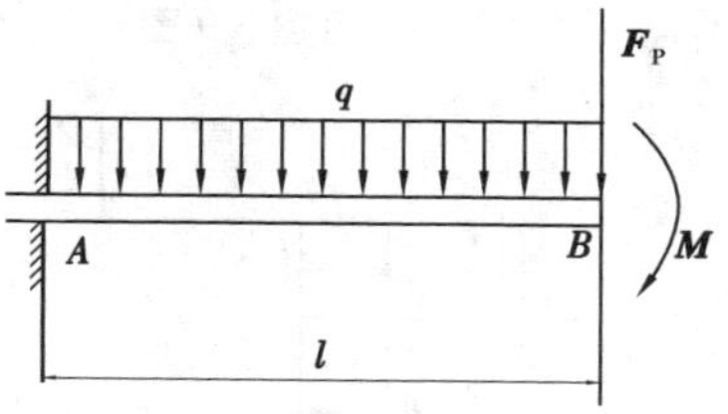

习题 6.5 图

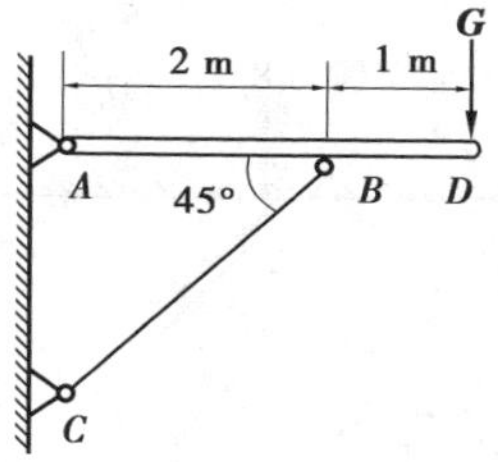

习题 6.6 图

6.7 梁 ABC 与梁 CD 在 C 处用中间铰连接，承受集中力 $\boldsymbol{P}$、分布力 q 和集中力偶 $\boldsymbol{m}$，其中 $P=5$ kN，$q=2.5$ kN/m，$m=5$ kN · m。求支座 A、B、D 处的约束力。

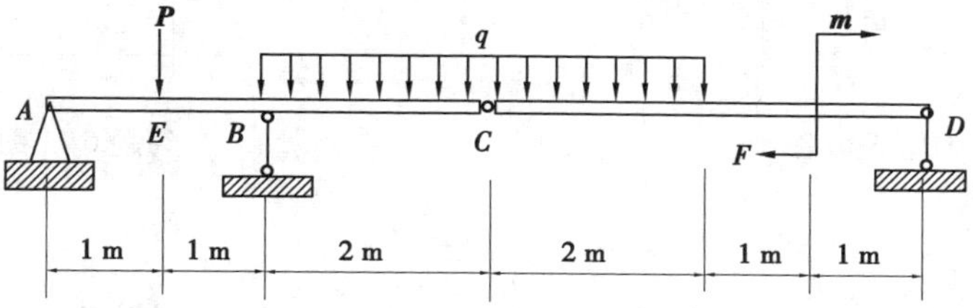

习题 6.7 图

6.8 如图所示结构的杆重不计，已知 $q=3$ kN/m，$F_P=4$ kN，$M=2$ kN · m，$l=2$ m，C 为光滑铰链，求固定端 A 处以及铰链 B 处的约束力。

6.9 如图所示的构架，起吊重物的重为 1 200 N，几何尺寸如图所示。细绳跨过滑轮水平系于墙面上。不计滑轮和杆的自重，试求支座 A、B 处的约束力，以及杆 BC 的内力。

6.10 重物悬挂如图所示，已知 $G=1.8$ kN，其他重量不计，求铰链 A 的约束反力和杆 BC 所受的力。

6.11 钢筋混凝土刚架，所受荷载及支承情况如图所示。已知 $q=4$ kN · m，$P=10$ kN，$m=2$ kN · m，$Q=20$ kN，试求支座 A，B 处的反力。

6.12 圆柱 O 重 $G=1\ 000$ N，放在斜面上用撑架支承，不计架重，求铰链 A、B、C 处反力。

6.13 组合结构的荷载及尺寸如图所示（长度单位为 m），求支座反力和各链杆的内力。

6.14 图示破碎机传动机构，活动颚板 $AB=60$ cm。设破碎时对颚板的作用力垂直于 AB 方向的分力 $P=1$ kN，$AH=40$ cm，$BC=CD=60$ cm，$OE=10$ cm，求图示位置时电机对杆 OE 作用的转矩 M。

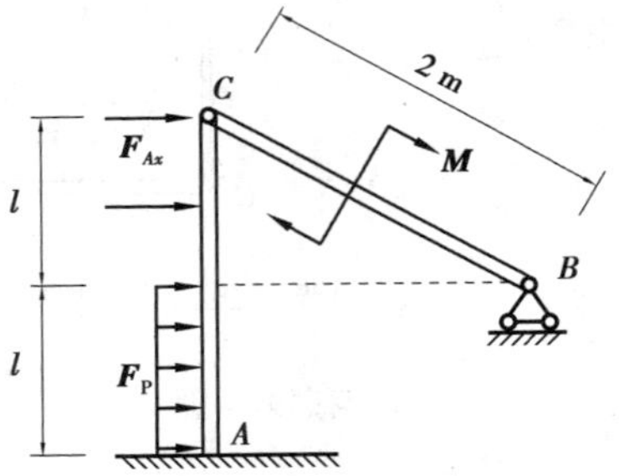

习题 6.8 图

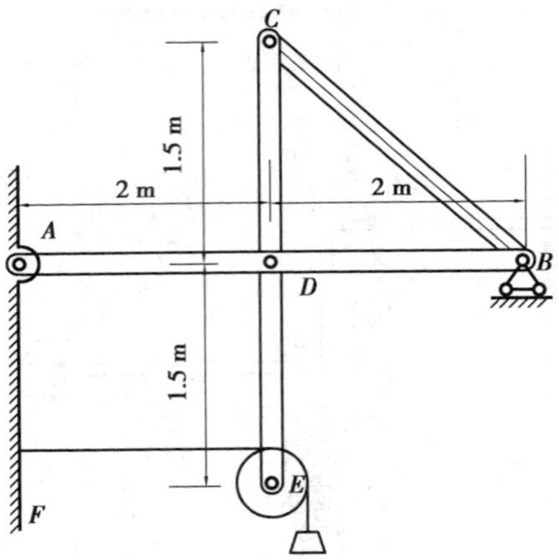

习题 6.9 图

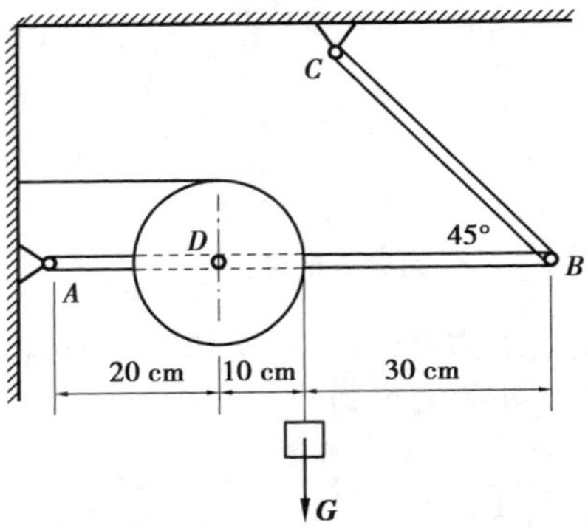

习题 6.10 图

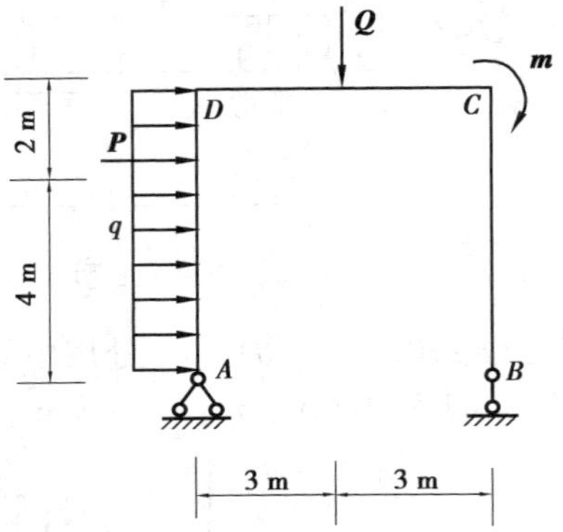

习题 6.11 图

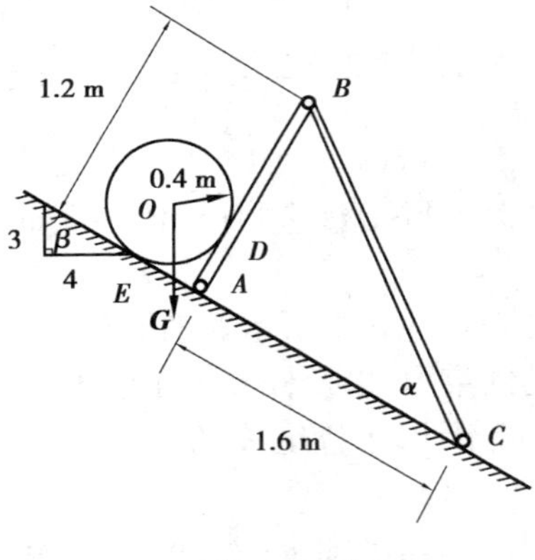

习题 6.12 图

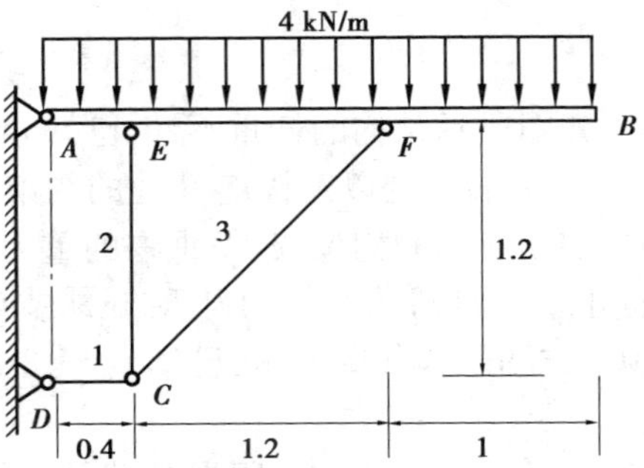

习题 6.13 图

6.15　在图示的长方体上作用有力 $\boldsymbol{F}_1$ 和 $\boldsymbol{F}_2$(力 $\boldsymbol{F}_1$ 沿 CE,力 $\boldsymbol{F}_2$ 沿 BH)。已知 $OA=60$ cm,$OC=80$ cm,$OH=100$ cm,求这两个力在三个轴上的投影。

6.16　图示力系的三力 $F_1=350$ N、$F_2=400$ N、$F_3=600$ N,其作用线的位置如图所示,试将此力系向原点 O 简化。

6.17　平板 $OABCD$ 上作用空间平行力系如图所示,问 x、y 应等于多少才能使该力系合力作用线过板中心 C。

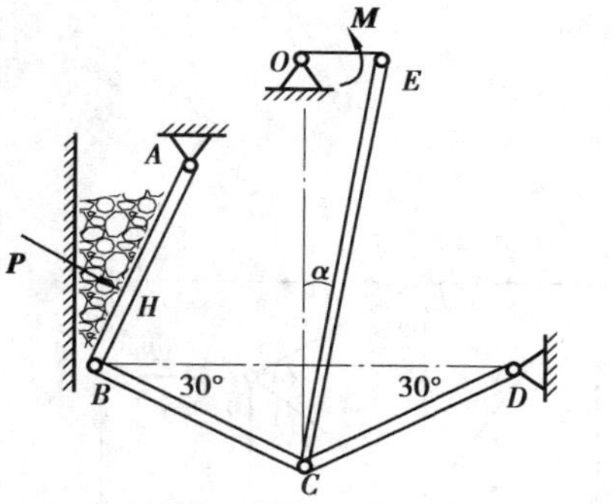

习题 6.14 图

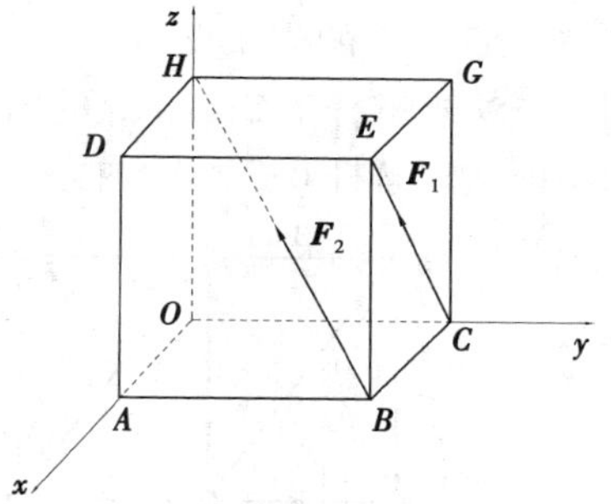

习题 6.15 图

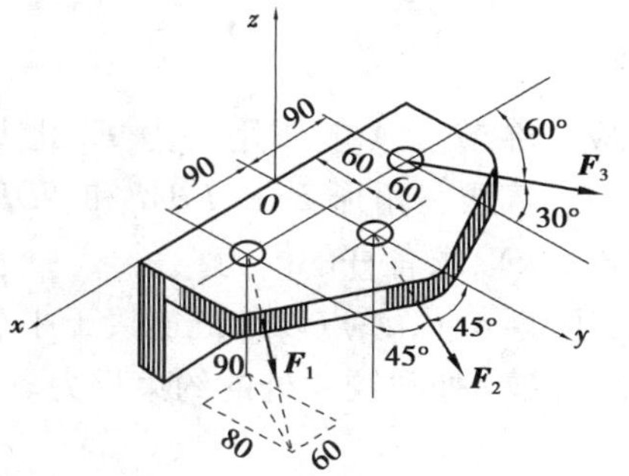

习题 6.16 图

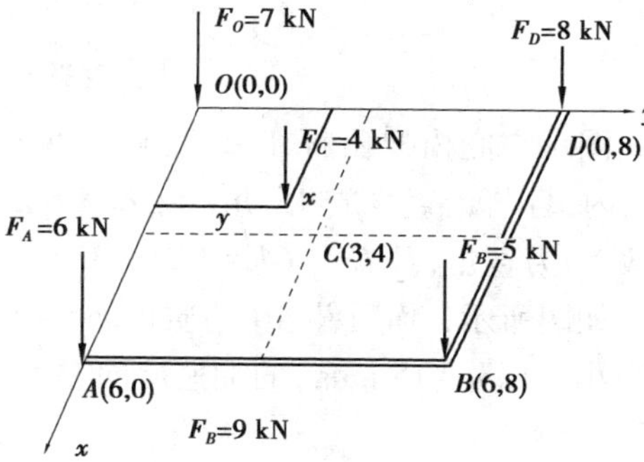

习题 6.17 图

6.18　矩形板固定在一柱子上,柱子下端固定。板上作用两集中力 $\boldsymbol{F}_1$、$\boldsymbol{F}_2$ 和集度为 q 的分布力。已知 $F_1=2$ kN,$F_2=4$ kN,$q=400$ N/m,求固定端 O 的约束力。

6.19　无重曲杆 $ABCD$ 有两个直角,且平面 ABC 与平面 BCD 垂直。杆的 D 端为球铰链,A 端受轴承支承,如图所示。在曲杆的 AB、BC 和 CD 上作用 3 个力偶,力偶所在平面分别垂直于 AB、BC 和 CD 3 条线段。已知力偶矩 $\boldsymbol{M}_2$ 和 $\boldsymbol{M}_3$,求使曲杆处于平衡的力偶矩 $\boldsymbol{M}_1$ 和 A、D 处的约束反力。(设各接触处光滑)

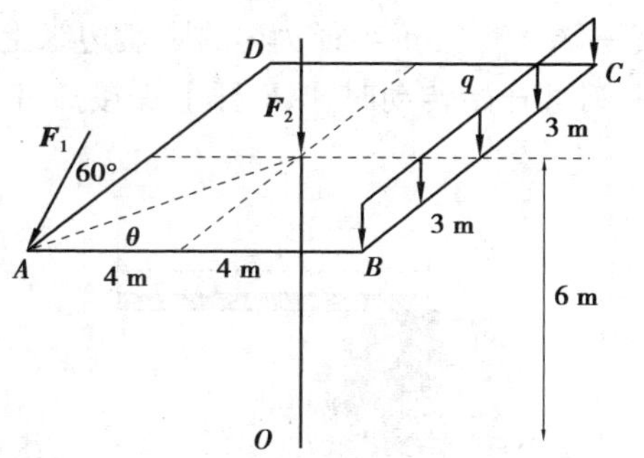

习题 6.18 图

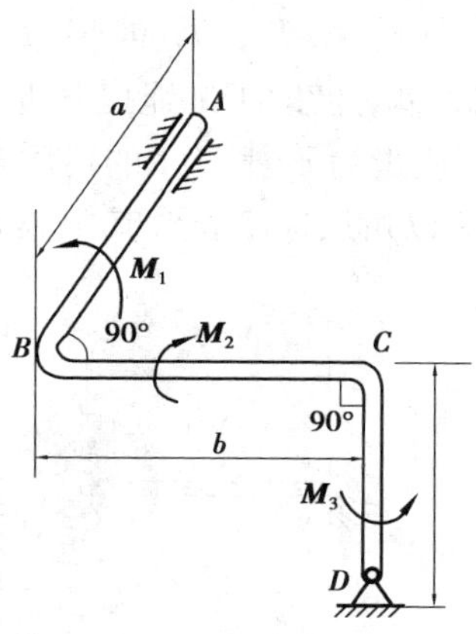

习题 6.19 图

6.20　一平面桁架结构如图所示,长度单位为 cm。

(1)求解 A、G 两点的支座反力;

(2)用节点法求解杆 1、2、3、4、5 的内力;

(3)用截面法求解杆 6、7、8 的内力。

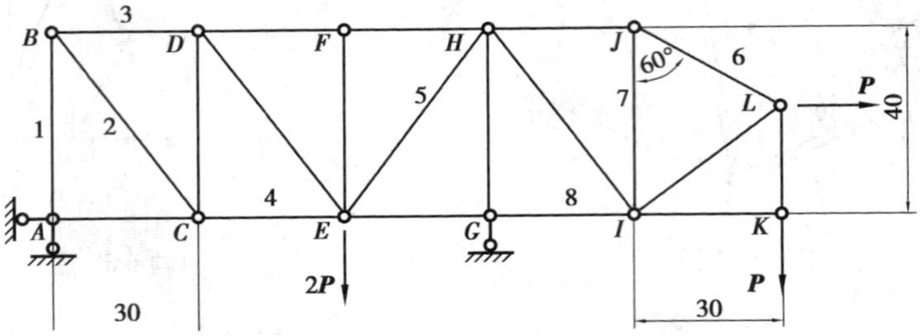

习题 6.20 图

6.21　图示空间桁架由杆 1、2、3、4、5 和 6 构成。在节点 A 上作用一力 $\boldsymbol{F}$,此力在矩形 $ABDC$ 平面内,且与铅直线成 45°角。$\angle EAK=\angle FBM$。等腰三角形 EAK、FBM 和 NDB 在顶点 A、B 和 D 处均为直角,且 $EC=CK=FD=DM$。若 $F=10$ kN,求各杆的内力。

6.22　如图所示，均质杆 AB 的质量 $m=40$ kg，长 $l=4$ m，A 点以铰链连接于小车上。不计摩擦，当小车以 $a=15$ m/s^2 的加速度向左运动时，求 D 处和铰 A 处的约束反力。

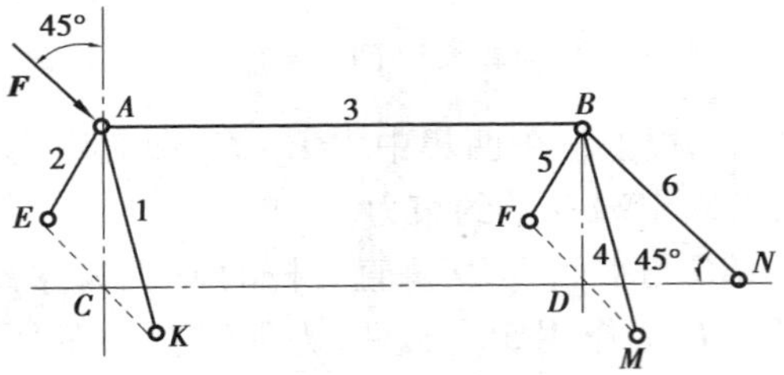

习题 6.21 图

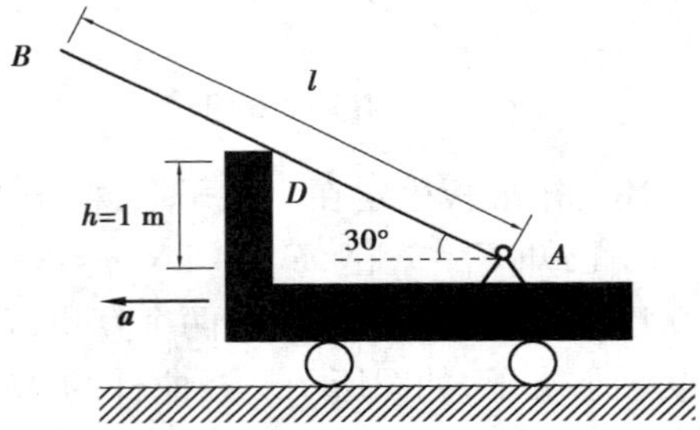

习题 6.22 图

6.23　均质杆 AB 长 l，重 W，B 端与重为 G、半径为 r 的均质圆轮铰接。在圆轮上作用一矩为 $\boldsymbol{M}$ 的力偶，借助于细绳提升重为 P 的重物 C。试求固定端 A 的约束反力。

6.24　质量为 m、长为 l 的均质直杆 AB,其一端 A 焊接于半径为 r 的圆盘边缘上，如图所示。今圆盘以角加速度 α 绕其中心 O 转动。求圆盘开始转动时，AB 杆上焊接点 A 处的约束反力。

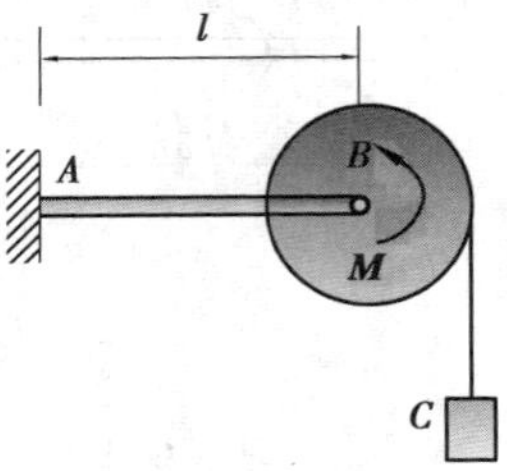

习题 6.23 图

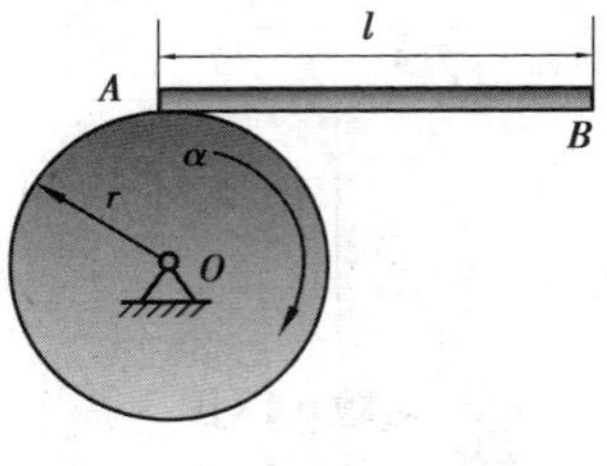

习题 6.24 图

综合训练习题

综 6.1 图示结构由杆 AB 及弯杆 DB 组成，$P=10$ N，$M=20$ N·m，$L=r=1$ m。各杆及轮自重不计，求固定支座 A 及滚动支座 D 的约束反力及杆 BD 的 B 端所受的力。

综 6.2 重为 P 的重物按图示方式挂在三角架上，各杆和轮的自重不计，尺寸如图，试求支座 A、B 的约束反力及 AB 杆内力。

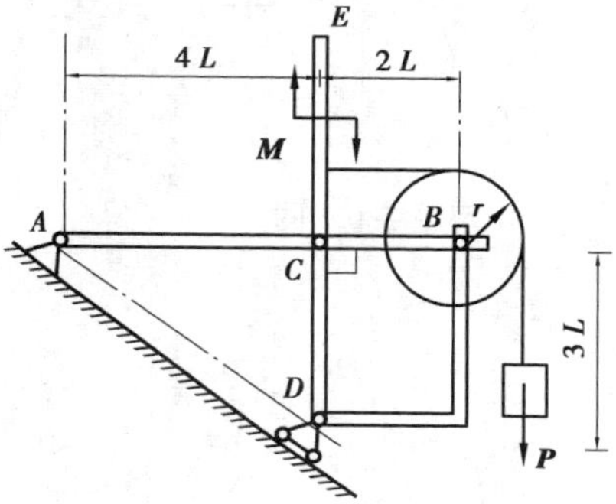

习题综 6.1 图

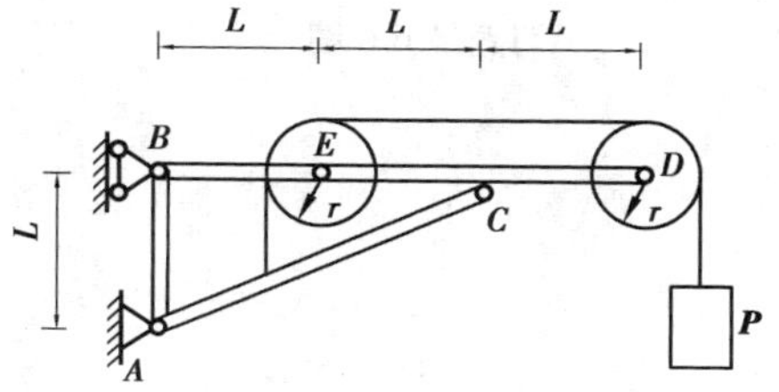

习题综 6.2 图

综 6.3 构架如图所示，重物 $Q=100$ N，悬挂在绳端。已知：滑轮半径 $R=10$ cm，$L_1=30$ cm，$L_2=40$ cm。不计各杆及滑轮、绳的质量，试求 A、E 支座反力及 AB 杆在铰链 D 处所受的力。

综 6.4 重为 P、半径为 r 的均质圆轮沿倾角为 θ 的斜面向下滚动。求轮心 C 的加速度，并求圆轮不滑动的最小摩擦系数。

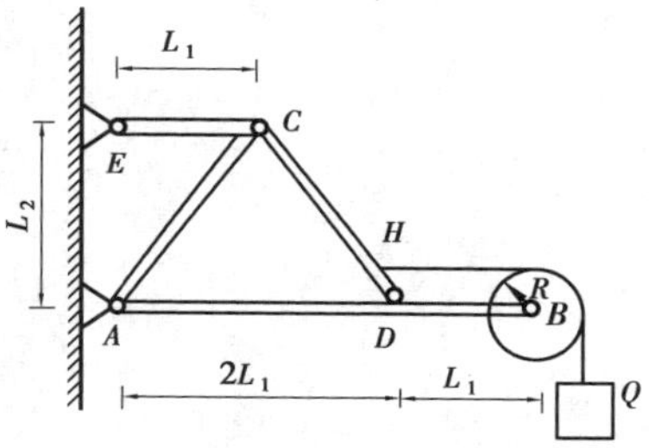

习题综 6.3 图

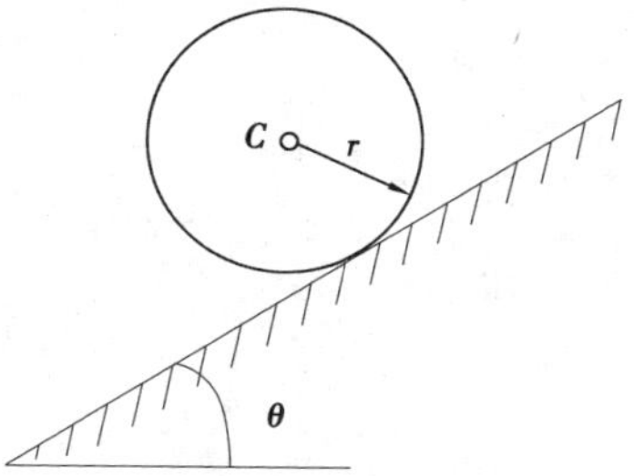

习题综 6.4 图

综 6.5 已知两均质直杆自水平位置无初速地释放，求两杆的角加速度和 O、A 处的约束反力。

综 6.6 均质杆的质量为 m，长为 $2l$，一端放在光滑地面上，并用两软绳支持，如图所示。求当 BD 绳切断的瞬时，B 点的加速度、AE 绳的拉力及地面的反力。

习题综 6.5 图

综 6.7　如图所示，均质杆 AB 长为 l，重为 Q，上端 B 靠在半径为 R 的光滑圆弧上（$R=l$），下端 A 以铰链和均质圆轮中心 A 相连。圆轮重为 P，半径为 r，放在粗糙的地面上，由静止开始滚动而不滑动。若运动开始瞬时杆与水平线所成夹角 $\theta=45°$，求此瞬时 A 点的加速度。

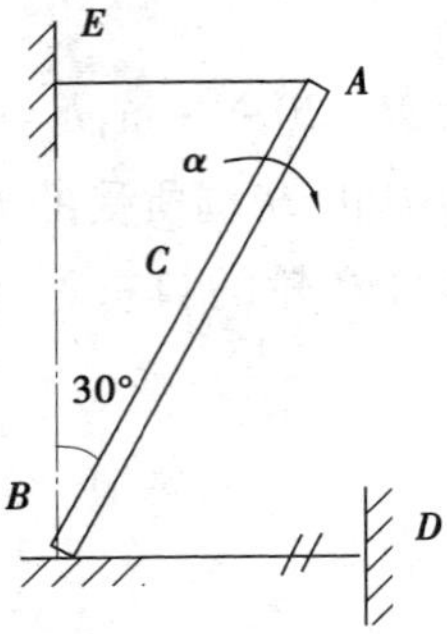

习题综 6.6 图

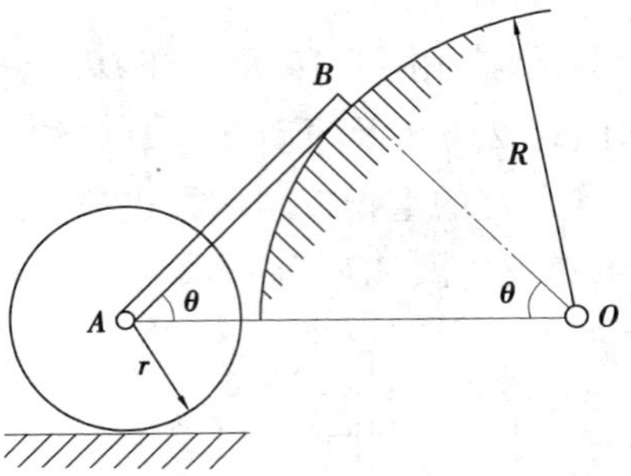

习题综 6.7 图

7 动量定理

由牛顿三大定律中的第二定律可导出质点运动微分方程。对于质点运动微分方程问题，求解往往需要进行积分计算。对于质点系而言，则需要对联立的运动微分方程组进行积分，求解会很复杂。动量定理、动量矩定理、动能定理从不同的角度揭示了质点和质点系的总体运动相关量(动量、动量矩、动能)与其受力相关量(冲量、力矩、功)之间的关系，统称为动力学普遍定理，可用以求解质点系动力学问题。质点系动量定理建立了质点系动量的变化率与作用于质点系上外力系的主矢量之间的关系。质点系动量定理和质心运动定理也是流体动力学及变质量质点系动力学的理论基础。

7.1 质点系动量定理

如图7.1所示的质点系由 n 个质点组成，第 i 个质点的质量为 m_i，速度为 $\boldsymbol{v}_i$，作用于质点上的外力记为 $\boldsymbol{F}_i^{(e)}$，内力记为 $\boldsymbol{F}_i^{(i)}$。牛顿第二定律 $m_i\dfrac{\mathrm{d}\boldsymbol{v}_i}{\mathrm{d}t}=\sum\boldsymbol{F}_i$ 可表示为

$$\frac{\mathrm{d}}{\mathrm{d}t}(m_i\boldsymbol{v}_i)=\boldsymbol{F}_i^{(e)}+\boldsymbol{F}_i^{(i)}\qquad(i=1,2,\cdots,n)$$

定义 $\boldsymbol{P}_i=m_i\boldsymbol{v}_i$，称为**质点的动量**。

对于整个系统，求上述 n 个方程的矢量和，得

$$\sum_{i=1}^{n}\frac{\mathrm{d}}{\mathrm{d}t}(m_i\boldsymbol{v}_i)=\sum_{i=1}^{n}\boldsymbol{F}_i^{(e)}+\sum_{i=1}^{n}\boldsymbol{F}_i^{(i)}$$

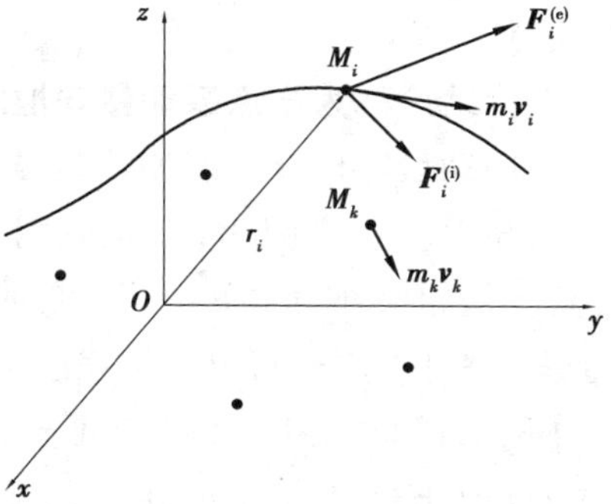

图 7.1

更换求和及求导次序，得

$$\frac{\mathrm{d}}{\mathrm{d}t}\sum(m_i\boldsymbol{v}_i)=\sum\boldsymbol{F}_i^{(\mathrm{e})}+\sum\boldsymbol{F}_i^{(\mathrm{i})}$$

式中

$$\boldsymbol{p}=\sum m_i\boldsymbol{v}_i \tag{7.1}$$

$\boldsymbol{p}$ 为质点系内各质点动量的主矢量，称为**质点系的动量**。$\sum\boldsymbol{F}_i^{(\mathrm{e})}$ 为外力的主矢量，$\sum\boldsymbol{F}_i^{(\mathrm{i})}$ 为内力的主矢量。根据牛顿第三定律，内力总是大小相等、方向相反、成对地出现在质点系内部，所以 $\sum\boldsymbol{F}_i^{(\mathrm{i})}=0$，于是得

$$\frac{\mathrm{d}\boldsymbol{p}}{\mathrm{d}t}=\boldsymbol{F}^{(\mathrm{e})} \tag{7.2}$$

式(7.2)是质点系**动量定理**的微分形式，即：**质点系动量 $\boldsymbol{p}$ 对时间 t 的导数等于作用在质点系上外力系的主矢量**。由质点系的动量定理可知，质点系的内力不能改变质点系的动量。在应用动量定理时，应取矢量式(7.2)的投影形式，如动量定理的直角坐标投影式为

$$\left.\begin{aligned}\frac{\mathrm{d}p_x}{\mathrm{d}t}&=\sum X^{(\mathrm{e})}\\ \frac{\mathrm{d}p_y}{\mathrm{d}t}&=\sum Y^{(\mathrm{e})}\\ \frac{\mathrm{d}p_z}{\mathrm{d}t}&=\sum Z^{(\mathrm{e})}\end{aligned}\right\} \tag{7.3}$$

有时候也会用到在自然轴系下的投影式。

应用说明：

①质点系动量的变化只取决于外力的主矢量。内力不能改变系统的总动量，只能使系统中各质点间彼此进行动量交换。

②如果外力系的主矢量为零，即 $\boldsymbol{F}^{(\mathrm{e})}=\boldsymbol{0}$，则 $\frac{\mathrm{d}\boldsymbol{p}}{\mathrm{d}t}=\boldsymbol{0}$，$\boldsymbol{p}$ = 常矢量，质点系**动量守恒**。如果外力系的主矢量在某一坐标轴上的投影为零，则质点系动量在此轴上守恒，如 $\sum X^{(\mathrm{e})}=0$，则 p_x = 常数。

以上结论称为**质点系动量守恒定律**。

应用动量定理有可能使比较复杂的质点系动力学问题变得简单。这是因为，首先应用动量可以避免考虑内力；其次是如果外力主矢量等于零或在某一固定轴的投影等于零，就可以立刻写出动量守恒定律的积分式。

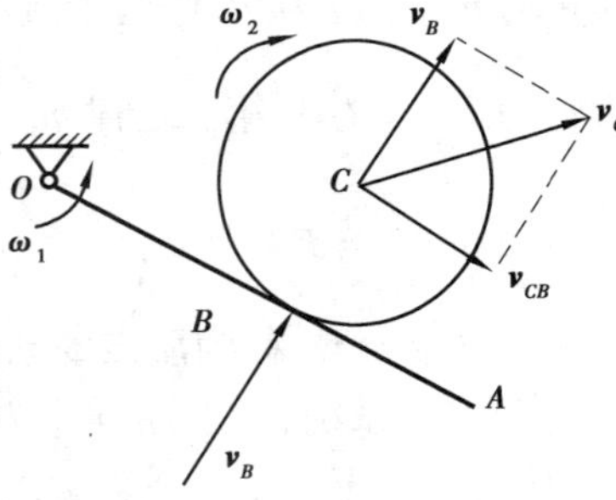

图 7.2

【例 7.1】求如图 7.2 所示圆盘的动量。已知：均质圆盘在 OA 杆上纯滚动，$m=20$ kg，$R=100$ mm，OA 杆的角速度 $\omega_1=1$ rad/s，圆盘相对于 OA 杆转动的速度

$\omega_2=4\ \text{rad/s}, OB=100\sqrt{3}\ \text{mm}$。

【解】用 $\boldsymbol{p}=\sum m_i \boldsymbol{v}_{Ci}$ 计算圆盘的动量。

由运动学可知：

$$v_B=\omega_1\cdot OB=100\sqrt{3}\ \text{mm/s}$$
$$v_{CB}=(\omega_2-\omega_1)\cdot R=300\ \text{mm/s}$$

又：

$$v_C=\sqrt{v_B^2+v_{CB}^2}=200\sqrt{3}\ \text{mm/s}$$

又由公式 $\boldsymbol{p}=m\boldsymbol{v}_C$，得圆盘的动量为：$p=6.93\ \text{N}\cdot\text{s}$

讨论：质系的动量 $\boldsymbol{p}=\sum m_i\boldsymbol{v}_i$ 为相对惯性参考系的物理量，所以，各点的速度或每个刚体质心的速度为相对惯性参考系的“绝对”速度。

【例 7.2】电动机外壳固定在水平基础上，定子和外壳的质量为 m_1，转子质量为 m_2，如图 7.3 所示。定子和机壳质心为 O_1，转子质心为 O_2，$O_1O_2=e$，角速度 ω 为常量。求基础的水平及铅直约束力。

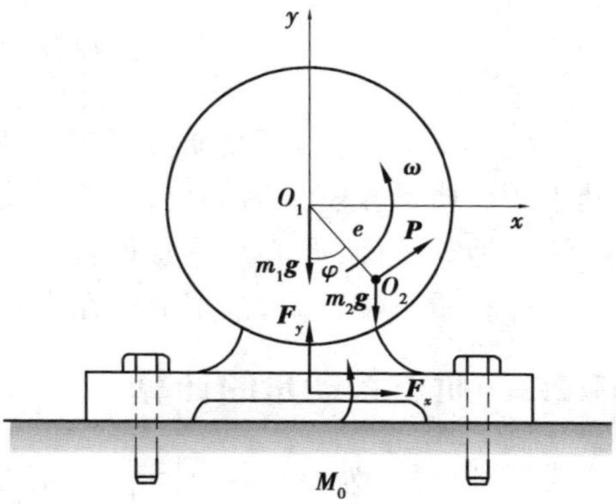

图 7.3

【解】取电机外壳与转子组成的质点系为研究对象。机壳不动，质点系的动量就是转子的动量，由式(7.1)知其大小为

$$p=m_2\omega e$$

方向如图 7.3 所示。

设 $t=0$ 时，O_1O_2 铅直，有 $\varphi=\omega t$。

由动量定理投影式(7.3)，得

$$\frac{\mathrm{d}p_y}{\mathrm{d}t}=F_x$$

$$\frac{\mathrm{d}p_y}{\mathrm{d}t}=F_y-m_1g-m_2g$$

而

$$p_x=m_2\omega e\cos\omega t$$
$$p_y=m_2\omega e\sin\omega t$$

代入上式，解出基础约束力

$$F_x=-m_2\omega e^2\sin\omega t$$
$$F_y=(m_1+m_2)g+m_2e\omega^2\cos\omega t$$

延伸思考：在冰上拔河结果会如何？绳子拉力取决于什么？

7.2 质心运动定理

▶7.2.1 质心(质量中心)

质点系在力的作用下,其运动状态不仅与受力有关,而且与其质量的分布有关,质量分布的特征之一可以用质心来描述。

质心的位置由下面的公式决定

$$\boldsymbol{r}_C = \frac{\sum m_i\boldsymbol{r}_i}{\sum m_i} = \frac{\sum m_i\boldsymbol{r}_i}{m} \tag{7.4}$$

①$\boldsymbol{r}_C$ 为质心的矢径,是质点系中各点矢径的加权平均值,所取权数是该质点的质量。质心处于质点质量较密集的部位,反映了质量分布的情形。

②在地球表面,质心与重心重合。

③计算质心位置时,常用上式在直角坐标系下的投影式。

▶7.2.2 质点系动量的计算

式(7.4)可写为 $m\boldsymbol{r}_C = \sum m_i\boldsymbol{r}_i$,对时间求导数后得 $m\boldsymbol{v}_C = \sum m_i\boldsymbol{v}_i$,所以系统的动量

$$\boldsymbol{p} = \sum m_i\boldsymbol{v}_i = m\boldsymbol{v}_C \tag{7.5}$$

此式表明**质点系的动量等于质点系的质量与质心速度的乘积,方向与质心速度方向相同**。此式使质点系动量的计算大为简化,使质点系动量成为描述质心运动的一个物理量。

▶7.2.3 质心运动定理

将式(7.5)代入质点系动量定理式(7.2)中,得

$$m\frac{\mathrm{d}\boldsymbol{v}_C}{\mathrm{d}t} = \boldsymbol{F}^{(\mathrm{e})} \tag{7.6}$$

或

$$m\boldsymbol{a}_C = \boldsymbol{F}^{(\mathrm{e})} \tag{7.7}$$

上式表明,**质点系的质量与质心加速度的乘积等于作用于质点系的外力系的主矢量,这称为质心运动定理。**由此定理可得出以下结论:

①质点系质心的运动可以视为一质点的运动,如将质点系的质量集中在质心上,同时将作用在质点系上的所有外力都平移到质心上,则质心运动的加速度与所受外力的关系符合牛顿第二定律。如在定向爆破中,爆破时质点系中各质点的运动轨迹不同,但质心的运动轨迹近似一抛物线,由此可初步估计出大部分物块堆落的地方,如图 7.4 所示。

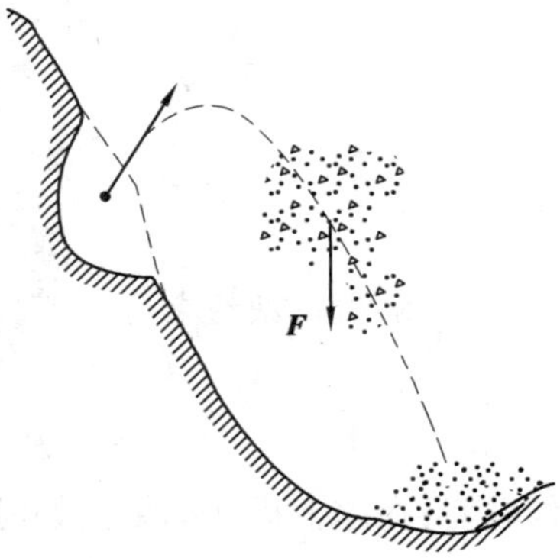

图 7.4

②**质点系的内力不影响质心的运动，只有外力才能改变质心的运动**。例如，汽车行驶是靠车轮与路面的摩擦力，而发动机内气体的爆炸力对汽车来说是内力。又如，短跑运动员在起跑时，在很短的时间内由静止过渡到快跑，获得了大的动量变化，请读者思考：是什么力使运动员的动量发生这样的变化？

③式(7.7)为矢量式，应用时取其投影式。

在直角坐标轴上的投影式为

$$\left.\begin{aligned} ma_{Cx} &= \sum X^{(e)} \\ ma_{Cy} &= \sum Y^{(e)} \\ ma_{Cz} &= \sum Z^{(e)} \end{aligned}\right\} \tag{7.8}$$

在自然坐标轴上的投影式为

$$\left.\begin{aligned} m\frac{v_C^2}{\rho} &= \sum F_n^{(e)} \\ m\frac{\mathrm{d}v_C}{\mathrm{d}t} &= \sum F_\tau^{(e)} \\ \sum F_b^{(e)} &= 0 \end{aligned}\right\} \tag{7.9}$$

④对于刚体系，整个系统的质心的矢径为

$$\boldsymbol{r}_C = \frac{\sum m_i \boldsymbol{r}_{Ci}}{m}$$

式中：m_i 为第 i 个刚体的质量；m 为整个刚体系统的质量；$\boldsymbol{r}_{Ci}$为第 i 个刚体的质心 C_i 的矢径。

将上式求两次导数后，代入式(7.7)得到刚体系统质心运动定理：

$$\sum m_i \boldsymbol{a}_{Ci} = \boldsymbol{F}^{(e)} \tag{7.10}$$

式中：$\boldsymbol{F}^{(e)}$ 为作用于整个刚体系上外力的主矢量。

在直角坐标轴上的投影式为

$$\left.\begin{aligned} \sum m_i \ddot{x}_{Ci} &= \sum X^{(e)} \\ \sum m_i \ddot{y}_{Ci} &= \sum Y^{(e)} \\ \sum m_i \ddot{z}_{Ci} &= \sum Z^{(e)} \end{aligned}\right\} \tag{7.11}$$

【例 7.3】均质曲柄 AB 长为 r，质量为 m_1，假设受力偶作用以不变的角速度 ω 转动，并带动滑槽连杆以及与它固连的活塞 D，如图 7.5 所示。滑槽、连杆、活塞总质量为 m_2，质心在点 C。在活塞上作用一恒力 $\boldsymbol{F}$。不计摩擦及滑块 B 的质量。求作用在曲柄轴 A 处的最大水平约束力 $\boldsymbol{F}_x$。

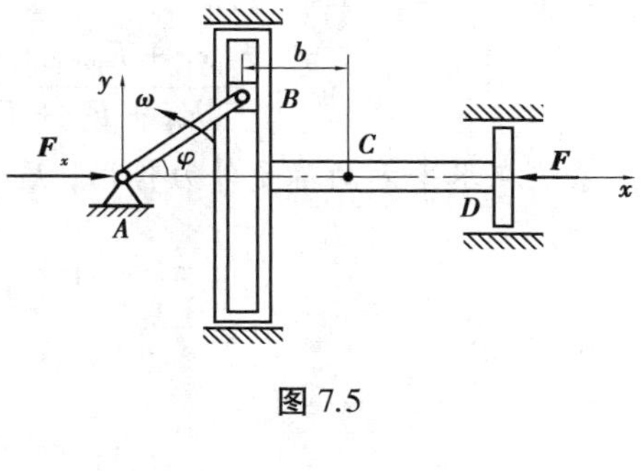

图 7.5

【解】选取整个结构为研究的质点系，作用在水平的外力有 $\boldsymbol{F}$ 和 $\boldsymbol{F}_x$，且力偶不影响质心的运动。

列出质心运动定理在 x 轴上的投影式

$$(m_1+m_2)a_{Cx}=F_x-F$$

为求质心的加速度在 x 轴上的投影，先计算质心的坐标

$$x_C=\frac{\sum(m_ix_i)}{M}=\left[m_1\frac{r}{2}\cos\varphi+m_2(r\cos\varphi+b)\right]\cdot\frac{1}{m_1+m_2}$$

然后对其求二阶导数，得

$$a_{Cx}=\frac{\mathrm{d}^2x_C}{\mathrm{d}t^2}=\frac{-r\omega^2}{m_1+m_2}\left(\frac{m_1}{2}+m_2\right)\cos(\omega t)$$

应用质心运动定理，解得：

$$F_x=F-r\omega^2\left(\frac{m_1}{2}+m_2\right)\cos(\omega t)$$

显然，最大水平约束力为：

$$F_{\max}=F+r\omega^2\left(\frac{m_1}{2}+m_2\right)$$

讨论：

①对于刚体系统，应用 $\sum m_i\boldsymbol{a}_{Ci}=\boldsymbol{F}^{(e)}$ 形式的质心运动定理，求解未知约束力较为方便。

②求质心加速度的方法因题而异，读者可不断总结。

③动量定理建立了外力系的主矢量和质点系动量变化率之间的关系。

【例 7.4】如图 7.6 所示，已知电机、OA 杆和动子的自重分别为 F_G、F_P、F_Q，动子转速 ω 为常量，电机半径为 l，$AO=2l$，地面光滑。(1)求电机质心 O 的水平运动；(2)如将电机固定于地面，求固定螺栓的最大水平反力。

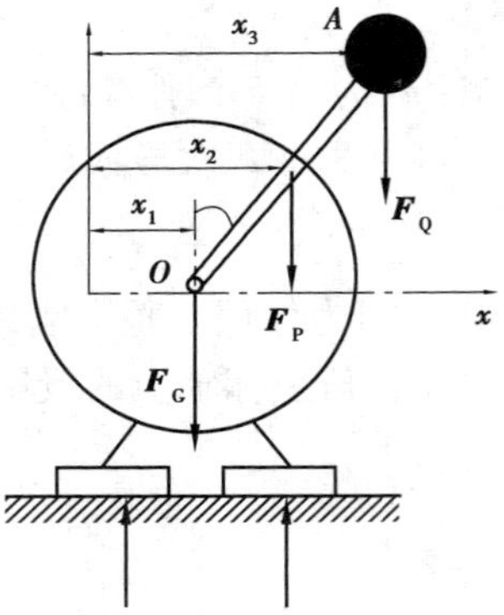

图 7.6

【解】以整个系统为研究对象。

①取 x 轴水平向右为正，$t=0$ 时的电机质心 O 为坐标原点。

在时刻 t，有：

$$x_2=x_1+l\sin\omega t$$
$$x_3=x_1+2l\sin\omega t$$

故系统质心的坐标为：

$$x_C=\frac{F_Gx_1+F_Px_2+F_Qx_3}{F_G+F_P+F_Q}=x_1+\frac{F_P+2F_Q}{F_G+F_P+F_Q}l\sin\omega t$$

系统在水平方向不受外力作用，质心的水平运动守恒，而初始时刻 $v_C=0$，$x_C=0$，因此：

$$x_C=x_1+\frac{F_P+2F_Q}{F_G+F_P+F_Q}l\sin\omega t=0$$

从而，得

$$x_1=-\frac{F_P+2F_Q}{F_G+F_P+F_Q}l\sin\omega t$$

②若电机固定于地面，仍取 x 轴水平向右为正，电机质心 O 为坐标原点，有

$$x_1 = 0$$
$$x_2 = l \sin \omega t$$
$$x_3 = 2l \sin \omega t$$

所以有：

$$x_C = \frac{F_P + 2F_Q}{F_G + F_P + F_Q} l \sin\omega t$$

设固定螺栓的水平反力为 $\boldsymbol{F}_x$，则由质心运动定理有：

$$\left(\frac{F_G + F_P + F_Q}{g}\right) \frac{d^2 x_C}{dt^2} = F_x$$

从而，得

$$F_x = \frac{F_P + 2F_Q}{g} l\, \omega^2 \sin \omega t$$

所以有：$F_{x\max} = \dfrac{F_P + 2F_Q}{g} l\, \omega^2$

讨论：

①质系动量定理为：质点动量对时间的一阶导数等于外力系的主矢量，即

$$\frac{d\boldsymbol{p}}{dt} = \boldsymbol{F}^{(e)}$$

对刚体系统常用

$$\sum m_i \boldsymbol{a}_{Ci} = \boldsymbol{F}^{(e)}$$

利用上述关系可解决系统动力学的两类问题。如本例问题(1)为已知运动求解未知约束力的问题。在求解这类问题时，要注意动量定理只建立了系统动量的变化与外力系的主矢量之间的关系，所以只能求出约束力的主矢量，而约束力的作用点用动量定理并不能求出。问题(2)为已知力求运动的问题。

②应用动量定理解决力学问题的步骤为：

a.明确分析对象，分清作用于系统上的内力与外力。由于系统动量的变化只与外力有关，所以只需画系统在任意位置的外力图。

b.建立描述系统运动的广义坐标，并标明坐标原点和坐标正方向，将系统的动量表示为广义坐标和广义速度的函数。

c.应用动量定理，$\dfrac{d\boldsymbol{p}}{dt} = \boldsymbol{F}^{(e)}$、$\sum m_i \boldsymbol{a}_{Ci} = \boldsymbol{F}^{(e)}$ 均为矢量式，在应用中一般应写为投影式，如在平面直角坐标上投影应为：

$$\frac{dp_x}{dt} = \sum X^{(e)} \qquad \sum m_i a_{Cix} = \sum X^{(e)}$$
$$\text{或}$$
$$\frac{dp_y}{dt} = \sum Y^{(e)} \qquad \sum m_i a_{Ciy} = \sum Y^{(e)}$$

7.3　定常流动流体流经弯管时的动约束力

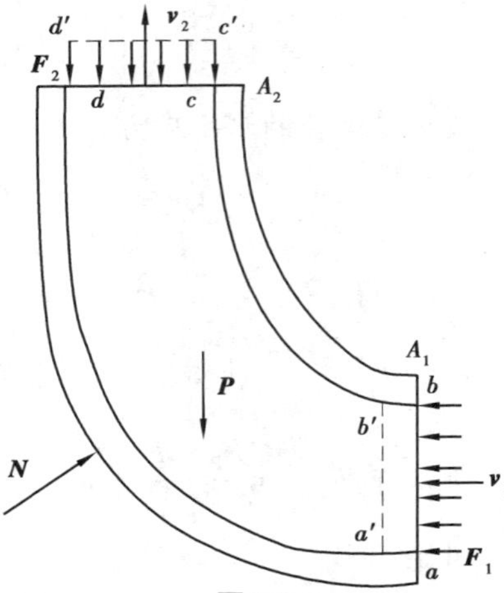

图 7.7

本节以定常流动流体动约束力的确定为例，说明质点系动量定理在流体动力学中的应用。一般流体流动的性质是十分复杂的，本节只讨论不可压缩的理想流体，而且流动是定常的，即流体各质点流经空间同一固定点的速度，不随时间改变。

①如图 7.7 所示，设有一管道，其中充满流体。管道壁和进出口截面形成一边界面，称为控制面，取控制面 $abcd$ 内的流体为研究对象。

②设进出口截面的面积分别为 A_1 和 A_2，流体速度分别为 $\boldsymbol{v}_1$ 和 $\boldsymbol{v}_2$，流体密度为 ρ，根据连续流条件 $\rho A_1\boldsymbol{v}_1=\rho A_2\boldsymbol{v}_2$ 分析控制面内流体所受外力。体积力为均匀分布于体积 $abcd$ 内的重力 $\boldsymbol{P}$；面积力分布作用在边界面积上，如管壁对质点系的作用力 $\boldsymbol{N}$，以及两截面 ab 和 cd 上受到的相邻流体的压力 $\boldsymbol{F}_1$ 和 $\boldsymbol{F}_2$。

③Δt 时间间隔内动量的改变

$$\Delta\boldsymbol{p}=\boldsymbol{p}'-\boldsymbol{p}=\boldsymbol{p}_{a'b'c'd'}-\boldsymbol{p}_{abcd}=(\boldsymbol{p}_{a'b'cd}+\boldsymbol{p}_{cbc'd'})-(\boldsymbol{p}_{aba'b'}+\boldsymbol{p}_{a'b'cd})$$

对于定常流流体得

$$\Delta\boldsymbol{p}=\boldsymbol{p}_{cdc'd'}-\boldsymbol{p}_{aba'b'}=(\rho A_2v_2\Delta t)\boldsymbol{v}_2-(\rho A_1v_1\Delta t)\boldsymbol{v}_2$$

$$\Delta\boldsymbol{p}=\dot{m}(\boldsymbol{v}_2-\boldsymbol{v}_1)\Delta t$$

式中 $\dot{m}=\rho A_1v_1=\rho A_2v_2$ 为一常数，表示单位时间内流经任意一截面 A 的质量，称为质量流率。代入上式后得

$$\frac{\mathrm{d}\boldsymbol{p}}{\mathrm{d}t}=\dot{m}(\boldsymbol{v}_2-\boldsymbol{v}_1)$$

④应用质点系动量定理，有

$$\frac{\mathrm{d}\boldsymbol{p}}{\mathrm{d}t}=\boldsymbol{N}+\boldsymbol{P}+\boldsymbol{F}_1+\boldsymbol{F}_2$$

所以

$$\dot{m}(\boldsymbol{v}_2-\boldsymbol{v}_1)=\boldsymbol{N}+\boldsymbol{P}+\boldsymbol{F}_1+\boldsymbol{F}_2$$

求得约束力的主矢量为

$$\boldsymbol{N}=-\boldsymbol{P}-\boldsymbol{F}_1-\boldsymbol{F}_2+\dot{m}(\boldsymbol{v}_2-\boldsymbol{v}_1)$$

此式右边前三项为静约束力，最后一项是由于质点系动量变化所引起的约束力，用 $\boldsymbol{N}_1$ 表示，是动约束力，有

$$\boldsymbol{N}_1=\dot{m}(\boldsymbol{v}_2-\boldsymbol{v}_1)=\dot{m}\Delta\boldsymbol{v} \tag{7.12}$$

由式(7.12)可知，动约束力 $\boldsymbol{N}_1$ 与质量流率成正比，同时也与 $\Delta\boldsymbol{v}$ 大小成正比，方向相同。

7.4* 碰撞中的动量定理

▶7.4.1 碰撞概述

两个或以上相对运动的物体在瞬间接触,速度发生突然改变的力学现象称为碰撞,如铁锤锻打零件、打桩、子弹打靶、各类球类活动中球的弹射和反跳等都是碰撞的实例。碰撞是工程与日常生活中一种常见而又非常复杂的动力学问题。

两物体相碰,按照其质心相对位置,可分为对心碰撞和偏心碰撞。若碰撞力的作用线通过两物体的质心,称为对心碰撞,否则称为偏心碰撞。根据碰撞时候两者质心的速度方向可分为正碰撞和斜碰撞。若碰撞时各自质心的速度沿着公法线,称为正碰撞,否则称为斜碰撞。此外,按照碰撞时其接触处有无摩擦,还可分为光滑碰撞和非光滑碰撞;按照物体碰撞后变形的恢复程度(或能量的损失程度),可分为完全弹性碰撞、弹性碰撞和塑性碰撞。

由于碰撞时碰撞力极大而碰撞时间极短,在研究一般的碰撞问题时,通常作如下两点简化:

①碰撞过程中,重力、弹性力等普通力与碰撞力相比是小量,通常忽略这些普通力的冲量。

②由于碰撞时间非常短,速度变化为有限值,物体在碰撞过程的位置变化很小,因此通常忽略碰撞过程中物体的位移。

由于碰撞过程时间短,且碰撞力的变化很复杂,因此用力来量度碰撞的作用不合适,也没有办法用运动微分方程来描述每一瞬时力与运动变化的关系,常常只分析碰撞前后的运动的变化。另一方面,碰撞过程中有机械能的损失,且损失的程度难以用力的功来量度,因而,碰撞过程一般不便于应用动能定理。因此,一般采用动量定理和动量矩定理来描述碰撞力与运动变化的关系。

▶7.4.2 碰撞过程的动量定理

质量为 m 的质点,碰撞开始瞬时的速度为 $\boldsymbol{v}$,结束时的速度为 $\boldsymbol{v}'$,则质点的动量定理为:

$$m\boldsymbol{v}' - m\boldsymbol{v} = \int_0^t \boldsymbol{F}\mathrm{d}t = \boldsymbol{I} \tag{7.13}$$

式中,$\boldsymbol{I}$ 为碰撞冲量,普通的冲量忽略不计。

对于碰撞的质点系,作用在第 i 个质点上的碰撞冲量可分为外碰撞冲量 $\boldsymbol{I}_i^{(e)}$ 和内碰撞冲量 $\boldsymbol{I}_i^{(i)}$,按照式(7.13)有

$$m_i\boldsymbol{v}_i' - m_i\boldsymbol{v}_i = \boldsymbol{I}_i^{(e)} + \boldsymbol{I}_i^{(i)}$$

对于质点系,n 个质点都可列出如上的方程,将 n 个方程相加,得

$$\sum_{i=1}^{n} m_i\boldsymbol{v}_i' - \sum_{i=1}^{n} m_i\boldsymbol{v}_i = \sum_{i=1}^{n}\boldsymbol{I}_i^{(e)} + \sum_{i=1}^{n}\boldsymbol{I}_i^{(i)}$$

因为内碰撞冲量总是成对出现,且大小相等、方向相反,因此有 $\sum \boldsymbol{I}_i^{(i)} = 0$,于是得

$$\sum_{i=1}^{n} m_i \boldsymbol{v}_i' - \sum_{i=1}^{n} m_i \boldsymbol{v}_i = \sum_{i=1}^{n} \boldsymbol{I}_i^{(e)} \tag{7.14}$$

式(7.14)是用于碰撞过程的质点系动量定理。其形式上与用于非碰撞过程的动量定理一样,但式中不计普通力的冲量,亦被称为冲量定理:质点系在碰撞开始和结束时的动量变化,等于作用于质点系的外碰撞冲量之和。

质点系的动量可用总质量 m 与质心速度的乘积表示,于是上式可改写成

$$m\boldsymbol{v}_c' - m\boldsymbol{v}_c = \sum_{i=1}^{n} \boldsymbol{I}_i^{(e)} \tag{7.15}$$

式中:$\boldsymbol{v}_c$ 和 $\boldsymbol{v}_c'$ 分别是碰撞前后质心的速度。

习　题

7.1　A、B、C 三小球构成一质点系,三球的质量分别为 $m_A = 2$ kg、$m_B = 2.5$ kg、$m_C = 3.5$ kg。设三球在 Oxy 平面内运动,在图示瞬时三球的坐标分别为

$$\begin{cases} x_A = 20\ \text{cm}, \\ y_A = 10\ \text{cm}; \end{cases} \begin{cases} x_B = -20\ \text{cm}, \\ y_B = 20\ \text{cm}; \end{cases} \begin{cases} x_C = -10\ \text{cm}, \\ y_C = -30\ \text{cm}。\end{cases}$$

三球的速度大小分别为 $v_A = 4$ m/s,$v_B = 6$ m/s,$v_C = 5$ m/s,方向如图所示。试计算:

(1)此瞬时质系的动量 $\boldsymbol{p}$;

(2)此瞬时质心的坐标 x_C,y_C;

(3)此瞬时质心的速度 $\boldsymbol{v}_C$。

7.2　图示的椭圆规机构中,AB 杆的质量为 $2m_1$,曲柄 OC 质量为 m_1,滑块 A 和 B 质量均为 m_2。已知 $OC = AC = CB = l$,曲柄 OC 及杆 AB 皆为匀质,曲柄以角速度 ω 转动。求在图示位置时椭圆规机构的动量。

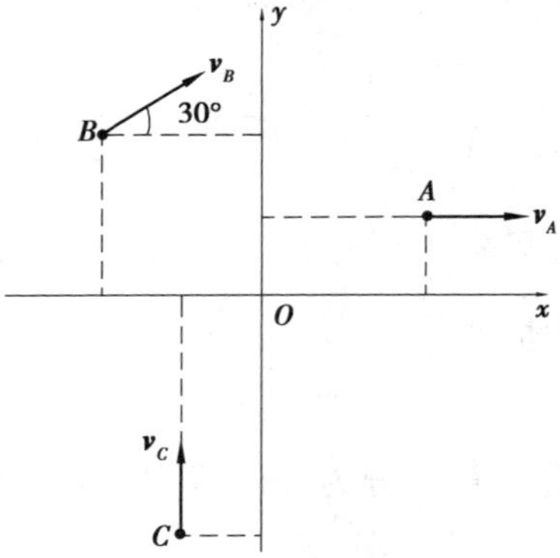

习题 7.1 图

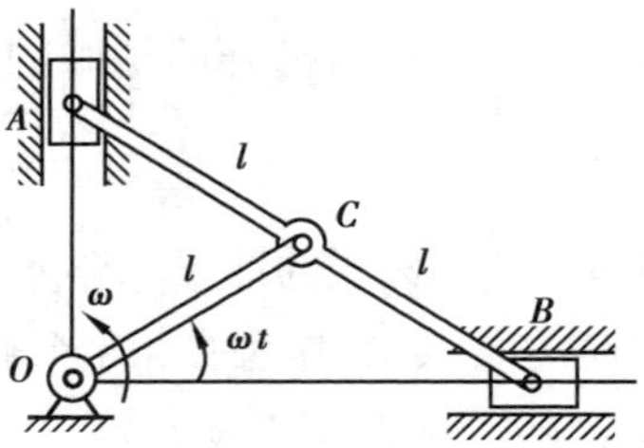

习题 7.2 图

7.3　在图示系统中,均质杆 OA、AB 与均质轮的质量均为 m,OA 杆的长度为 l_1,AB 杆的长度为 l_2,轮的半径为 R,轮沿水平面作纯滚动。在图示瞬时,OA 杆的角速度为 ω,求整个系统的动量。

7.4　平台车质量 $m_1 = 500$ kg,可沿水平轨道运动。平台车上站有一人,质量 $m_2 = 70$ kg,

车与人以共同速度 $\boldsymbol{v}_0$ 向右方运动。如果人相对平台车以速度 $\boldsymbol{v}_r$（$v_r = 2$ m/s）向左方跳出，不计平台车水平方向的阻力及摩擦，问平台车增加的速度为多少？

7.5　图示浮动起重机举起质量 $m_1 = 2\ 000$ kg 的重物。设起重机质量 $m_2 = 20\ 000$ kg，杆长 $OA = 8$ m；开始时杆与铅直位置成 60°角，水阻力和杆重均略去不计。当起重杆 OA 转到与铅直位置成 30°角时，求起重机位移。

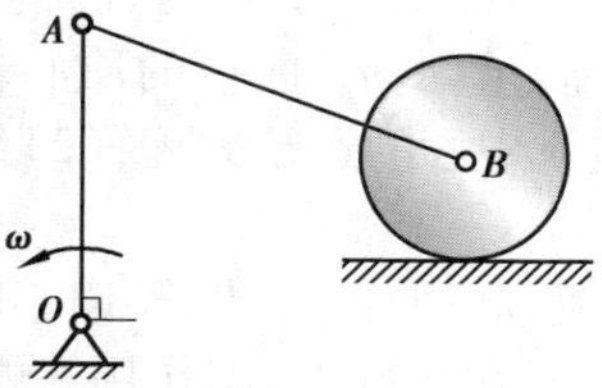

习题 7.3 图

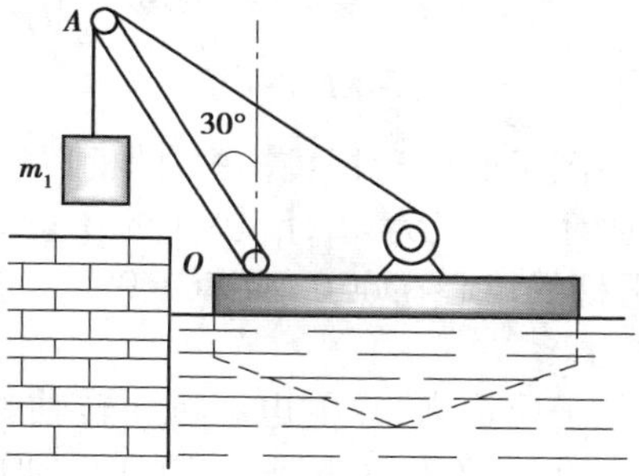

习题 7.5 图

7.6　三个重物 P_1、P_2 及 P_3，其质量分别为 $m_1 = 20$ kg、$m_2 = 15$ kg 及 $m_3 = 10$ kg，四棱柱 $ABCD$ 的质量 $m_4 = 100$ kg，它们用滑轮及细绳组成图示的系统。如略去所有接触面间的摩擦和滑轮、绳子质量，求当重物 P_1 由静止下降 1 m 时四棱柱的位移。

7.7　均质杆 AB 长为 $2l$，A 端放置在光滑水平面上。杆在如图位置自由倒下，求 B 点的轨迹方程。

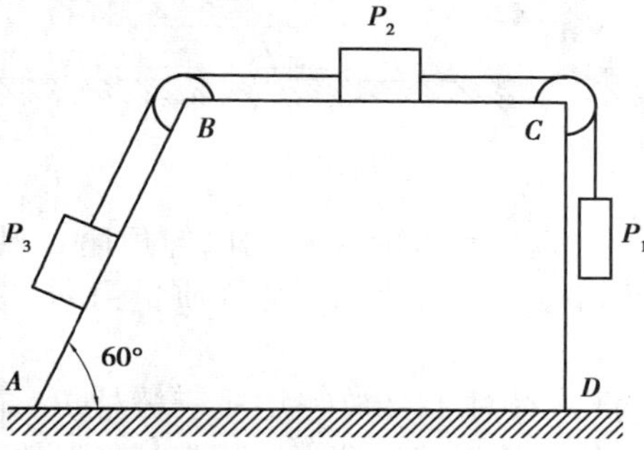

习题 7.6 图

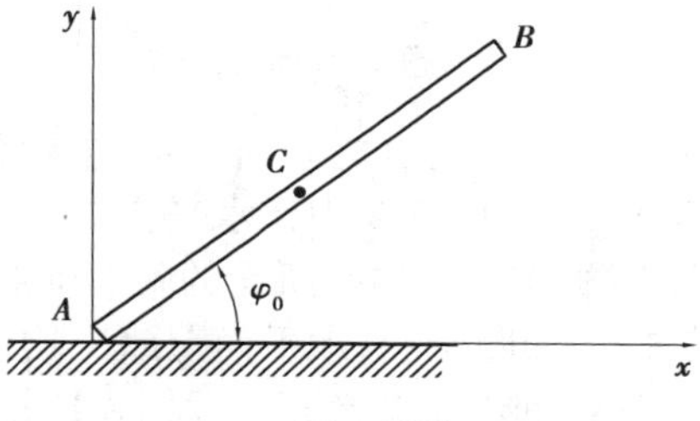

习题 7.7 图

7.8　图示小球 P 沿光滑大半圆柱体表面由顶点滑下，小球质量为 m_2，大半圆柱体质量为 m_1，半径为 R，放在光滑水平面上。初始时系统静止，求小球未脱离大半圆柱体时相对图示静坐标系的运动轨迹。

7.9　图示质量为 m、半径为 R 的均质半圆形板，受力偶 M 作用，在铅垂内绕 O 轴转动，转动的角速度为 ω，角加速度为 α。C 点为半圆板的质心，当 OC 与水平线成任意角 φ 时，求此瞬时轴 O 的约束力$\left(OC = \dfrac{4R}{3\pi}\right)$。

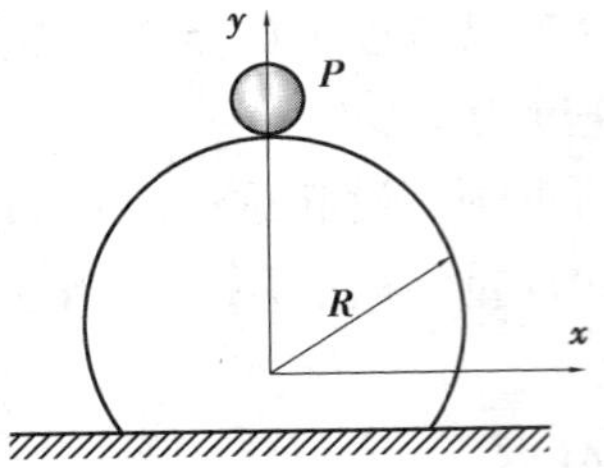

习题 7.8 图

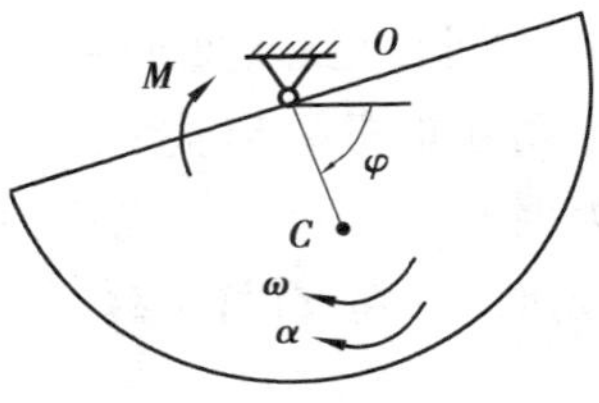

习题 7.9 图

7.10　在图示曲柄滑杆机构中，曲柄以等角速度 ω 绕 O 轴转动。开始时，曲柄 OA 水平向右。已知：曲柄的质量为 m_1，滑块 A 的质量为 m_2，滑杆的质量为 m_3，曲柄的质心在 OA 的中点，$OA=l$；滑杆的质心在点 C，而 $BC=0.5l$。求：(1) 机构质量中心的运动方程；(2) 作用在点 O 的最大水平力。

7.11　定子质量为 m_1 的电动机在转轴上安装一质量为 m_2 的偏心转子，偏心距为 e。如电动机转子的角速度为 ω，试求：(1) 如电动机外壳用螺杆扣在基础上，则作用在螺杆上的最大水平剪力 $\boldsymbol{R}$ 为多少？(2) 如不用螺杆固定，则角速度 ω 为多大时，电动机会跳离地面？

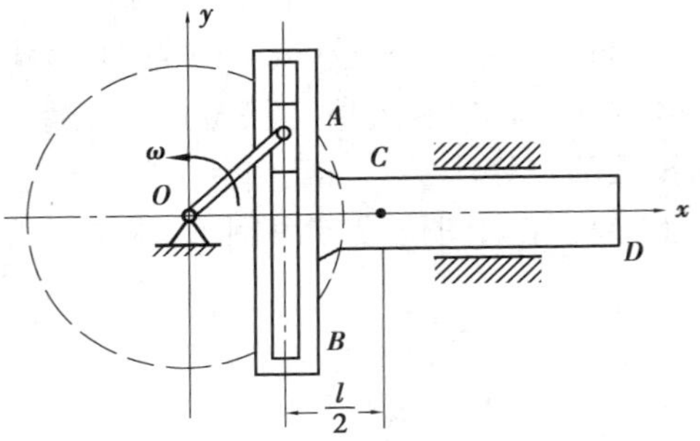

习题 7.10 图

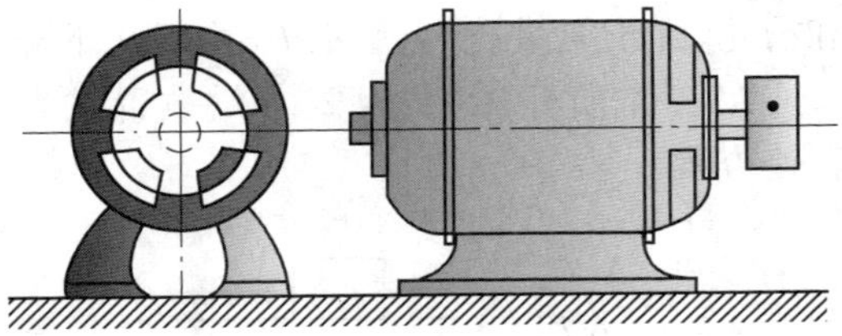

习题 7.11 图

7.12　一凸轮机构如图所示，半径为 r、偏心距为 e 的圆形凸轮绕 O 轴以匀角速 ω 转动，带动滑杆 D 在套筒 E 中作水平方向的往复运动。已知凸轮质量为 m_1，滑杆质量为 m_2，求在任一瞬时机座地脚螺钉所受的附加动约束力。

7.13　如图所示，水平面上放一均质三棱柱 A。此三棱柱上又放一均质三棱柱 B。两三棱柱的横截面都是三角形，三棱柱 A 比三棱柱 B 重两倍。设三棱柱和水平面都是光滑的。

(1) 试列出系统运动微分方程；

(2) 求当三棱柱 B 沿三棱柱 A 滑至水平面时，三棱柱 A 的位移 s；

(3) 求水平面作用于三棱柱 A 的反力。

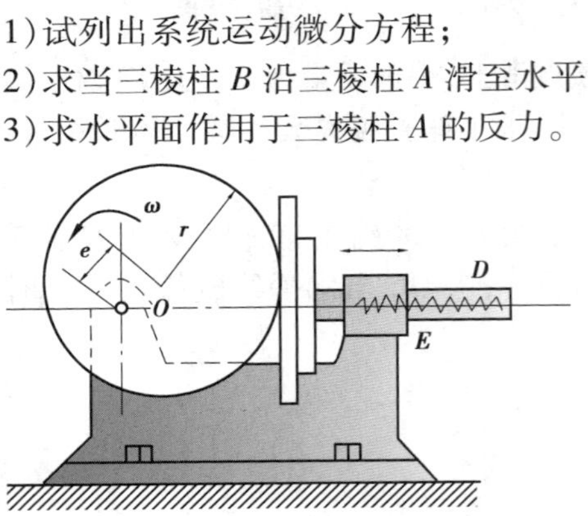

习题 7.12 图

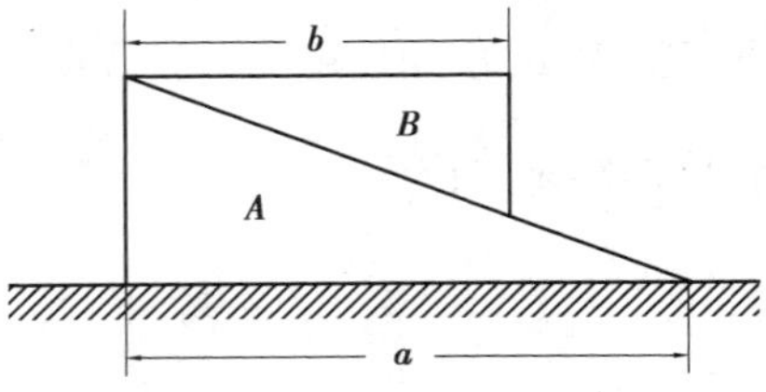

习题 7.13 图

7.14 水流经固定水道,水道截面逐渐改变,对称截面如图。水流入的速度 $v_0=2\ \mathrm{m/s}$,水道进口截面积为 $0.02\ \mathrm{m}^2$。水流出的速度 $v_1=4\ \mathrm{m/s}$,速度方向如图所示。假设水是不可压缩的,水流是定常的,求水流作用在水道壁上的水平压力。

7.15 水柱沿水平方向以速度 $\boldsymbol{v}_1$ 射向涡轮的固定叶片。已知水柱的体积流量为 q_v,密度为 ρ,水流出的速度 $\boldsymbol{v}_2$ 与水平线成角 α,求水柱对固定叶片的动水压力。

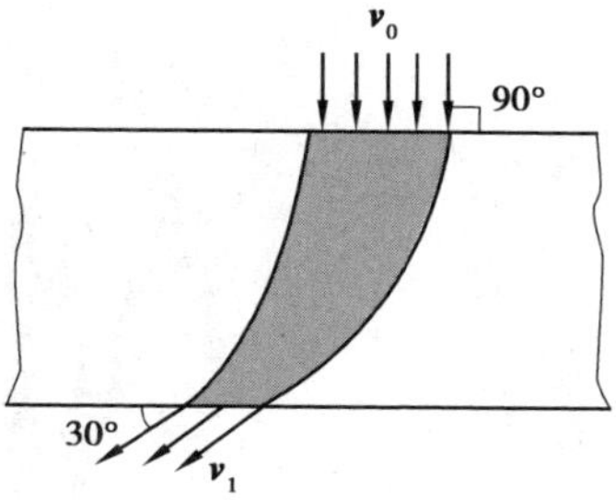

习题 7.14 图

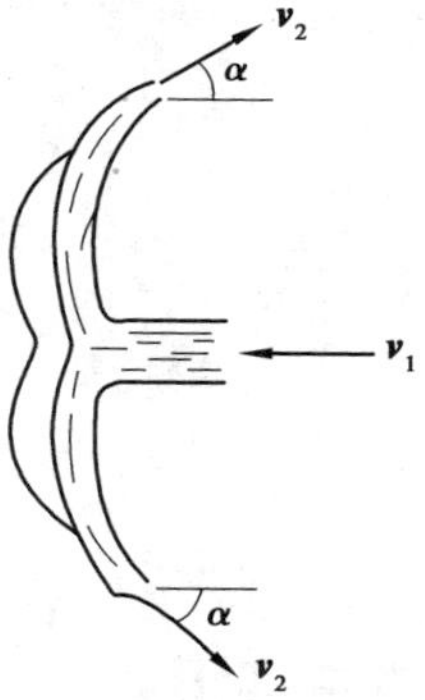

习题 7.15 图

7.16 质杆 AB 长 $2l$,其 B 端搁置于光滑水平面上,并与水平成 φ_0 角,当杆倒下时,求杆端 A 的轨迹方程。

8

动量矩定理

前面介绍的质点系动量定理建立了质点系动量的变化率与作用于质点系上外力系的主矢之间的关系，但有些情况下，动量不能完全表征物体的运动特性，需要引入动量矩的概念。本章介绍的质点系动量矩定理建立了质点系动量矩的变化率与作用于质点系上外力系的主矩之间的关系。本质上，动量矩定理给出了物体动量矩的变化与作用外力的主矩之间的关系。应用动量矩定理所建立的刚体绕定轴转动微分方程，以及由上章的质心运动定理和本章导出的相对质心动量矩定理所建立的平面运动微分方程，是解决刚体动力学的有效工具。

8.1 质点系动量矩定理

▶8.1.1 质点动量矩定理

如图 8.1 所示，质点 M 的动量对于 O 点的矩，定义为质点对于 O 点的**动量矩**，即

$$\boldsymbol{M}_O(m\boldsymbol{v}) = \boldsymbol{r} \times m\boldsymbol{v} \tag{8.1}$$

质点对于 O 点的动量矩为矢量，它垂直于矢径 $\boldsymbol{r}$ 与动量 $m\boldsymbol{v}$ 所形成的平面，指向按右手法则确定，其大小为

$$|\boldsymbol{M}_O(m\boldsymbol{v})| = 2\Delta OMD = mvd$$

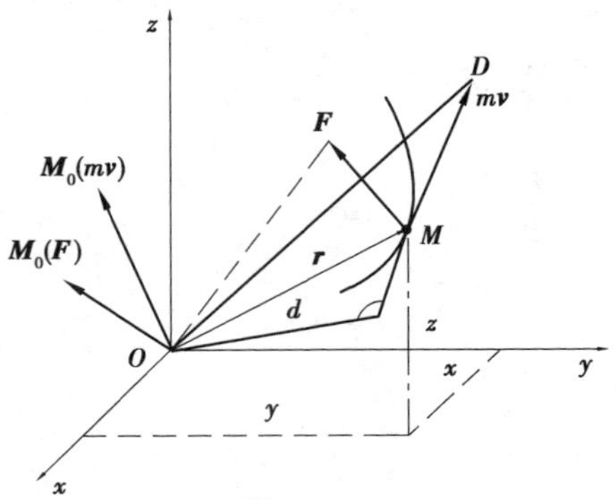

图 8.1

将式(8.1)对时间求一次导数，有

$$\frac{\mathrm{d}}{\mathrm{d}t}\boldsymbol{M}_O(m\boldsymbol{v}) = \frac{\mathrm{d}\boldsymbol{r}}{\mathrm{d}t} \times m\boldsymbol{v} + \boldsymbol{r} \times \frac{\mathrm{d}}{\mathrm{d}t}(m\boldsymbol{v}) = \boldsymbol{r} \times \boldsymbol{F} = \boldsymbol{M}_O(\boldsymbol{F})$$

得

$$\frac{\mathrm{d}}{\mathrm{d}t}\boldsymbol{M}_O(m\boldsymbol{v}) = \boldsymbol{M}_O(\boldsymbol{F}) \tag{8.2}$$

式(8.2)为**质点的动量矩定理**,即:**质点对固定点 O 的动量矩对时间的一阶导数等于作用于质点上的力对同一点的力矩。**

▶8.1.2 质点系动量矩定理

设质点系内有 n 个质点,对于任意质点 M_i 有

$$\frac{\mathrm{d}}{\mathrm{d}t}\boldsymbol{M}_O(m_i\boldsymbol{v}_i) = \boldsymbol{M}_O(\boldsymbol{F}_i^{(i)}) + \boldsymbol{M}_O(\boldsymbol{F}_i^{(e)}) \qquad (i = 1,\cdots,n)$$

式中,$\boldsymbol{F}_i^{(i)}$,$\boldsymbol{F}_i^{(e)}$ 分别为作用于质点上的内力和外力。

求 n 个方程的矢量和有:

$$\sum_{i=1}^{n}\frac{\mathrm{d}}{\mathrm{d}t}\boldsymbol{M}_O(m_i\boldsymbol{v}_i) = \sum_{i=1}^{n}\boldsymbol{M}_O(\boldsymbol{F}_i^{(i)}) + \sum_{i=1}^{n}\boldsymbol{M}_O(\boldsymbol{F}_i^{(e)})$$

式中:$\sum_{i=1}^{n}\boldsymbol{M}_O(\boldsymbol{F}_i^{(i)}) = \boldsymbol{0}$,$\sum_{i=1}^{n}\boldsymbol{M}_O(\boldsymbol{F}_i^{(e)}) = \sum_{i=1}^{n}\boldsymbol{r}_i \times \boldsymbol{F}_i^{(e)} = \boldsymbol{M}_O^{(e)}$ 为作用于系统上的外力系对于 O 点的主矩。交换左端求和及求导的次序,有

$$\sum_{i=1}^{n}\frac{\mathrm{d}}{\mathrm{d}t}\boldsymbol{M}_O(m_i\boldsymbol{v}_i) = \frac{\mathrm{d}}{\mathrm{d}t}\sum_{i=1}^{n}\boldsymbol{M}_O(m_i\boldsymbol{v}_i)$$

令

$$\boldsymbol{L}_O = \sum_{i=1}^{n}\boldsymbol{M}_O(m_i\boldsymbol{v}_i) = \sum_{i=1}^{n}\boldsymbol{r}_i \times m_i\boldsymbol{v}_i \tag{8.3}$$

$\boldsymbol{L}_O$ 为质点系中各质点的动量对 O 点之矩的矢量和,或质点系动量对于 O 点的主矩,称为质点系对 O 点的动量矩。由此得

$$\frac{\mathrm{d}\boldsymbol{L}_O}{\mathrm{d}t} = \boldsymbol{M}_O^{(e)} \tag{8.4}$$

式(8.4)为**质点系动量矩定理**,即:**质点系对固定点 O 的动量矩对于时间的一阶导数等于外力系对同一点的主矩。**

应用说明:

①上述动量矩定理的表达式形式只适用于对固定点或固定轴,对于一般的动点或动轴,其动量矩定理具有较复杂的表达式。

②具体应用时,常取其在直角坐标系上的投影式

$$\left.\begin{aligned}\frac{\mathrm{d}L_x}{\mathrm{d}t} &= \sum M_x(\boldsymbol{F}^{(e)})\\ \frac{\mathrm{d}L_y}{\mathrm{d}t} &= \sum M_y(\boldsymbol{F}^{(e)})\\ \frac{\mathrm{d}L_z}{\mathrm{d}t} &= \sum M_z(\boldsymbol{F}^{(e)})\end{aligned}\right\} \tag{8.5}$$

式中:$L_x = \sum_{i=1}^{n}M_x(m_i\boldsymbol{v}_i)$,$L_y = \sum_{i=1}^{n}M_y(m_i\boldsymbol{v}_i)$,$L_z = \sum_{i=1}^{n}M_z(m_i\boldsymbol{v}_i)$,分别表示质点系中各点动量对

于 x、y、z 轴动量矩的代数和。

③**内力不能改变质点系的动量矩，只有作用于质点系的外力才能使质点系的动量矩发生变化**。在特殊情况下，外力系对 O 点的主矩为零，则质点系对 O 点的动量矩为一常矢量，即

$$\boldsymbol{M}_O^{(e)} = 0, \boldsymbol{L}_O = \text{常矢量}$$

或外力系对某轴力矩的代数和为零，则质点系对该轴的动量矩为一常数，例如

$$\sum M_x(\boldsymbol{F}^{(e)}) = 0, L_x = \text{常数}$$

如质点在有心力 $\boldsymbol{F}$ 作用下的运动，如图 8.2(a)所示，此时 $\boldsymbol{M}_O=0$，所以 $\boldsymbol{L}_O=\boldsymbol{r}\times m\boldsymbol{v}=$常矢量，即 $\boldsymbol{L}_O$ 的大小和方向不变，所以质点动量矩守恒。

a.$\boldsymbol{L}_O$ 方向不变，即质点在 $\boldsymbol{r}$ 与 $m\boldsymbol{v}$ 组成的平面内运动，且此平面在空间的方位不变；

b.$\boldsymbol{L}_O$ 大小不变，即 $|\boldsymbol{r}\times m\boldsymbol{v}| = 2\Delta OAB = mvd =$ 常数，如图 8.2(b)所示，得 $mr^2\dot{\theta}=$ 常数，$\frac{1}{2}r^2\dot{\theta}=$常数。$\frac{1}{2}r^2\dot{\theta}$ 为矢径在单位时间内扫过的面积，称为面积速度。所以，在有心力作用下质点的面积速度不变。

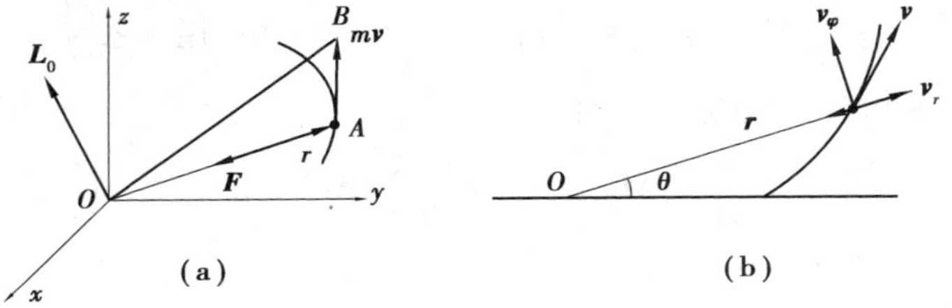

图 8.2

8.2 刚体绕定轴转动微分方程

如图 8.3 所示的定轴转动刚体，若任意瞬时的角速度为 ω，则刚体对于固定轴 z 轴的动量矩为

$$L_z = \sum \boldsymbol{r}_i m_i \boldsymbol{v}_i = \sum m_i \boldsymbol{r}_i^2 \cdot \omega = \omega \sum m_i \boldsymbol{r}_i^2 \qquad (8.6)$$

式中

$$\boldsymbol{J}_z = \sum m_i \boldsymbol{r}_i^2$$

称为刚体对 z 轴的转动惯量，它是描述刚体的质量对 z 轴分布状态的一个物理量，是刚体转动惯性的度量。代入式(8.6)后得

$$\boldsymbol{L}_z = \boldsymbol{J}_z\omega \qquad (8.7)$$

因此，刚体对转动轴的动量矩等于刚体对该轴的转动惯量与角速度的乘积。

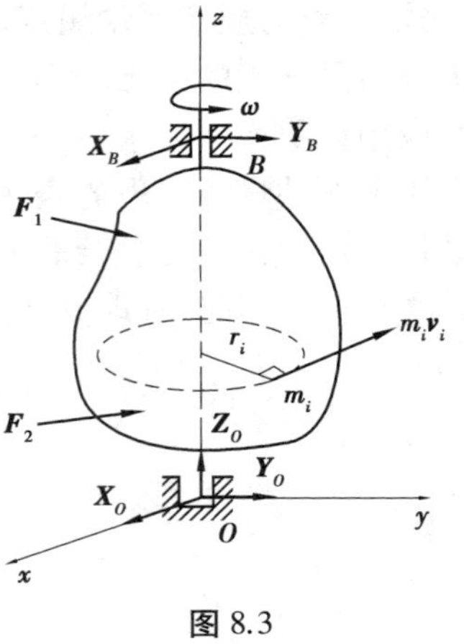

图 8.3

作用于刚体上的外力有主动力及轴承约束力，受力如图 8.3 所示。应用质点系对 z 轴的动量矩方程

$$\frac{dL_z}{dt}=\sum M_z(\boldsymbol{F})$$

有

$$\frac{d}{dt}J_z\omega=\sum M_z(\boldsymbol{F})$$

式中

$$\omega=\frac{d\varphi}{dt}\dot{\varphi}$$

得

$$J_z\frac{d^2\varphi}{dt^2}=\sum M_z(\boldsymbol{F}) \tag{8.8}$$

或

$$J_z\ddot{\varphi}=\sum M_z(\boldsymbol{F}) \tag{8.9}$$

称为**刚体绕定轴转动的微分方程**。

$\frac{d^2\varphi}{dt^2}=\alpha$ 为刚体绕定轴转动的角加速度，所以式(8.8)可写为

$$J_z\alpha=\sum M_z(\boldsymbol{F}) \tag{8.10}$$

由式(8.10)可见，刚体绕定轴转动时，其主动力对转轴的矩使刚体转动状态发生变化。力矩大，转动的角加速度大；如力矩相同，刚体转动惯性大，则角加速度小，反之，角加速度大。可见，刚体转动惯性的大小表现了刚体转动状态改变的难易程度，即：**转动惯量**是刚体转动惯性的量度。

转动惯量与质量都是刚体惯性的度量，转动惯量在刚体转动时起作用，质量在刚体平动时起作用。

应用说明：

①由于约束力对 z 轴的力矩为零，所以方程中只需考虑主动力的矩。

②比较刚体绕定轴转动微分方程与刚体平动微分方程，即

$$J_z\alpha=\sum M_z(\boldsymbol{F}),\ m\boldsymbol{a}=\sum \boldsymbol{F}$$

其形式相似，求解问题的方法和步骤也相似。

【例 8.1】两个质量为 m_1、m_2 的重物分别系在绳子的两端，如图 8.4 所示。两绳分别绕在半径为 r_1、r_2 并固结在一起的两鼓轮上。设两鼓轮对 O 轴的转动惯量为 J_O，重为 W，求鼓轮的角加速度和轴承的约束力。

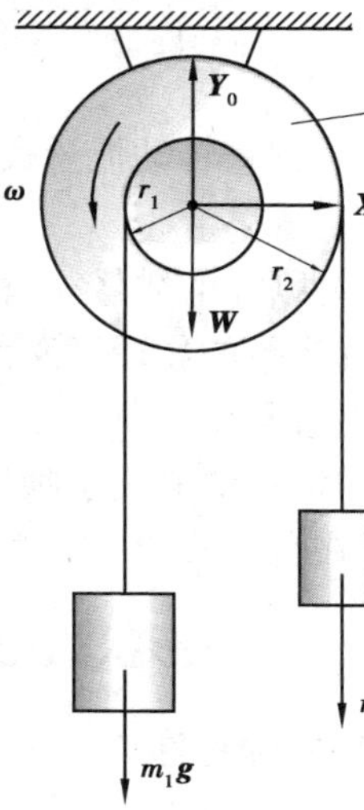

图 8.4

【解】①以整个系统为研究对象，系统所受外力的受力图如图 8.4 所示，其中 $m_1\boldsymbol{g}$, $m_2\boldsymbol{g}$, $\boldsymbol{W}$ 为主动力，$\boldsymbol{X}_O$, $\boldsymbol{Y}_O$ 为约束力。

②系统的动量矩为

$$L_O=(J_O+m_1r_1^2+m_2r_2^2)\omega$$

③应用动量矩定理，有

$$\frac{dL_O}{dt}=\sum M_O(\boldsymbol{F})$$

则有

$$(J_O+m_1r_1^2+m_2r_2^2)\alpha=m_1gr_1-m_2gr_2$$

故鼓轮的角加速度为

$$\alpha = \frac{m_1 r_1 - m_2 r_2}{J_O + m_1 r_1^2 + m_2 r_2^2} g$$

④应用动量定理

$$\sum m\ddot{x} = \sum X$$

$$\sum m\ddot{y} = \sum Y$$

有

$$0 = X_O$$

$$-m_1 r_1 \alpha + m_2 r_2 \alpha = Y_O - m_1 g - m_2 g - W$$

所以轴承约束力为

$$X_O = 0$$

$$Y_O = (m_1 + m_2)g + W - \frac{(m_1 r_1 - m_2 r_2)^2}{J_O + m_1 r_1^2 + m_2 r_2^2} g$$

讨论：

解决问题的思路是以整个系统为研究对象的，首先应用动量矩定理求解已知力求运动问题，然后用质心运动定理求解已知运动求力的问题。所以，联合应用动量定理和动量矩定理可求解动力学的两类问题，亦可求解较为复杂的动力学问题。

8.3 刚体对轴的转动惯量

►8.3.1 转动惯量和回转半径

由上节知，转动惯量是刚体转动惯性的度量，其表达式为

$$J_z = \sum m_i r_i^2$$

如果刚体的质量是连续分布的，则上式可写为积分形式

$$J_z = \int_m r^2 \mathrm{d}m$$

在工程中，常将转动惯量表示为

$$J_z = m\rho_z^2 \tag{8.11}$$

式中：m 为刚体的质量；ρ_z **称为回转半径**，单位为 m 或 cm。

回转半径的物理意义为：若将物体的质量集中在以 ρ_z 为半径、Oz 为对称轴的细圆环上，则转动惯量不变。

转动惯量值取决于物体的形状、质量分布及转轴的位置。刚体的转动惯量有着重要的物理意义，在科学实验、工程技术、航天、电力、机械、仪表等工业领域也是一个重要参量。

►8.3.2 简单形状的均质刚体转动惯量的计算

1)均质细长杆

长为 l、质量为 m 均质细长杆(图 8.5(a))，对于过质心 C 且与杆的轴线相垂直的 z 轴的转动惯量为

$$J_z = \int_{-l/2}^{l/2} \frac{m}{l}x^2\mathrm{d}x = \frac{1}{12}ml^2$$

回转半径为

$$\rho_z = \sqrt{\frac{J_z}{m}} = \frac{\sqrt{3}}{6}l = 0.288\ 7l$$

如图 8.5(b)所示,对于过杆端 A 且与 z 轴平行的 z_1 轴的转动惯量为

$$J_{z1} = \int_0^l \frac{m}{l}x^2\mathrm{d}x = \frac{1}{3}ml^2$$

回转半径为 $\rho_{z1} = \sqrt{3}\,l/3 = 0.577\ 4l$

2)均质薄圆盘

对于半径为 R、质量为 m 的均质薄圆盘(图 8.6),z 轴过中心 O 与圆盘平面相垂直。

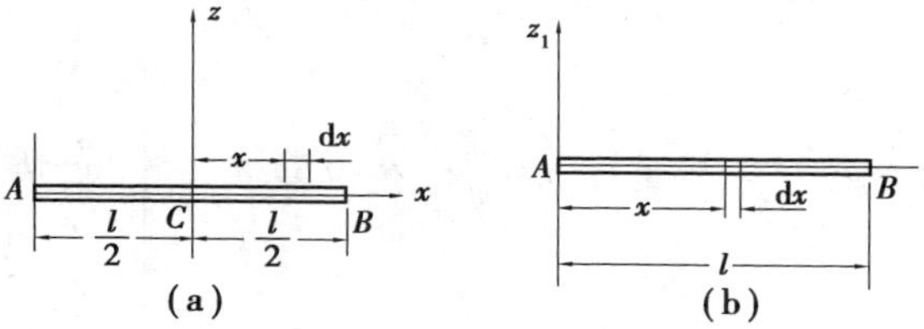

图 8.5

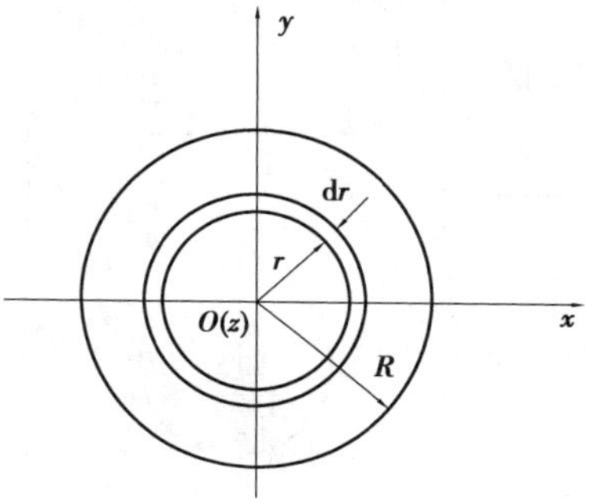

图 8.6

图中所示圆环的质量为 $\mathrm{d}m = \frac{m}{\pi R^2}2\pi r\mathrm{d}r = \frac{2m}{R^2}r\mathrm{d}r$,此圆环对于 z 轴的转动惯量为 $r^2\mathrm{d}m = \frac{2m}{R^2}r^3\mathrm{d}r$,于是整个圆盘对于 z 轴的转动惯量为

$$J_z = \int_0^R \frac{2m}{R^2}r^3\mathrm{d}r = \frac{1}{2}mR^2$$

回转半径为

$$\rho_z = \frac{\sqrt{2}}{2}R = 0.707\ 1R$$

请读者试计算均质圆柱体对于纵向中心轴的转动惯量。一般地,简单形状的均质刚体的转动惯量可以从有关手册中查到,也可用上述方法计算。

表 8.1 列出了常见均质物体的转动惯量和回转半径。

表 8.1 均质物体的转动惯量

形 状	简 图	转动惯量	惯性半径	体 积
细直杆	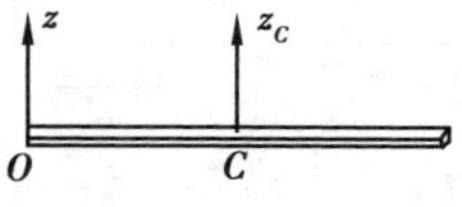	$J_{zC} = \frac{m}{12}l^2$ $J_z = \frac{m}{3}l^2$	$\rho_{zC} = \frac{1}{2\sqrt{3}} = 0.289l$ $\rho_z = \frac{l}{\sqrt{3}} = 0.578l$	

续表

形　状	简　图	转动惯量	惯性半径	体　积
薄壁圆筒	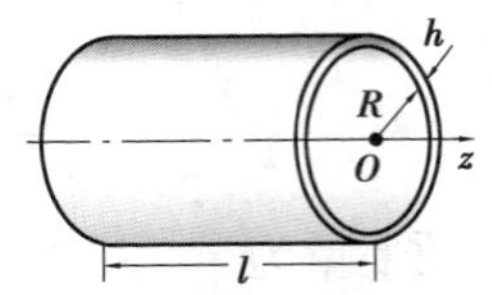	$J_z=mR^2$	$\rho_z=R$	$2\pi Rlh$
圆柱	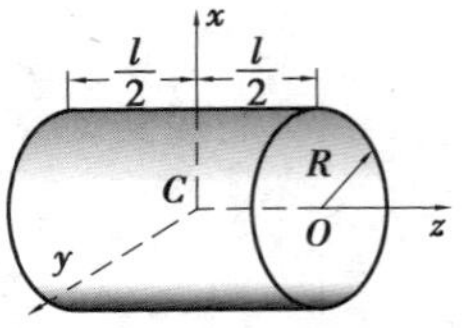	$J_z=\frac{1}{2}mR^2$ $J_x=J_y=\frac{m}{12}(3R^2+l^2)$	$\rho_z=\frac{R}{\sqrt{2}}=0.707R$ $\rho_x=\rho_y=\sqrt{\frac{1}{12}(3R^2+l^2)}$	$\pi R^2 l$
空心圆柱	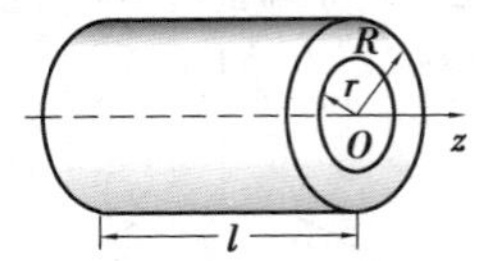	$J_z=\frac{m}{2}(R^2+r^2)$	$\rho_z=\sqrt{\frac{1}{2}(R^2+r^2)}$	$\pi l(R^2-r^2)$
实心球	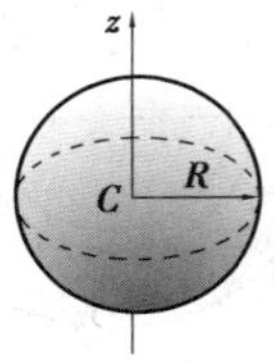	$J_z=\frac{2}{5}mR^2$	$\rho_z=\sqrt{\frac{2}{5}}R=0.632R$	$\frac{4}{3}\pi R^3$
矩形薄板	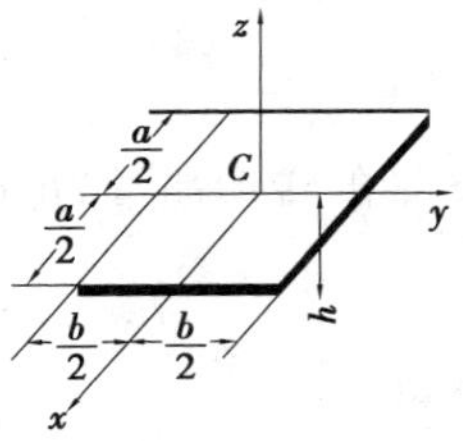	$J_z=\frac{m}{12}(a^2+b^2)$ $J_y=\frac{m}{12}a^2$ $J_x=\frac{m}{12}b^2$	$\rho_z=\sqrt{\frac{1}{12}(a^2+b^2)}$ $\rho_y=0.289a$ $\rho_x=0.289b$	abh

▶8.3.3　转动惯量的平行轴定理

定理:刚体对于任一轴的转动惯量等于刚体对于通过质心并与该轴平行的轴的转动惯量,加上刚体的质量与两轴间距离平方的乘积。即

$$J_{z'}=J_{zC}+md^2 \tag{8.12}$$

证明:如图 8.7 所示,设 C 为刚体的质心,刚体对于过质心的轴 z 的转动惯量为

$$J_{zC}=\sum m_i r_i^2=\sum m_i(x_i^2+y_i^2)$$

对于与 z 轴平行的另一轴 z' 的转动惯量为

$$J_{z'}=\sum m^i r_i'^2=\sum m_i(x_i'^2+y_i'^2)$$

由于 $x_i'=x_i$, $y'_i=y_i+d$,于是上式变为

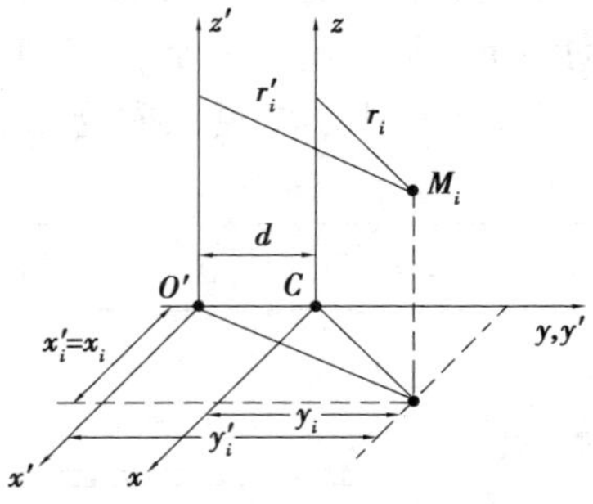

图 8.7

$$J_{z'} = \sum m_i[x_i^2 + (y_i + d)^2] = \sum m_i[x_i^2 + y_i^2 + 2dy_i + d^2]$$
$$= \sum m_i(x_i^2 + (y_i^2) + 2d\sum m_i y_i + d^2 \sum m_i$$

式中第二项 $\sum m_i y_i = m y_C = 0$,于是得

$$J_{z'} = J_{zC} + md^2$$

定理证毕。

在应用时注意以下几点：

①两轴互相平行；

②其中一轴过质心,从过质心的轴开始平移；

③过质心的轴的转动惯量最小。

▶8.3.4　求转动惯量的实验方法

工程中对于几何形状复杂的刚体,常用实验的方法测定其转动惯量。常用的方法有扭转振动法、复摆法、落体观测法等。

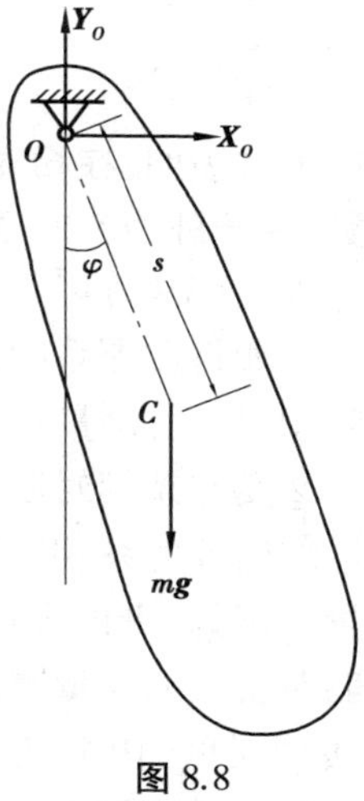

图 8.8

【例 8.2】复摆法测转动惯量。如图 8.8 所示刚体在重力作用下绕水平轴 O 转动,称为复摆或物理摆。水平轴称为摆的悬挂轴(或悬点)。设摆的质量为 m,质心为 C,s 为质心到悬挂轴的距离。若已测得复摆绕其平衡位置摆动的周期 T,求刚体对通过质心并平行于悬挂轴的轴的转动惯量。

【解】刚体在任意位置的受力图如图 8.8 所示,刚体绕定轴转动微分方程为

$$J_O\ddot{\varphi} = - mgs \cdot \sin\varphi$$

由平行轴定理知,式中

$$J_O = J_C + ms^2 = m\rho_C^2 + ms^2 = m(\rho_C^2 + s^2)$$

有

$$m(\rho_C^2 + s^2)\ddot{\varphi} = - mgs \cdot \sin\varphi$$

或

$$\ddot{\varphi} + \frac{gs}{\rho_C^2 + s^2}\sin\varphi = 0$$

若摆角 φ 很小,$\sin\varphi \approx \varphi$,运动微分方程线性化为

$$\ddot{\varphi} + \frac{gs}{\rho_C^2 + s^2}\varphi = 0$$

这与单摆的运动微分方程相似。由此得复摆微小摆动的周期为

$$T = 2\pi\sqrt{\frac{\rho_C^2 + s^2}{gs}}$$

若已测得复摆摆动的周期,可求出刚体的转动惯量

$$J_C = m\rho_C^2 = mgs\left(\frac{T^2}{4\pi^2} - \frac{s}{g}\right)$$

8.4 刚体平面运动微分方程

前面阐述的动量矩定理的表达式形式只适用于固定点或固定轴，对于一般的动点或动轴，其动量矩定理具有较复杂的表达式。然而，相对于质点系的质心或者通过质心的动轴，动量矩定理仍保持简单形式。

▶8.4.1 质点系相对质心动量矩定理

$$\frac{\mathrm{d}\boldsymbol{L}_C}{\mathrm{d}t} = \boldsymbol{M}_C^{(e)} \tag{8.13}$$

上式表明：**在相对随质心平动坐标系的运动中，质点系对质心的动量矩对于时间的一阶导数，等于外力系对质心的主矩。这称为质点系相对质心的动量矩定理。**

由式(8.13)可知：

①如将质点系的运动分解为跟随质心的平动和相对质心的运动，则可分别用质心运动定理和相对质心动量矩定理来建立这两种运动与外力系的关系。

②质点系相对质心的运动只与外力系对质心的主矩有关，而与内力无关。

③当外力系相对质心的主矩为零时，质点系相对质心的动量矩守恒，即 $\boldsymbol{M}_C^{(e)}=0$，$\boldsymbol{L}_{Cr}=$常矢量。例如，飞机或轮船必须有舵才能转弯，当舵有偏角时，流体推力对质心的力矩使飞机或轮船对质心的动量矩改变。又如，跳水运动员跳水时要翻跟头，就必须脚蹬跳板以获得初速度，因为在空中时，重力过质心，对质心的力矩为零，质点系对质心的动量矩守恒。

请读者试分析：由静止状态自由下落的猫，从四肢朝上转为朝下，在空中翻转 180°，其动量矩发生变化了吗？

▶8.4.2 刚体平面运动微分方程

平面图形在固定平面内的运动，如图 8.9 所示。图中 $Cx'y'$ 为随质心平动的坐标系，刚体的平面运动可分解为跟随质心的平动和相对质心的转动。刚体在相对运动中对质心的动量矩为

$$L_{Cr} = (\sum m_i r_i'^2)\omega = J_C\omega$$

应用质心运动定理和相对质心动量矩定理得

$$\left.\begin{aligned} m\ddot{x}_C &= \sum X \\ m\ddot{y}_C &= \sum Y \\ J_C\ddot{\varphi} &= \sum M_C(\boldsymbol{F}) \end{aligned}\right\} \tag{8.14}$$

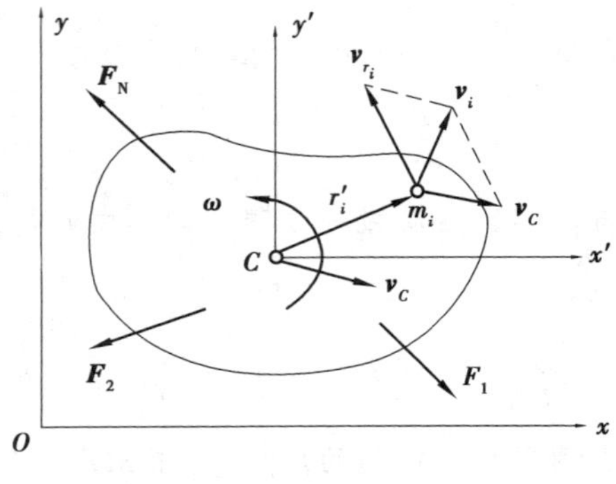

图 8.9

式(8.14)称为刚体平面运动微分方程。应用

以上方程可求解平面运动刚体动力学的两类问题。

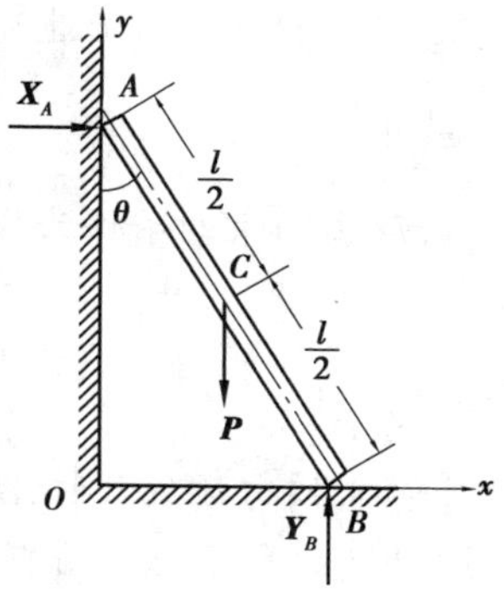

图 8.10

【例 8.3】均质细杆 AB，长为 l，重为 P，两端分别沿铅垂墙和水平面滑动，不计摩擦，如图(8.10)所示。若杆在铅垂位置受干扰后，由静止状态沿铅垂面滑下，求杆在任意位置的角加速度。

【解】杆在任意位置的受力图如图 8.10 所示。

(1)分析杆质心的运动

如图所示，质心的坐标为

$$\left.\begin{aligned} x_C &= \frac{l}{2}\sin\theta \\ y_C &= \frac{l}{2}\cos\theta \end{aligned}\right\}$$

将上式分别对时间求一阶及二阶导数，有

$$\left.\begin{aligned} \dot{x}_C &= \frac{l}{2}\dot{\theta}\cos\theta \\ \dot{y}_C &= -\frac{l}{2}\dot{\theta}\sin\theta \end{aligned}\right\} \qquad \left.\begin{aligned} \ddot{x}_C &= -\frac{l}{2}\dot{\theta}^2\sin\theta + \frac{l}{2}\ddot{\theta}\cos\theta \\ \ddot{y}_C &= -\frac{l}{2}\dot{\theta}^2\cos\theta - \frac{l}{2}\ddot{\theta}\sin\theta \end{aligned}\right\}$$

(2)列写杆的平面运动微分方程

$$m\ddot{x}_C = \sum X, \frac{p}{g}\left(-\frac{l}{2}\dot{\theta}^2\sin\theta + \frac{l}{2}\ddot{\theta}\cos\theta\right) = X_A \tag{1}$$

$$m\ddot{y}_C = \sum Y, \frac{P}{g}\left(-\frac{l}{2}\dot{\theta}^2\cos\theta - \frac{l}{2}\ddot{\theta}\sin\theta\right) = Y_B - P \tag{2}$$

$$J_C\ddot{\theta} = \sum M_C(\boldsymbol{F}), \frac{P}{g}\frac{l^2}{12}\ddot{\theta} = Y_B\frac{l}{2}\sin\theta - X_A\frac{l}{2}\cos\theta \tag{3}$$

(3)求解微分方程

将上面式(1)乘$\frac{l}{2}\cos\theta$，式(2)乘$\frac{l}{2}\sin\theta$，然后两式相减得

$$\frac{1}{4}\frac{P}{g}l^2\ddot{\theta} = X_A\frac{l}{2}\cos\theta - Y_B\frac{l}{2}\sin\theta + P\frac{l}{2}\sin\theta \tag{4}$$

式(4)与式(3)联立求解，可得任意瞬时的角加速度为

$$\ddot{\theta} = \frac{3g}{2l}\sin\theta$$

①欲求杆在任意瞬时的速度，应作如下的积分运算：

$$\ddot{\theta} = \dot{\theta}\frac{d\dot{\theta}}{d\theta} \quad\Rightarrow\quad \dot{\theta}d\dot{\theta} = \frac{3g}{2l}\sin\theta d\theta$$

积分，下限由初始条件决定

$$\int_0^{\dot{\theta}}\dot{\theta}d\dot{\theta} = \int_0^{\theta}\frac{3g}{2l}\sin\theta d\theta$$

得

$$\dot{\theta}^2 = \frac{3g}{l}(1-\cos\theta)$$

②任意瞬时的角加速度及角速度求得后，任意瞬时的约束力就可求出，请读者自行分析。

其中
$$X_A=\frac{3}{4}P\sin\theta(3\cos\theta-2)$$

杆脱离约束的条件为 $X_A=0$，由此得出杆脱离约束的位置为
$$3\cos\theta-2=0$$

即
$$\theta=\arccos\frac{2}{3}=48.2^\circ$$

【例 8.4】匀质细长杆 AB，质量为 m，长为 l，$CD=d$，与铅垂墙间的夹角为 θ，D 棱是光滑的。在图 8.11(a)所示位置将杆突然释放，试求刚释放时，质心 C 的加速度和 D 处的约束力。

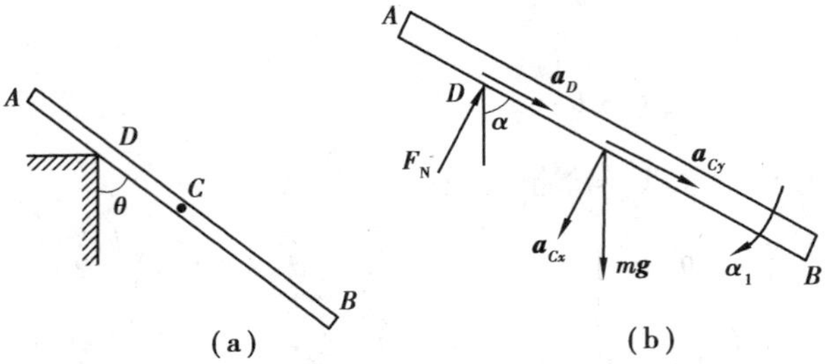

图 8.11

【解】初始静止，杆开始运动瞬时，$\boldsymbol{v}_D$ 必沿支承处切向(即沿 AB 方向)，所以 $\boldsymbol{a}_D$ 此时沿 AB 方向，如图 8.11(b)所示。

以 D 为基点，由 $\boldsymbol{a}_{Cx}+\boldsymbol{a}_{Cy}=\boldsymbol{a}_D+\boldsymbol{a}_{CD}^n+\boldsymbol{a}_{CD}^t$，得
$$\boldsymbol{a}_{Cx}=\boldsymbol{a}_{CD}^t=d\cdot\alpha_1 \tag{1}$$

由 AB 作平面运动，有
$$ma_{Cx}=mg\sin\alpha-F_N \tag{2}$$
$$ma_{Cy}=mg\cos\alpha \tag{3}$$
$$\frac{1}{12}ml^2\cdot\alpha_1=F_Nd \tag{4}$$

联立式(1)—式(4)求解，得
$$a_{Cx}=\frac{12gd^2\sin\alpha}{l^2+12d^2}$$
$$F_N=\frac{mgl^2\sin\alpha}{l^2+12d^2}$$

注意：

应用刚体平面运动微分方程，求解动力学的两类问题，除了列写微分方程外，还需写出补充的运动学方程或其他所需的方程，联立求解。

8.5* 碰撞中的动量矩定理

正如本书 7.4 节所言，动量定理和动量矩定理是解决碰撞问题的有利方法，本节拟应用动量矩定理描述碰撞过程中力与运动变化的关系。

▶8.5.1 碰撞过程中的动量矩定理——冲力矩定理

质点系动量矩定理的一般表达式为微分形式

$$\frac{\mathrm{d}}{\mathrm{d}t}\boldsymbol{L}_O = \sum_{i=1}^{n}\boldsymbol{M}(\boldsymbol{F}_i^{(e)}) = \sum_{i=1}^{n}\boldsymbol{r}_i \times \boldsymbol{F}_i^{(e)}$$

式中:$\boldsymbol{L}_O$ 为质点系对于定点 O 的动量矩;$\sum \boldsymbol{r}_i \times \boldsymbol{F}_i^{(e)}$ 为作用于质点系的外力对点 O 的主矩。上式可写成:

$$\mathrm{d}\boldsymbol{L}_O = \sum_{i=1}^{n}\boldsymbol{r}_i \times \boldsymbol{F}_i^{(e)}\mathrm{d}t = \sum_{i=1}^{n}\boldsymbol{r}_i \times \mathrm{d}\boldsymbol{I}_i^{(e)}$$

对上式分离变量后积分可得:

$$\boldsymbol{L}_{O2} - \boldsymbol{L}_{O1} = \sum_{i=1}^{n}\int_0^t \boldsymbol{r}_i \times \mathrm{d}\boldsymbol{I}_i^{(e)}$$

一般情况下,上式中 $\boldsymbol{r}_i$ 为未知的变量,难以积分。但在碰撞过程中,假设各质点的位置不变,因此碰撞作用力的作用点矢径 $\boldsymbol{r}_i$ 是个恒量,于是有

$$\boldsymbol{L}_{O2} - \boldsymbol{L}_{O1} = \sum_{i=1}^{n}\boldsymbol{r}_i \times \int_0^t \mathrm{d}\boldsymbol{I}_i^{(e)} = \sum_{i=1}^{n}\boldsymbol{r}_i \times \boldsymbol{I}_i^{(e)} = \sum_{i=1}^{n}\boldsymbol{M}_O(\boldsymbol{I}_i^{(e)}) \tag{8.15}$$

式中:$\boldsymbol{L}_{O1}$ 和 $\boldsymbol{L}_{O2}$ 分别是碰撞开始和结束时候质点系对点 O 的动量矩;$\boldsymbol{I}_i^{(e)}$ 是外碰撞冲量;$\boldsymbol{r}_i \times \boldsymbol{I}_i^{(e)}$ 为不计普通力的冲力矩。式(8.15)是用于碰撞过程的动量矩定理,又称为冲力矩定理,质点系在碰撞前后对点 O 的动量矩的变化,等于作用于质点系的外碰撞冲量对同一点的主矩。

▶8.5.2 刚体平面运动碰撞方程

质点系相对于质心的动量矩定理与相对于固定点的动量矩定理有相同的形式。由此,可得用于碰撞过程的质点系相对于质心的动量矩定理

$$\boldsymbol{L}_{C2} - \boldsymbol{L}_{C1} = \sum_{i=1}^{n}\boldsymbol{M}_C(\boldsymbol{I}_i^{(e)}) \tag{8.16}$$

式中:$\boldsymbol{L}_{C1}$ 和 $\boldsymbol{L}_{C2}$ 为碰撞前后质点系相对于质心 C 的动量矩;式中右端项为外碰撞冲量对质心的主矩。

将式(8.16)与第 7 章的式(7.15)联立起来,可用于分析平面运动刚体的碰撞问题,称为刚体平面运动的碰撞方程。

习　题

8.1　小球由不可伸长绳系住,可绕铅垂轴 Oz 转动。绳的另一端穿过铅垂小管被力 $\boldsymbol{F}$ 向下慢慢拉动。不计绳的质量。开始时小球在 M_0 位置,离 Oz 轴的距离为 R_0。小球以转速 $n_0 = 120$ r/min绕 Oz 轴旋转,当小球在 M_1 位置时,$R_1 = R_0/2$。求此时小球绕 O 轴转动的转速 n_1(单位为 r/min)。

8.2　通风机风扇的叶轮的转动惯量为 J 以初速度 ω_0 绕其中心轴转动。设空气阻力矩与角速度成正比,方向相反,即 $\boldsymbol{M} = -\alpha\boldsymbol{\omega}$($\alpha$ 为比例系数),求在阻力作用下,经过多少时间角速度减少一半?在此时间间隔内叶轮转了多少转?

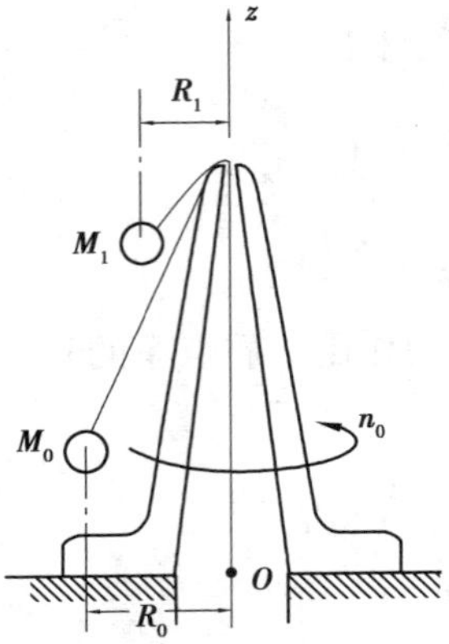

习题 8.1 图

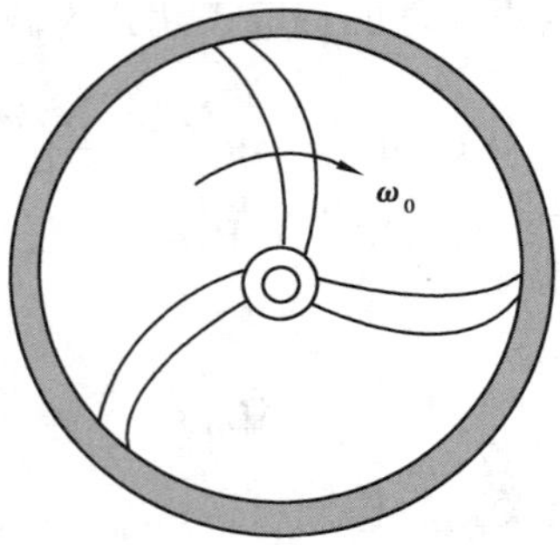

习题 8.2 图

8.3 如图所示，水平圆盘可绕铅直轴 z 转动，其对 z 轴的转动惯量为 J_z。一质量为 m 的质点在圆盘上作匀速圆周运动，质点的速度为 v_0，圆的半径为 r，圆心到盘中心的距离为 l。开始运动时，质点在位置 M_0，圆盘角速度为零。求圆盘角速度 ω 与角 φ 间的关系。（轴承摩擦不计）

8.4 图示电绞车提升一质量为 m 的物体，在其主动轴上作用有一矩为 M 的主动力偶。已知主动轴和从动轴连同安装在这两轴上的齿轮以及其他附属零件的转动惯量分别为 J_1 和 J_2；传动比 $z_1 : z_2 = i$；吊索缠绕在鼓轮上，此轮半径为 R。设轴承的摩擦和吊索的质量均略去不计，求重物的加速度。

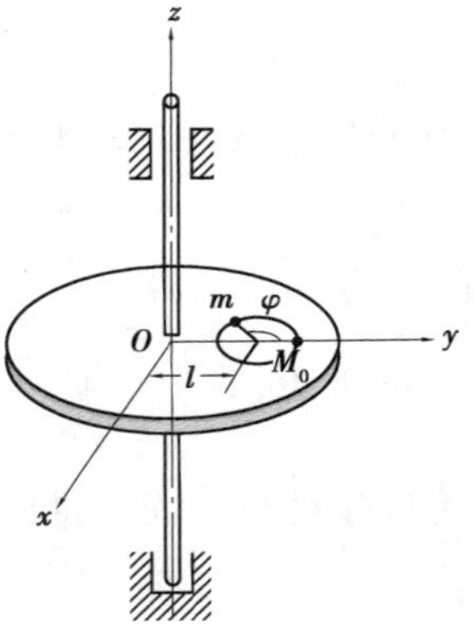

习题 8.3 图

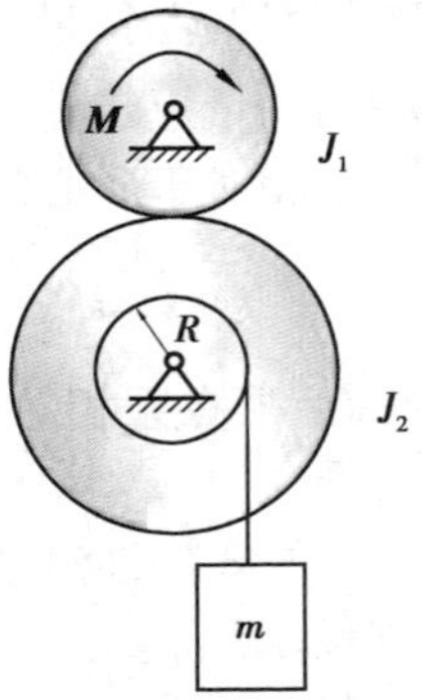

习题 8.4 图

8.5 如图所示，重物 A 质量为 m_1，系在绳子上，绳子跨过不计质量的固定滑轮 D，并绕在鼓轮 B 上。由于重物下降，带动了轮 C，使它沿水平轨道滚动而不滑动。设鼓轮半径为 r，轮 C 的半径为 R，两者固连在一起，总质量为 m_2，对于其水平轴 O 的回转半径为 ρ。求重物 A 的加速度。

8.6 图示两带轮的半径各为 R_1 和 R_2，其质量各为 m_1 和 m_2，两轮以胶带相连接，各绕两平行的固定轴转动。如在第一个带轮上作用矩为 M 的主动力偶，在第二个带轮上作用矩为 M' 的阻力偶。带轮可视为均质圆盘，胶带与轮间无滑动，胶带质量略去不计。求第一个带轮的角加速度。

8.7 如图所示，为了求得半径 $R=50$ cm 的飞轮 A 对于通过其重心 O 的轴的转动惯量，在飞轮上系一细绳。绳的末端系一质量 $m_1=8$ kg 的重锤，重锤自高度 $h=2$ m 处落下，测得落

下时间 $T_1=16$ s。为了消去轴承摩擦的影响，再用质量 $m_2=4$ kg 的重锤作第二次试验，此重锤自同一高度落下来的时间是 $T_2=25$ s。假定摩擦力矩为一常量，且与重锤的质量无关，试计算转动惯量 J。

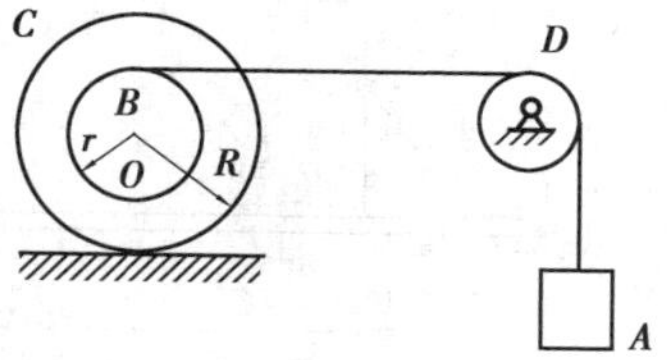

习题 8.5 图

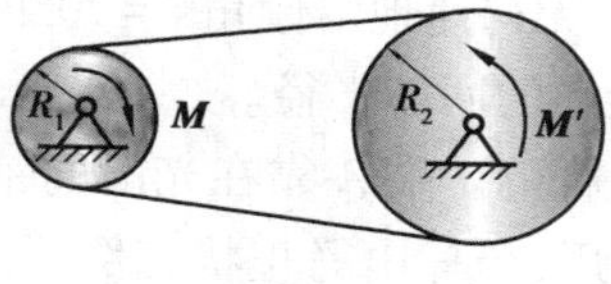

习题 8.6 图

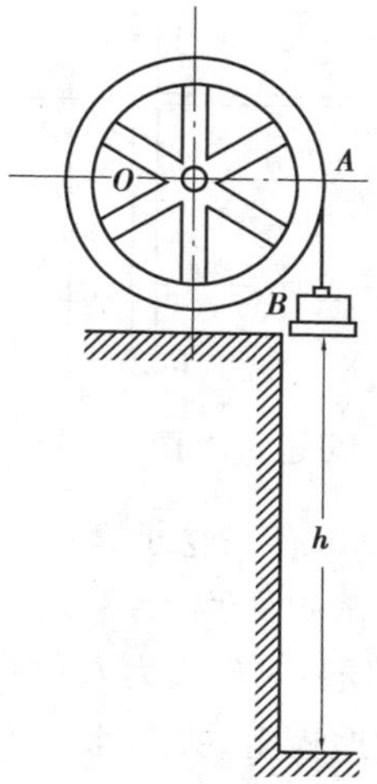

习题 8.7 图

8.8　为求刚体对于通过重心 G 的轴 AB 的转动惯量，用两杆 AD、BE 与刚体牢固连接，并借两杆将刚体活动地挂在水平轴 DE 上，如图所示。AB 轴平行于 DE，然后使刚体绕 DE 轴作微小摆动，求出振动周期 T。如果刚体的质量为 m，轴 AB 与 DE 间的距离为 h，杆 AD 和 BE 的质量忽略不计，求刚体对 AB 轴的转动惯量。

8.9　图示均质圆盘的半径 $R=180$ mm，质量 $m=25$ kg。测得圆盘的扭转振动周期 $T_1=1$ s；当加上另一物体时，测得扭转振动周期 $T_2=1.2$ s。求所加物体对于转动轴的转动惯量。

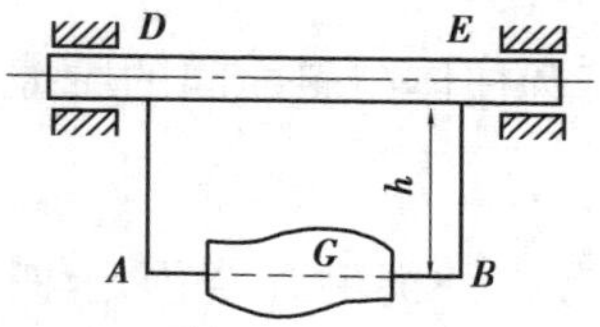

习题 8.8 图

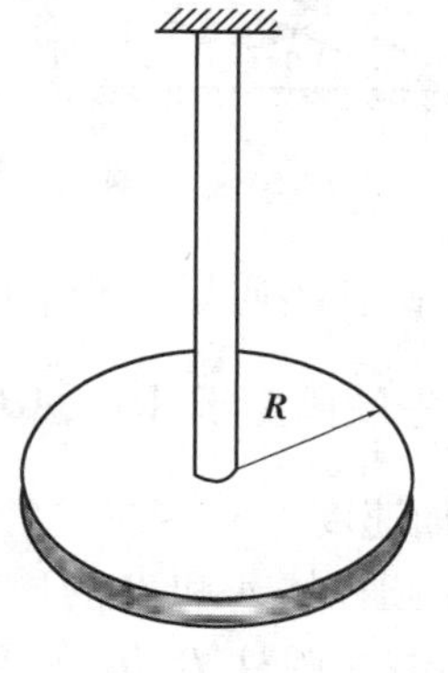

习题 8.9 图

8.10　两匀质细杆 OA 和 EC 的质量分别为 50 kg 和 100 kg，在 A 点互相垂直焊接起来。若此结构在图示位置由静止释放，求释放瞬时，铰支座 O 的约束力和杆 OA 作用于杆 EC 的弯矩。尺寸如图所示，不计铰的摩擦。

8.11　图示均质杆 AB 长 l，质量为 m_1。杆的 B 端固连质量为 m_2 的小球，其大小不计。杆上点 D 连一弹簧，刚度系数为 k，使杆在水平位置保持平衡。设初始静止，求给小球 B 一个垂直向下的微小初位移 δ_0 后杆 AB 的运动规律和周期。

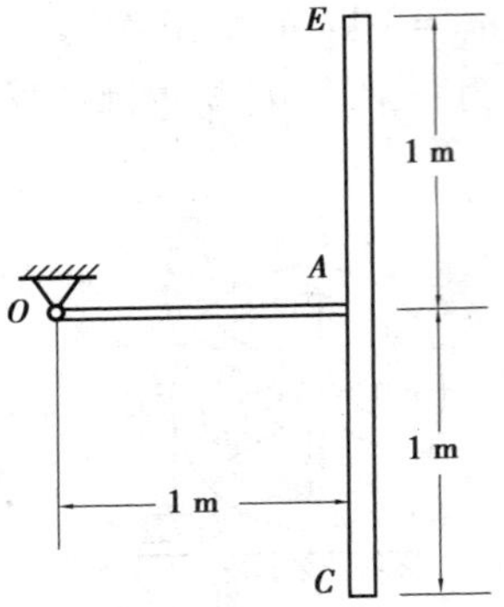

习题 8.10 图

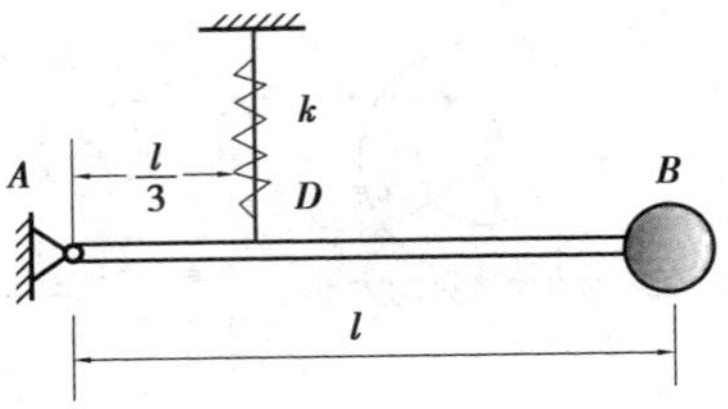

习题 8.11 图

8.12　如图所示，有一轮子，轴的直径为 50 mm，无初速地沿倾角 $\theta=20°$的轨道滚下，设只滚不滑，5 s 内轮心滚过距离 $s=3$ m。试求轮子对轮心的回转半径。

8.13　图示均质杆 AB 长为 l，放在铅直平面内，杆的一端 A 靠在光滑的铅直墙上，另一端 B 放在光滑的水平地板上，并与水平面成 φ_0 角。此后，令杆由静止状态倒下。求：(1)杆在任意位置时的角加速度和角速度；(2)当杆脱离墙时，此杆与水平面所夹的角。

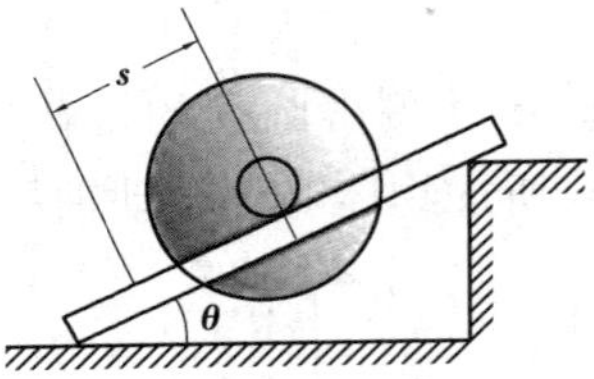

习题 8.12 图

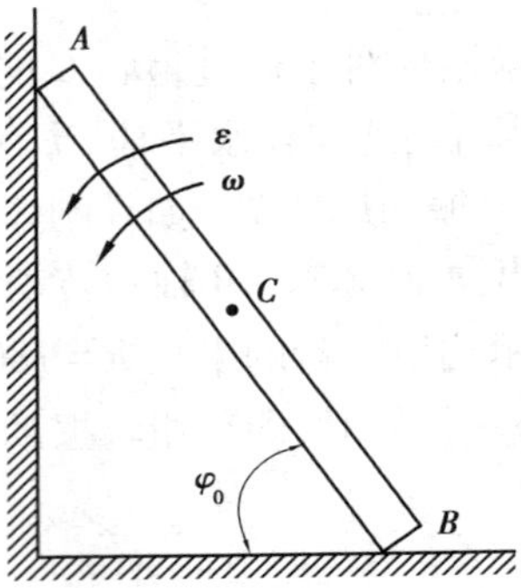

习题 8.13 图

8.14　均质圆柱体质量为 m，半径为 r，放在倾斜角为 60°的斜面上，如图所示。一细绳缠在圆柱体上，其一端固定于 A 点，AB 平行于斜面。若圆柱体与斜面间的摩擦系数 $f=\frac{1}{3}$，试求柱体中心 C 的加速度。

8.15　均质圆柱体 A 和 B 的质量均为 m，半径为 r，一绳缠在绕固定轴 O 转动的圆柱 A 上，绳的另一端绕在圆柱 B 上，如图所示。摩擦不计。求：(1)圆柱体 B 下落时质心的加速度；(2)若在圆柱体 A 上作用一逆时针转向、矩为 M 的力偶，试问在什么条件下圆柱体 B 的质心加速度将向上。

8.16　均质梁 AB 长为 l，重为 W，由铰链 A 和绳所支持。若突然剪断联结 B 点的软绳，求绳断前后铰链 A 的约束力的改变量。

8.17　圆轮 A 的半径为 R，与其固连的轮轴半径为 r，两者的重力共为 W，对质心 C 的回转半径为 R，缠绕在轮轴上的软绳水平地固定于点 D。均质平板 BE 可在光滑水平面上滑动，板与圆轮间无相对滑动。若在平板上作用一水平力 $\boldsymbol{F}$，试求平板 BE 的加速度。

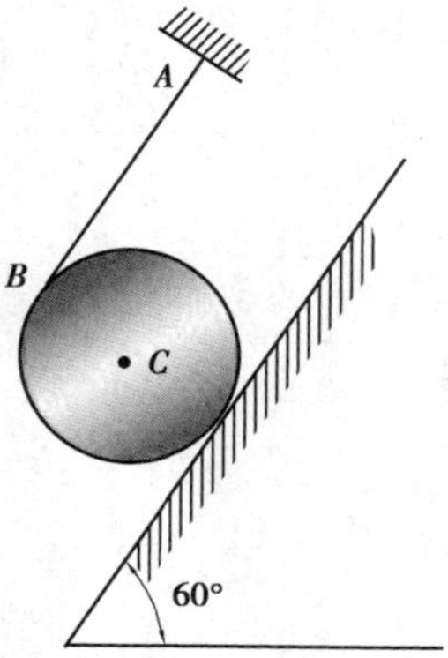

习题 8.14 图

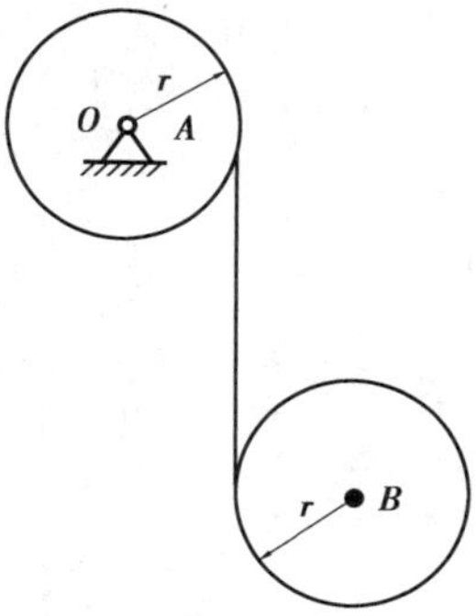

习题 8.15 图

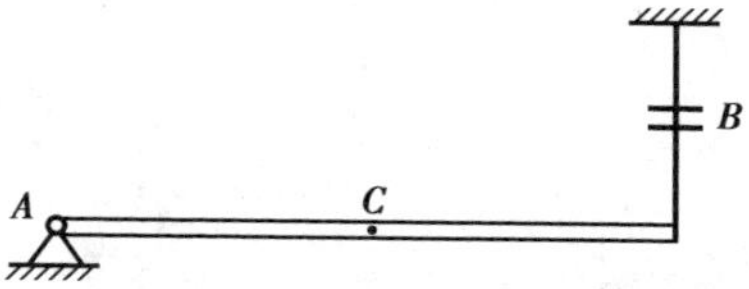

习题 8.16 图

8.18 图示重物 A 的质量为 m，当其下降时，借无重且不可伸长的绳使滚子 C 沿水平轨道滚动而不滑动。绳子跨过不计质量的定滑轮 D 并绕在滑轮 B 上。滑轮 B 与滚子 C 固结为一体。已知滑轮 B 的半径为 R，滚子 C 的半径为 r，二者总质量为 m'，其对与图面垂直轴 O 的回转半径为 ρ。求重物 A 的加速度。

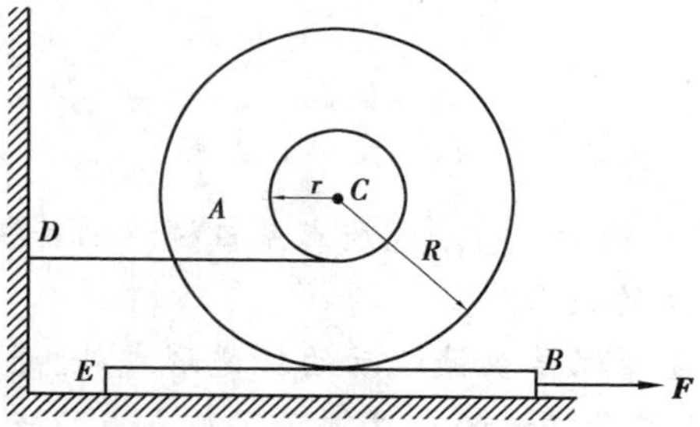

习题 8.17 图

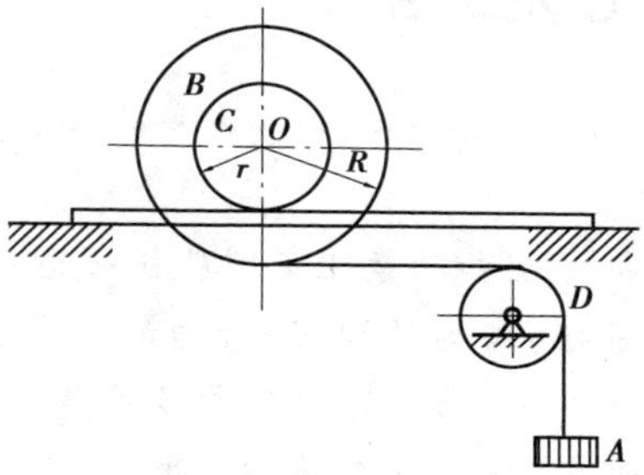

习题 8.18 图

8.19 鼓轮如图所示，其外、内半径分别为 R 和 r，质量为 m，对质心轴 O 的回转半径为 ρ，且 $\rho^2=R\cdot r$。鼓轮在拉力 $\boldsymbol{F}$ 的作用下沿倾角为 θ 的斜面往上纯滚动，力 $\boldsymbol{F}$ 与斜面平行，不计滚动摩阻。试求质心 O 的加速度。

8.20 图示圆柱体 A 的质量为 m，在其中部绕以细绳，绳的一端 B 固定。圆柱体沿绳子解开的而降落，其初速为零。求当圆柱体的轴降落了高度 h 时，圆柱体中心 A 的速度 v 和绳子的拉力 $\boldsymbol{F}_{\mathrm{T}}$。

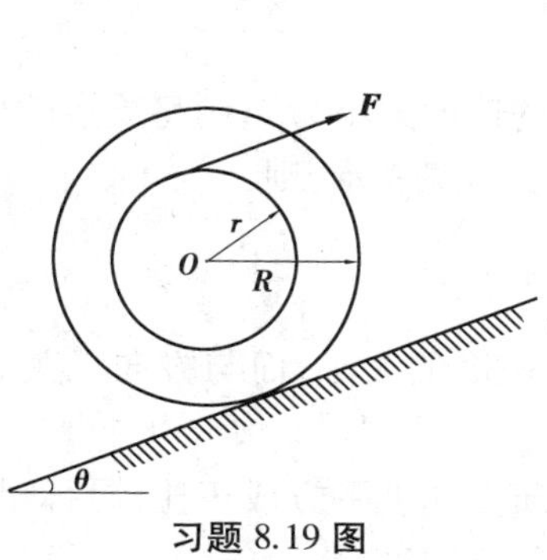

习题 8.19 图

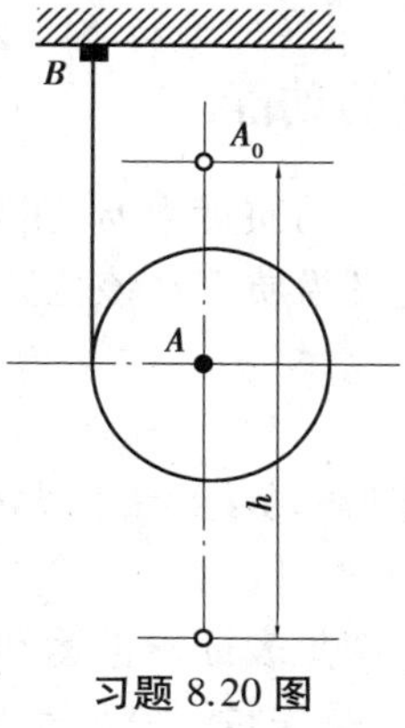

习题 8.20 图

9

动能定理

动量定理和动量矩定理从机械运动传递的角度揭示了质点或质点系机械运动特征量(动量和动量矩)与力的作用量(力的冲量和力矩)之间的关系。

自然界中,物质运动形式多种多样。机械运动除保持机械运动的传递形式外,还可转换为其他形式的运动(如热、光、电等)。动能定理从能量转换的角度揭示了质点或质点系机械运动特征量(动能)与力的作用量(力的功)之间的关系,有时用它来处理动力学问题更方便。

本章将讨论动能、力的功和势能等概念,推导动能定理和机械能守恒定律,并举例说明如何综合运用动量定理、动量矩定理和动能定理分析较复杂的动力学问题。

9.1 质点和质点系的动能

▶9.1.1 质点的动能

设一运动质点的质量为 m,在某位置或瞬时的速度大小为 v,则将质点的质量与速度平方的乘积的 1/2 定义为质点在该位置或瞬时的动能,用 T 表示,则

$$T = \frac{1}{2}mv^2 \tag{9.1}$$

质点的动能为非负标量,其大小取决于质点速度的大小,而与方向无关。在国际单位制中,动能的单位为焦耳(J)。

动能和动量都是表征机械运动的量,前者与质点速度平方成正比,是标量;后者与质点速度一次方成正比,是矢量。它们是机械运动的两种不同度量。

▶9.1.2 质点系的动能

在某位置或瞬时,质点系中所有质点动能的总和称为质点系在该位置或瞬时的动能。若质点系中第 i 个质点的质量为 m_i,在某位置或瞬时的速度大小为 v_i,则质点系的动能为

$$T = \sum \frac{1}{2}m_i v_i^2 \tag{9.2}$$

当质点系中各质点的运动较为复杂时,可将各质点的运动分解为随质心作平移的牵连运动和相对于质心平移坐标系的相对运动,据此计算质点系的动能往往比较方便。

建立与质心固连的平移坐标系 $Cxyz$,如图 9.1 所示。质量为 m_i 的质点的速度 $\boldsymbol{v}_i$ 等于质心的速度 $\boldsymbol{v}_C$ 与相对平移坐标系的速度 $\boldsymbol{v}_{ri}$的矢量和,即

$$\boldsymbol{v}_i = \boldsymbol{v}_C + \boldsymbol{v}_{ri}$$

质点系的动能为

$$\begin{aligned} T &= \sum \frac{1}{2}m_i(v_C + v_{ri}) \cdot (v_C + v_{ri}) \\ &= \frac{1}{2}\left(\sum m_i\right) v_C^2 + \frac{1}{2}\sum m_i v_{ri}^2 + v_C \cdot \left(\sum m_i v_{ri}\right) \end{aligned}$$

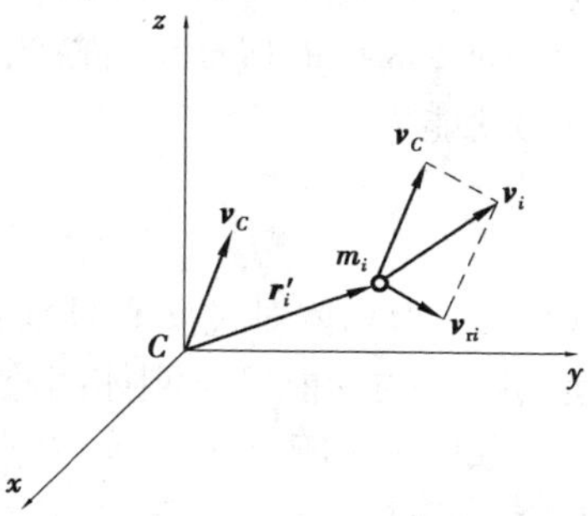

图 9.1

式中,$\sum m_i v_{ri} = m v_{rC}$,因质心相对于其本身的速度 v_{rC} 恒等于零,故 $\sum m_i v_{ri} = m v_{rC} = 0$。并注意到 $\sum m_i = m$ 为质点系的质量,则有

$$T = \frac{1}{2}m v_C^2 + \sum \frac{1}{2}m_i v_{ri}^2 \tag{9.3}$$

式中:等号右边第一项为质点系质量集中在质心处的质点动能,第二项为质点系相对于质心平移系运动的动能。即**质点系的动能等于随同质心平移的动能与相对于质心平移系运动的动能之和**,这称为**柯尼希定理**。需要指出的是,只有当动系以质心为原点并随质心平移时该定理才成立。

刚体是工程中常见的质点系,下面分别讨论刚体作平移、定轴转动和平面运动时的动能。

1)平移刚体的动能

平移刚体各点速度相同,用质心速度 $\boldsymbol{v}_C$ 表示,即 $\boldsymbol{v}_i = \boldsymbol{v}_C$,于是平移刚体的动能为

$$T = \sum \frac{1}{2}m_i v_i^2 = \frac{1}{2}\left(\sum m_i\right) v_C^2$$

或写成

$$T = \frac{1}{2}m v_C^2 \tag{9.4}$$

式中:$m = \sum m_i$ 为刚体的质量。

2)定轴转动刚体的动能

如图 9.2 所示,刚体绕定轴 z 转动,角速度为 ω,设质量为 m_i 的质点与转轴距离为 r_i,则其速度大小为

$$v_i = \omega r_i$$

于是,定轴转动刚体的动能为

$$T = \sum \frac{1}{2}m_i v_i^2 = \sum \frac{1}{2}m_i r_i^2 \omega^2 = \frac{1}{2}\left(\sum m_i r_i^2\right)\omega^2$$

式中：$\sum m_i r_i^2 = J_z$ 为刚体对转轴 z 的转动惯量,上式可写成

$$T = \frac{1}{2}J_z\omega^2 \tag{9.5}$$

3) 平面运动刚体的动能

刚体的平面运动可分解为随质心的平移和绕质心的转动,由柯尼希定理得到平面运动刚体的动能为

$$T = \frac{1}{2}mv_C^2 + \frac{1}{2}J_C\omega^2 \tag{9.6}$$

式中,J_C 为刚体对过质心且垂直于运动平面的轴的转动惯量,ω 为刚体的角速度。可见,平面运动刚体的动能等于刚体随质心平移的动能与刚体绕质心转动的动能之和。

如图 9.3 所示,若已知 P 点为刚体在某瞬时的速度瞬心,其与质心的距离为 d,则质心的速度大小为 $v_C = d\omega$。于是,式(9.6)可改写成

$$T = \frac{1}{2}md^2\omega^2 + \frac{1}{2}J_C\omega^2 = \frac{1}{2}(J_C + md^2)\omega^2$$

由转动惯量的平行轴定理可知,$J_P = J_C + md^2$ 为刚体对过速度瞬心且垂直于运动平面的轴的转动惯量,即

$$T = \frac{1}{2}J_P\omega^2 \tag{9.7}$$

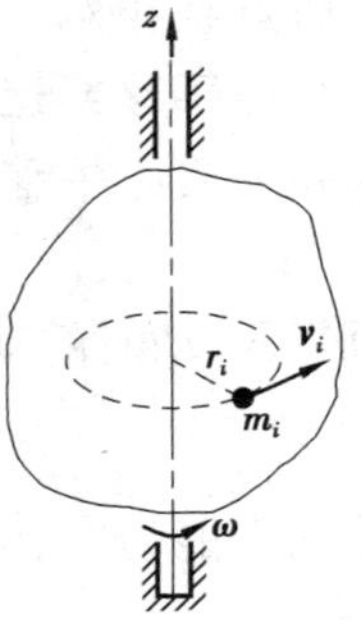

图 9.2

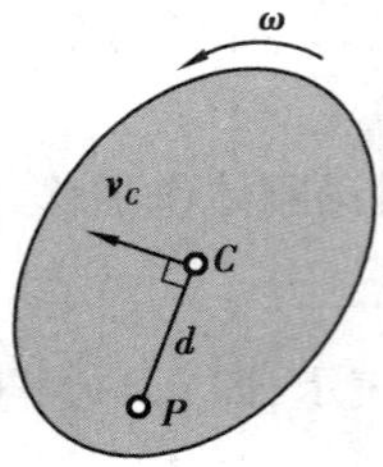

图 9.3

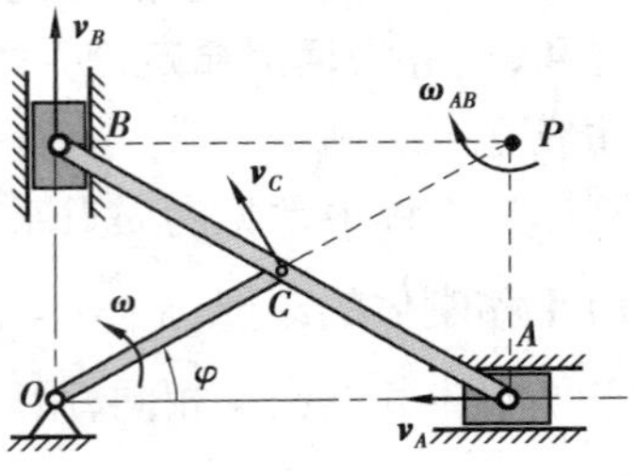

图 9.4

【例 9.1】如图 9.4 所示的机构,杆 OC 质量为 m,长度为 l,铰接于杆 AB 的中点,杆 AB 质量为 $2m$,长度为 $2l$,滑块 A、B 质量均为 m。当杆 OC 与水平成 φ 角时,其角速度为 ω,求该瞬时整个系统的动能。

【解】系统由 4 个刚体组成:滑块 A、B、杆 OC 及杆 AB。滑块 A 和 B 可当作质点或平移刚体,杆 OC 作定轴转动,杆 AB 作平面运动。

滑块 A 的动能为

$$T_A = \frac{1}{2}mv_A^2$$

滑块 B 的动能为

$$T_B = \frac{1}{2}mv_B^2$$

杆 OC 的动能为

$$T_{OC} = \frac{1}{2}\left(\frac{1}{3}ml^2\right)\omega^2$$

杆 AB 的动能按式(9.6)计算得

$$T_{AB} = \frac{1}{2}mv_C^2 + \frac{1}{2}\left[\frac{1}{12}\cdot 2m\cdot(2l)^2\right]\omega_{AB}^2$$

利用运动学知识有

$$\omega_{AB} = \frac{v_A}{2l\sin\varphi} = \frac{v_B}{2l\cos\varphi} = \frac{v_C}{l} = \omega$$

将 v_A、v_B、v_C 和 ω_{AB} 用 ω 表示

$$v_A = 2\omega l\sin\varphi,\ v_B = 2\omega l\cos\varphi,\ v_C = \omega l,\ \omega_{AB} = \omega$$

系统的动能为

$$\begin{aligned} T &= T_A + T_B + T_{OC} + T_{AB} \\ &= 2ml^2\omega^2\sin^2\varphi + 2ml^2\omega^2\cos^2\varphi + \frac{1}{6}ml^2\omega^2 + \frac{1}{2}ml^2\omega^2 + \frac{1}{3}ml^2\omega^2 \\ &= 3ml^2\omega^2 \end{aligned}$$

【例 9.2】如图 9.5 所示，坦克履带单位长度的质量为 m'，轴间距离为 l 的两轮质量均为 m，可视作半径为 R 的均质圆盘。当坦克以速度 $\boldsymbol{v}$ 沿直线行驶时，试求此系统的动能。

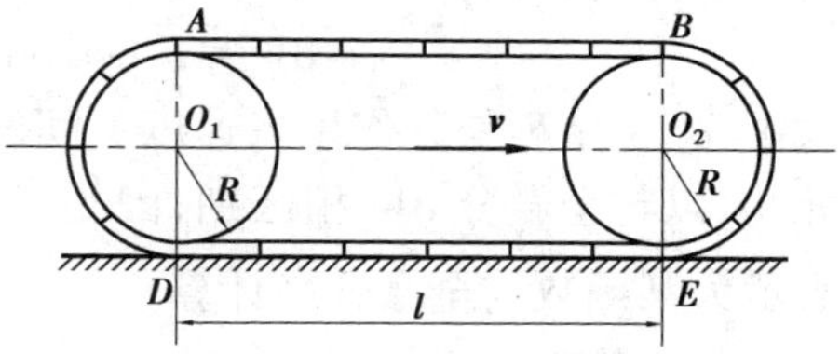

图 9.5

【解】此系统的动能等于系统内各部分动能之和。两轮及其上履带部分作平面运动，其速度瞬心分别为 D、E，易知轮的角速度 $\omega = v/R$；履带 AB 部分作平移，平移速度大小为 $2v$；履带 DE 部分速度为零。

轮的动能为

$$T_1 = T_2 = \frac{1}{2}J_D\omega^2 = \frac{1}{2}\left(\frac{mR^2}{2} + mR^2\right)\left(\frac{v}{R}\right)^2 = \frac{3}{4}mv^2$$

履带 AB 部分的动能为

$$T_{AB} = \frac{1}{2}m'l(2v)^2 = 2m'lv^2$$

两轮上履带可合并为一均质圆环，其动能为

$$T_3 = \frac{1}{2}J_D\omega^2 = \frac{1}{2}(2\pi Rm'R^2 + 2\pi Rm'R^2)\left(\frac{v}{R}\right)^2 = 2\pi Rm'v^2$$

履带 DE 部分的动能为

$$T_{DE} = 0$$

所以，此系统的动能为

$$
\begin{aligned}
T &= 2T_1 + T_{AB} + T_3 + T_{DE} \\
&= 2 \times \frac{3}{4}mv^2 + 2m'lv^2 + 2\pi Rm'v^2 + 0 \\
&= \left[\frac{3}{2}m + 2(l + \pi R)m'\right] v^2
\end{aligned}
$$

9.2 力的功及功率

力的功,记作 W,是力在一段路程上对物体作用效应的累积,将导致物体能量的变化。下面讨论力的功的计算方法。

▶9.2.1 功的表达式

如图 9.6 所示,某物体受有一变力 $\boldsymbol{F}$(其大小和方向都变化)的作用,该力作用点 A 沿一空间曲线由 A_1 点运动到 A_2 点。为计算变力在曲线路程 $\overset{\frown}{A_1A_2}$ 上的功,可将曲线 $\overset{\frown}{A_1A_2}$ 分成许多微段,在每个微段长度 $\mathrm{d}s$(称元路程)上,将变力视为常力(其大小和方向均不变)。将微段视为直线段,力 $\boldsymbol{F}$ 在元路程 $\mathrm{d}s$ 上的功称为**元功**,可表示为

$$\delta W = F\cos\theta \mathrm{d}s \tag{9.8}$$

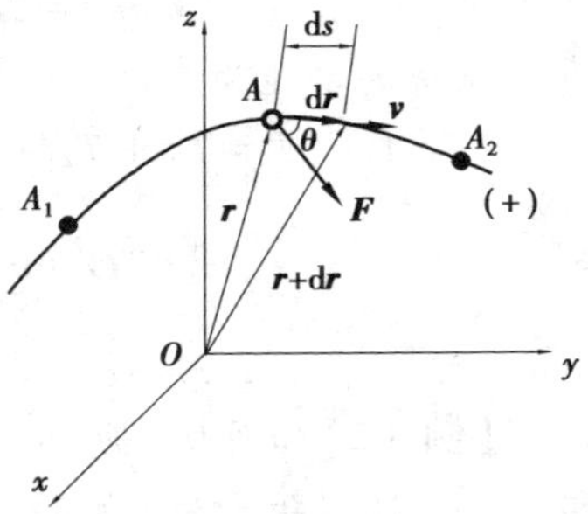

图 9.6

式中,θ 为力 $\boldsymbol{F}$ 与其作用点速度 $\boldsymbol{v}$ 间的夹角。这里用 δW 表示元功,以与全微分 $\mathrm{d}W$ 相区别,因为一般情况下元功并不都能表示为某函数的全微分来计算。

与元路程对应的元位移为 $\mathrm{d}\boldsymbol{r}=\boldsymbol{v}\mathrm{d}t$,其大小 $|\mathrm{d}\boldsymbol{r}|$ 可认为与元路程 $\mathrm{d}s$ 相等,则式(9.8)可写成

$$\delta W = F\cos\theta|\mathrm{d}\boldsymbol{r}| = \boldsymbol{F}\cdot\mathrm{d}\boldsymbol{r} \tag{9.9}$$

即,**力的元功等于力与其作用点元位移之点积**。显然,始终与作用点位移垂直的力不做功。

在图 9.6 所示的直角坐标系中,力 $\boldsymbol{F}$ 与 $\mathrm{d}\boldsymbol{r}$ 可分别表示为

$$\boldsymbol{F} = F_x\boldsymbol{i} + F_y\boldsymbol{j} + F_z\boldsymbol{k}$$

$$\mathrm{d}\boldsymbol{r} = \mathrm{d}x\boldsymbol{i} + \mathrm{d}y\boldsymbol{j} + \mathrm{d}z\boldsymbol{k}$$

代入式(9.9)得到**元功的解析表达式**

$$\delta W = F_x\mathrm{d}x + F_y\mathrm{d}y + F_z\mathrm{d}z \tag{9.10}$$

力在有限路程 $\overset{\frown}{A_1A_2}$ 上所做的功等于力在这段路程上元功之和,可用积分来计算

$$W = \int_{A_1}^{A_2} F\cos\theta\mathrm{d}s = \int_{A_1}^{A_2}\boldsymbol{F}\cdot\mathrm{d}\boldsymbol{r} = \int_{A_1}^{A_2}(F_x\mathrm{d}x + F_y\mathrm{d}y + F_z\mathrm{d}z) \tag{9.11}$$

这是个曲线积分,但在某些情况下可化为普通定积分。

力的功是代数量,其值可为正,可为负,也可为零。在国际单位制中,功的单位是焦耳(J),1 J 等于 1 N 的力在同方向 1 m 路程上做的功。

▶9.2.2 常见力的功

1)重力的功

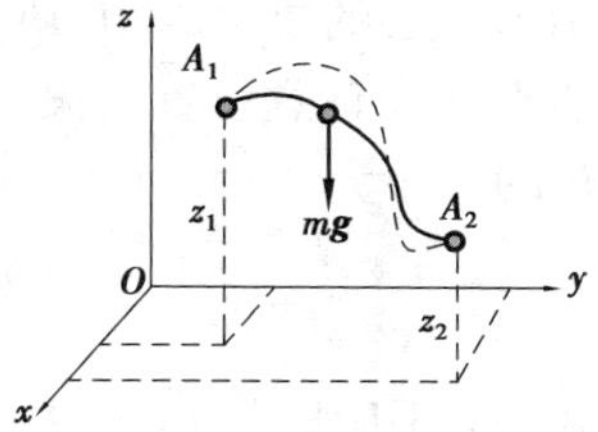

图 9.7

如图 9.7 所示,建立 z 轴铅直向上的直角坐标系,质点沿轨迹由 A_1 点运动到 A_2 点,其重力 $\boldsymbol{P}=m\boldsymbol{g}$ 在直角坐标轴上的投影为

$$P_x = 0,\ P_y = 0,\ P_z = -\ mg$$

应用式(9.11),重力做功为

$$W = \int_{z_1}^{z_2} -\ mg\mathrm{d}z = mg(z_1 - z_2) \tag{9.12}$$

可见,重力做功仅与质点运动的开始和末了位置的高度差(z_1-z_2)有关,与运动轨迹的形状无关。

对于质点系,设第 i 个质点的质量为 m_i,运动始末位置的高度差为($z_{i1}-z_{i2}$),则全部重力做功之和为

$$W = \sum m_i g(z_{i1} - z_{i2}) = g\sum m_i z_{i1} - g\sum m_i z_{i2}$$

由质心坐标公式有

$$\sum m_i z_{i1} = mz_{C1},\ \sum m_i z_{i2} = mz_{C2}$$

式中:m 为质点系的总质量;z_{C1}、z_{C2}分别为质点系在初始和末了位置的质心坐标。由此可得

$$W = mg(z_{C1} - z_{C2}) \tag{9.13}$$

可见,质点系重力做功仅与质点系运动的开始和末了质心位置的高度差($z_{C1}-z_{C2}$)有关,与质心运动轨迹的形状无关。质心下降,重力做正功;质心上移,重力做负功。

2)有心力的功

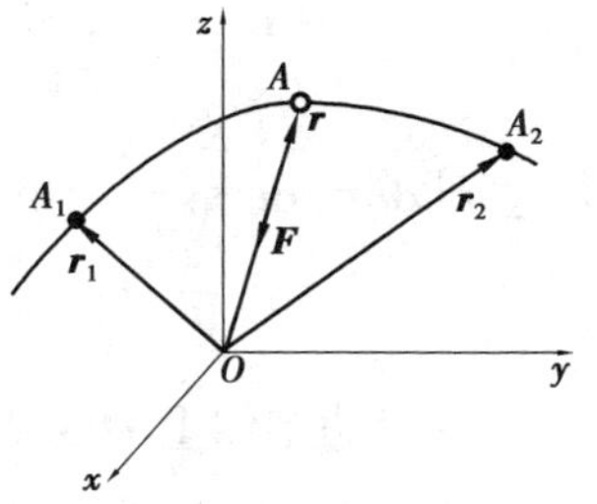

图 9.8

一端铰接于固定点的弹簧在另一端处作用于物体的弹性力,为典型的有心力。如图 9.8 所示,弹簧的原长为 l,弹性力的作用点 A 至 O 点的距离设为 r,则弹性力 $\boldsymbol{F}$ 的大小与变形 $\delta=r-l$ 成正比,作用线沿点 A 相对 O 的矢径 $\boldsymbol{r}$,指向与变形方向相反。令弹簧刚度系数为 k,则弹性力可表示为

$$\boldsymbol{F} = -\ k(r - l)\ \frac{\boldsymbol{r}}{r}$$

将其代入式(9.11),并注意到

$$\boldsymbol{r} \cdot \mathrm{d}\boldsymbol{r} = \mathrm{d}\left(\frac{1}{2}\boldsymbol{r} \cdot \boldsymbol{r}\right) = \mathrm{d}\left(\frac{1}{2}r^2\right) = r\mathrm{d}r$$

则作用点 A 沿轨迹由 A_1 点运动到 A_2 点的过程中,弹性力做的功为

$$W = -\ k\int_{A_1}^{A_2}\left(\frac{r - l}{r}\right)\boldsymbol{r} \cdot \mathrm{d}\boldsymbol{r} = -\ k\int_{r_1}^{r_2}(r - l)\,\mathrm{d}r = -\ k\int_{\delta_1}^{\delta_2}\delta\mathrm{d}\delta$$

式中:$\delta_1=r_1-l$ 和 $\delta_2=r_2-l$ 分别为弹簧在 A_1 点和 A_2 点处的变形量。上式积分得

$$W = \frac{k}{2}(\delta_1^2 - \delta_2^2) \tag{9.14}$$

可见,弹性力做的功只与弹簧在初始和末了位置的变形量 δ 有关,与力作用点 A 的轨迹形状

无关。当$|\delta_1|>|\delta_2|$时,弹簧力做正功;否则,弹簧力做负功。

一大质量的固定质点对一小质量的运动质点的万有引力,也是典型的有心力。设固定的引力中心的质量为M,质量为m的质点A沿空间曲线运动,参考图9.8。取固定点O为原点,质点A在任意位置的矢径为$\boldsymbol{r}$,r是质点A与引力中心O的距离,于是质点A受到的万有引力$\boldsymbol{F}$的大小为

$$F=\gamma\frac{Mm}{r^2}$$

式中:引力常数$\gamma=66.73\times10^{-11}\ \mathrm{N\cdot m^2/kg^2}$。引力$\boldsymbol{F}$可表示为

$$\boldsymbol{F}=-\gamma\frac{Mm}{r^2}\left(\frac{\boldsymbol{r}}{r}\right)$$

之后的推导思路与弹性力的相同,请读者自行推导。可得质点A由A_1点运动到A_2点的过程中,万有引力所做的功为

$$W=\gamma Mm\left(\frac{1}{r_2}-\frac{1}{r_1}\right) \tag{9.15}$$

可见,作用于质点上的万有引力的功也只决定于质点的初始和末了位置,而与质点所经过的路径无关。

3)阻力的功

物体沿粗糙平面运动或在黏性介质中运动时,都受到阻力作用。阻力$\boldsymbol{F}$为作用线沿物体的速度矢量$\boldsymbol{v}$,方向相反,大小为速度v的函数,表示为

$$\boldsymbol{F}=-F(v)\frac{\boldsymbol{v}}{v}$$

在作用点由A_1点运动到A_2点的过程中,阻力所做的功为

$$W=\int_{A_1}^{A_2}\boldsymbol{F}\cdot \mathrm{d}\boldsymbol{r}=\int_{A_1}^{A_2}-F(v)\frac{\boldsymbol{v}}{v}\cdot \mathrm{d}\boldsymbol{r}$$

注意到$\mathrm{d}\boldsymbol{r}=\boldsymbol{v}\mathrm{d}t$和$\boldsymbol{v}\cdot\boldsymbol{v}=v^2$,于是有

$$W=\int_{A_1}^{A_2}-F(v)v\mathrm{d}t=\int_{A_1}^{A_2}-F(v)\mathrm{d}s \tag{9.16}$$

4)转动刚体上力的功

设刚体绕固定轴Oz转动,在刚体上A点作用有力$\boldsymbol{F}$,如图9.9所示。A点至转轴的距离为R,力$\boldsymbol{F}$与A点速度$\boldsymbol{v}$的夹角为θ,由式(9.8)知力$\boldsymbol{F}$的元功为

$$\delta W=F\cos\theta\mathrm{d}s$$

式中:$\mathrm{d}s$为A点沿半径为R的圆周运动的元路程,且有

$$\mathrm{d}s=R\mathrm{d}\varphi$$

式中:$\mathrm{d}\varphi$为对应于元路程$\mathrm{d}s$的刚体转角。于是元功可表示为

$$\delta W=FR\cos\theta\mathrm{d}\varphi$$

因$FR\cos\theta$为力$\boldsymbol{F}$对轴Oz之矩$M_z(\boldsymbol{F})$,故有

$$\delta W=M_z(\boldsymbol{F})\mathrm{d}\varphi \tag{9.17}$$

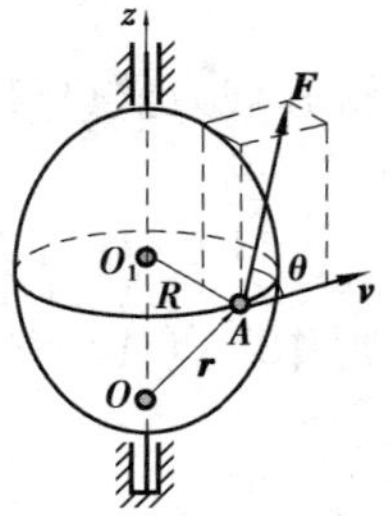

图9.9

刚体由角度φ_1转到φ_2,力$\boldsymbol{F}$所做的功为

$$W = \int_{\varphi_1}^{\varphi_2} M_z(\boldsymbol{F})\mathrm{d}\varphi \tag{9.18}$$

若 $M_z(\boldsymbol{F})$ 为常量，则有

$$W = M_z(\boldsymbol{F})(\varphi_2 - \varphi_1)$$

当一矩为 $\boldsymbol{M}$ 的力偶作用于刚体上时，则有

$$\delta W = M_z \mathrm{d}\varphi$$

$$W = \int_{\varphi_1}^{\varphi_2} M_z \mathrm{d}\varphi \tag{9.19}$$

式中：M_z 为力偶对 Oz 轴之矩。

当 M_z 为常量时，有

$$W = M_z(\varphi_2 - \varphi_1) \tag{9.20}$$

【例 9.3】如图 9.10 所示，半径为 R 的轮子在地面上滚动。设轮心 C 的速度为 $\boldsymbol{v}$，轮子的角速度为 ω，试讨论粗糙地面对轮子的摩擦力 $\boldsymbol{F}$ 所做的元功。

【解】摩擦力的方向总是与点 A 的速度方向相反，由元功定义式(9.9)，有

$$\delta W = \boldsymbol{F} \cdot \mathrm{d}\boldsymbol{r}_A = \boldsymbol{F} \cdot \boldsymbol{v}_A \mathrm{d}t$$

故有

$$\delta W = - F \mid v - \omega R \mid \mathrm{d}t < 0$$

这个式子对于点 A 的速度无论向左还是向右都成立。$\delta W<0$，说明摩擦力对轮子做负功。当轮子纯滚动时，有 $v-\omega R=0$，无论摩擦力 $\boldsymbol{F}$ 向左还是向右都有 $\delta W=0$，说明摩擦力不做功。

【例 9.4】对于阻力与速度成比例的落体运动，若落体速度大小为 $v=v^*\left(1-\mathrm{e}^{-\frac{t}{\tau}}\right)$，其中 $v^*=mg/c$，$\tau=m/c$（m 为落体的质量，c 为阻尼系数，τ 为特征时间）。试求零时刻至 3 τ 时间过程中，阻力对落体所做的功。

【解】阻力始终与速度方向相反，其大小为 $F=-cv$。由 $t=0$ 至 $t=3\tau$ 内，阻力的功为

$$W_c = -\int_0^{3\tau} cv^2 \mathrm{d}t = -c(v^*)^2 \int_0^{3\tau} \left[1 - \mathrm{e}^{-\frac{t}{\tau}}\right]^2 \mathrm{d}t \approx -1.60m(v^*)^2$$

【例 9.5】均质杆质量为 m，长为 L，弹簧原长为 l，刚度系数为 k，把杆压至图 9.11 所示高度 h，若松手后杆能达到竖直位置，求此过程中弹性力、重力的功。

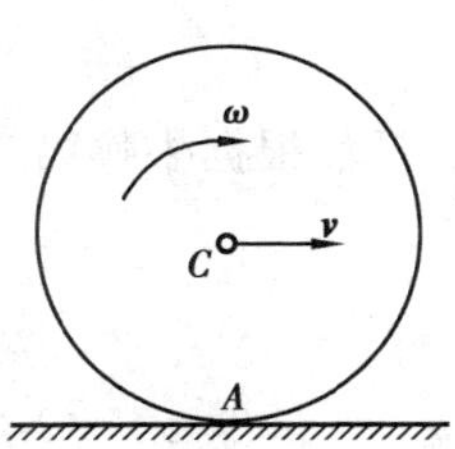

图 9.10

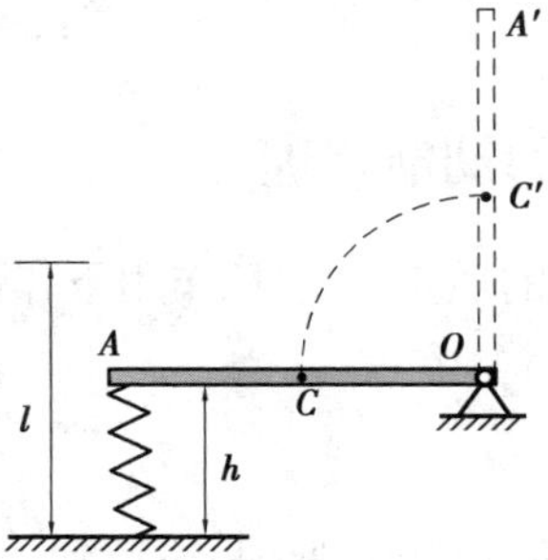

图 9.11

【解】弹簧初始的变形量为 $\delta_1=l-h$，弹簧恢复原长时与杆脱离，即末了的变形量为 $\delta_2=0$。根据式(9.14)，在此过程中弹簧力所做的功为

$$W_k = \frac{k}{2}[(l-h)^2 - 0] = \frac{k}{2}(l-h)^2$$

建立以 O 为原点、z 轴竖直向上的直角坐标系，初始杆质心 C 的 z 坐标为 $z_{C1}=0$，末了杆质心 C 的 z 坐标为 $z_{C2}=L/2$。根据式(9.13)，在此过程中重力所做的功为

$$W_g = mg\left(0 - \frac{L}{2}\right) = -mg\frac{L}{2}$$

▶9.2.3 功率

工程中，有时需要知道单位时间内力做了多少功。将单位时间内力所做的功称为**功率**，这是个代数量，用 P 表示。

由元功的定义知，力 $\boldsymbol{F}$ 在 $\mathrm{d}t$ 时间内所做的功为 δW，则力的功率为

$$P = \frac{\delta W}{\mathrm{d}t} \tag{9.21}$$

因为 $\delta W=\boldsymbol{F}\cdot\mathrm{d}\boldsymbol{r}$，故而功率可写成

$$P = \boldsymbol{F}\cdot\frac{\mathrm{d}\boldsymbol{r}}{\mathrm{d}t} = \boldsymbol{F}\cdot\boldsymbol{v} = F_\tau v \tag{9.22}$$

式中：$\boldsymbol{v}$ 为力 $\boldsymbol{F}$ 作用点的速度；F_τ 为力 $\boldsymbol{F}$ 在速度 $\boldsymbol{v}$ 上的投影。

每台机器能够输出的功率是一定的，因此在用机床加工时，如果切削力较大，必须选择较小的切削速度。又如，汽车上坡需要较大的驱动力，驾驶员需换用低速挡，以求在发动机功率一定的条件下获得大的驱动力。

由式(9.17)易得作用于转动刚体上力的功率为

$$P = \frac{\delta W}{\mathrm{d}t} = M_z(\boldsymbol{F})\frac{\mathrm{d}\varphi}{\mathrm{d}t} = M_z(\boldsymbol{F})\omega \tag{9.23}$$

式中：ω 为刚体转动的角速度。

9.3 动能定理

▶9.3.1 质点的动能定理

设质量为 m 的质点在力 $\boldsymbol{F}$ 作用下作曲线运动，在任意位置，根据牛顿第二定律有

$$m\frac{\mathrm{d}\boldsymbol{v}}{\mathrm{d}t} = \boldsymbol{F}$$

方程两边同时点乘元位移 $\mathrm{d}\boldsymbol{r}$，并注意到$\dfrac{\mathrm{d}\boldsymbol{r}}{\mathrm{d}t}=\boldsymbol{v}$，得

$$m\boldsymbol{v}\cdot\mathrm{d}\boldsymbol{v} = \boldsymbol{F}\cdot\mathrm{d}\boldsymbol{r}$$

因为 $m\boldsymbol{v}\cdot\mathrm{d}\boldsymbol{v}=\dfrac{1}{2}m\mathrm{d}(\boldsymbol{v}\cdot\boldsymbol{v})=\mathrm{d}\left(\dfrac{1}{2}mv^2\right)$，$\boldsymbol{F}\cdot\mathrm{d}\boldsymbol{r}=\delta W$，所以有

$$d\left(\frac{1}{2}mv^2\right) = \delta W \tag{9.24}$$

此即质点动能定理的微分形式,表明**质点动能的增量等于作用于质点上的力的元功**。

在质点从起点 A_1 运动到终点 A_2 时,其速度大小由 v_1 变为 v_2。将式(9.24)沿路径积分得

$$\frac{1}{2}mv_2^2 - \frac{1}{2}mv_1^2 = W \tag{9.25}$$

此即为质点动能定理的积分形式,表明**在运动过程中,质点动能的改变量等于作用于质点上的力做的功**。

显然,力做正功,质点动能增加;力做负功,质点动能减小。

▶9.3.2 质点系的动能定理

质点系内任一质点,质量为 m_i,速度大小为 v_i,根据质点动能定理的微分形式,有

$$d\left(\frac{1}{2}m_iv_i^2\right) = \delta W_i$$

式中:δW_i 为作用于该质点上的外力(外界的作用力)和内力(其他质点的作用力)所做的元功之和。

对于每个质点都可列出一个如上的方程,将 n 个质点对应的 n 个方程相加得

$$\sum d\left(\frac{1}{2}m_iv_i^2\right) = \sum \delta W_i$$

或

$$d\left(\sum \frac{1}{2}m_iv_i^2\right) = \sum \delta W_i$$

式中:$\sum \frac{1}{2}m_iv_i^2$ 是质点系的动能,用 T 表示,于是上式可写成

$$dT = \sum \delta W_i \tag{9.26}$$

此即质点系动能定理的微分形式,表明**质点系动能的增量等于作用于质点系全部力**(包括外力和内力)**所做的元功之和**。

上式两边同除以 dt,并注意到功率的定义,可得

$$\frac{dT}{dt} = \sum P_i \tag{9.27}$$

这是质点系动能定理的另一种微分形式,也称为**功率方程**,表明**质点系动能对时间的一阶导数等于作用于质点系全部力**(包括外力和内力)**的功率之和**。

对式(9.26)积分可得

$$T_2 - T_1 = \sum W_i \tag{9.28}$$

式中:T_1 和 T_2 分别是质点系在某运动过程的起点和终点的动能;$\sum W_i$ 是作用于质点系的全部力(包括外力和内力)在该过程中所做功之和。此即质点系动能定理的积分形式,表明**在某运动过程中,质点系动能的改变量,等于作用于质点系的全部力**(包括外力和内力)**在该过程中所做功之和**。

▶9.3.3 质点系外力及内力的功

1）外力的功

质点系所受外力包括**主动力**和**外约束力**。

之前已经讨论了一些常见的主动力的功。对于外约束（图 9.12），一端固定且不可伸长的绳索、光滑滚动铰支座、向心轴承及光滑接触面约束的约束力，因其始终与作用点位移方向垂直而不做功；光滑固定铰支座、固定端等约束的约束力因其作用点不动而不做功。通常将约束力做功等于零的约束称为**理想约束**。

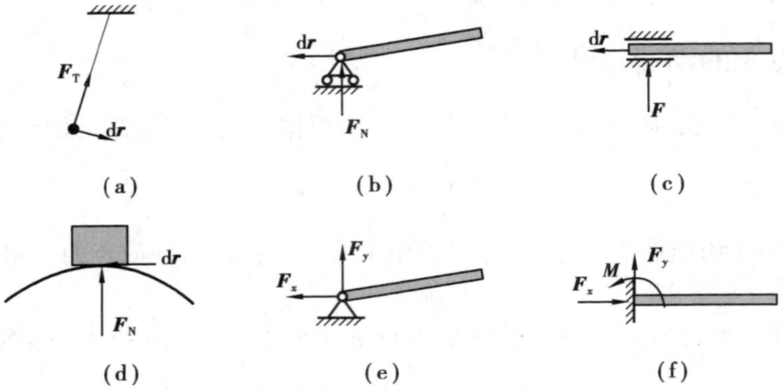

图 9.12

一般情况下，因与物体的相对位移反向，滑动摩擦力做负功，粗糙接触约束不是理想约束。但当轮子在粗糙接触面上只滚不滑时（图 9.13），接触点为速度瞬心，滑动摩擦力因作用点没动也不做功。因此，在不计滚动摩阻的情况下，纯滚动时的粗糙接触约束是理想约束。

作为外约束的无重弹簧是典型的非理想外约束。对于非理想外约束，应视情况具体分析计算约束力的功。

2）内力的功

质点系的内力总是成对出现的，等值、反向。设质点系中任意两质点 A 和 B 相互作用的内力为 $\boldsymbol{F}_1$ 和 $\boldsymbol{F}_2$，则 $\boldsymbol{F}_2=-\boldsymbol{F}_1$。如图 9.14 所示，当两质点分别发生元位移 $\mathrm{d}\boldsymbol{r}_1$ 和 $\mathrm{d}\boldsymbol{r}_2$ 时，这对内力的元功之和为

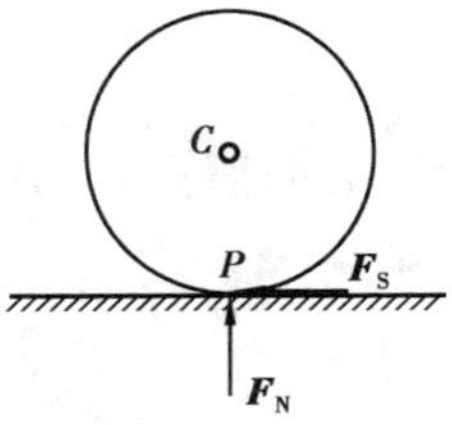

图 9.13

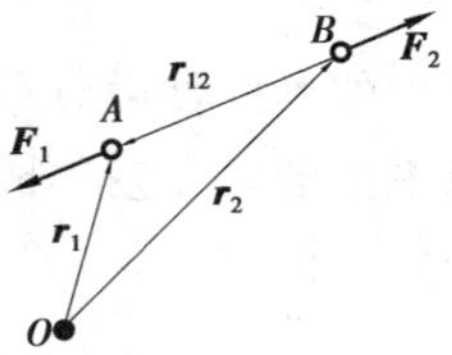

图 9.14

$$\sum \delta W_i = \boldsymbol{F}_1 \cdot \mathrm{d}\boldsymbol{r}_1 + \boldsymbol{F}_2 \cdot \mathrm{d}\boldsymbol{r}_2 = \boldsymbol{F}_1 \cdot \mathrm{d}(\boldsymbol{r}_1 - \boldsymbol{r}_2) = \boldsymbol{F}_1 \cdot \mathrm{d}\boldsymbol{r}_{12}$$

式中：$\mathrm{d}\boldsymbol{r}_{12}$称为质点 A 相对 B 的元位移，表示矢量 $\boldsymbol{r}_{12}$的变化，包括大小和方向的变化。由上式易知，只要 A、B 两点之间的距离保持不变，内力做功之和就等于零。否则，内力做功之和就不

等于零。

质点系内两质点由一无重弹簧连接,弹簧施加的一对内力所做功之和不等于零。因刚体内任意两点的距离始终保持不变,故在任一运动过程中,刚体的所有内力做功之和恒等于零。刚性二力杆(图 9.15)及不可伸长的绳索作为内约束时,其施加的一对内力做功之和等于零,属于理想约束。

系统内两刚体采用光滑铰链连接时(图 9.16),因为力作用点重合而有相同的位移,所以光滑铰链约束施加的一对内力做功之和等于零。同理,系统内刚体间的光滑接触约束(图 9.17)施加的一对内力做功之和也等于零。即系统内刚体间的光滑铰链及接触约束也属于理想约束。

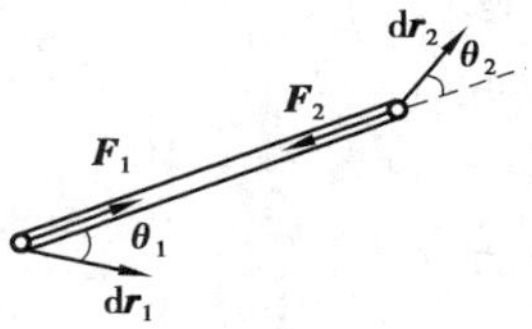

图 9.15

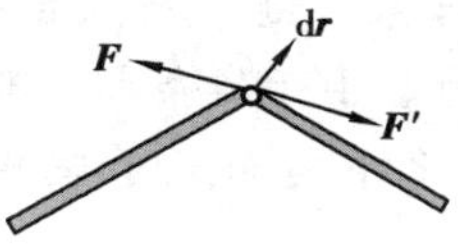

图 9.16

从上述讨论易知:①在理想约束条件下,刚体系动能的改变只与主动力做功有关,动能定理中只需计算主动力所做的功;②在应用质点系的动能定理时,要根据具体情况仔细分析确定所有力是否做功;③理想约束(包括外约束和内约束)的约束力不做功,而质点系的内力做功之和并不一定等于零。

【例 9.6】如图 9.18 所示,质量为 m 的均质物块系有刚度系数为 k 的弹簧,置于倾角为 θ 的粗糙斜面上。弹簧轴线与斜面平行,物块与斜面间摩擦因数为 f。当弹簧处于自然长度时,将物块由静止释放,求物块沿斜面下滑的最大距离 S。

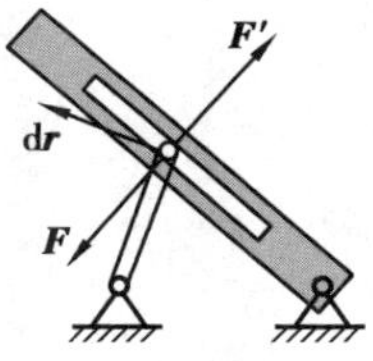

图 9.17

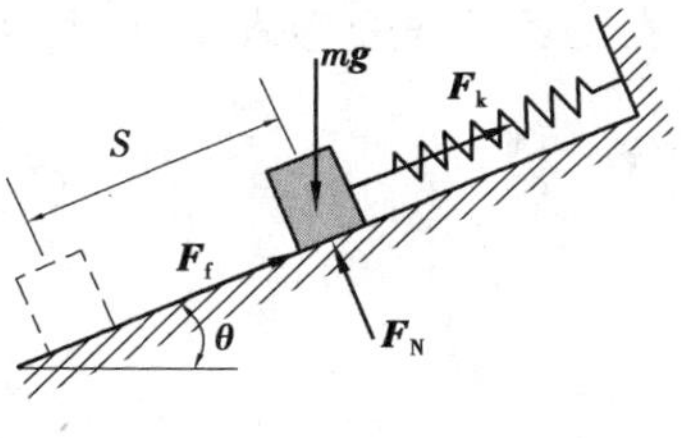

图 9.18

【解】物块在运动过程中所受的力有重力 $m\boldsymbol{g}$、弹力 $\boldsymbol{F}_k$、斜面法向约束力 $\boldsymbol{F}_N$ 和摩擦力 $\boldsymbol{F}_f$,其中只有斜面法向约束力 $\boldsymbol{F}_N$ 不做功。摩擦力的大小为 $F_f=fmg\cos\theta$。

当物块由静止沿斜面下滑至最大距离 S 时,重力、弹力和摩擦力做功之和为

$$\sum W_i = mgS\sin\theta - \frac{1}{2}kS^2 - fmgS\cos\theta$$

因物块的初速度为零,而沿斜面下滑到最大距离处时速度也为零,故有

$$T_1 = 0,\ T_2 = 0$$

由动能定理的积分形式 $T_2 - T_1 = \sum W_i$,有

$$0 = mgS\sin\theta - \frac{1}{2}kS^2 - fmgS\cos\theta$$

解得

$$S_1 = 0, \ S_2 = \frac{2mg(\sin\theta - f\cos\theta)}{k}$$

其中,$S_1=0$ 表示 $\theta \leqslant \arctan f$ 时,物块在斜面上自锁。欲使物块沿斜面下滑,需满足 $S_2>0$,则有 $\tan\theta>f$,即 $\theta>\arctan f$。

【例 9.7】如图 9.19 所示,一条质量为 m、长度为 l 的均质链条放在光滑水平桌面上,有长为 a 的一段悬挂下垂。链条在自重作用下由静止开始运动,求链条末端滑离桌面时的速度。

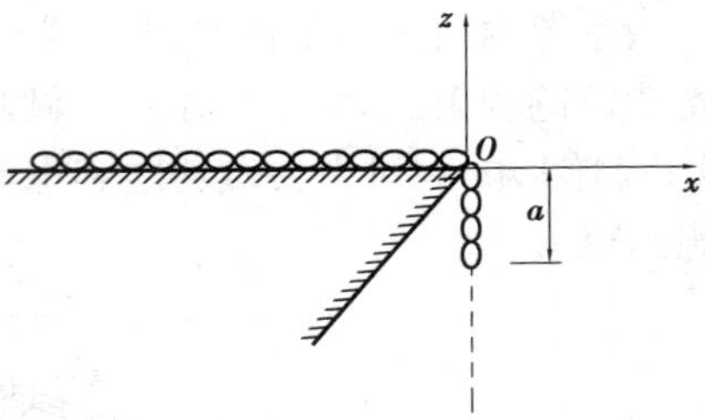

图 9.19

【解】如图 9.19 所示,建立以桌角 O 为原点、z 轴竖直向上的直角坐标系。链条质点系受到的外力有重力和桌面法向约束力。由于链条相邻环间相对距离不变,内力不做功,光滑水平桌面属于理想约束,故做功的力只有重力。

初始瞬时,链条速度为零,质心 C 的 z 坐标为 $z_{C1}=-\dfrac{a^2}{2l}$;末端离开桌面瞬时,链条速度大小为 v,质心 C 的 z 坐标为 $z_{C2}=-\dfrac{l}{2}$。则有

$$T_1 = 0, \ T_2 = \frac{1}{2}mv^2$$

$$\sum W_i = mg(z_{C1} - z_{C2}) = \frac{mg(l^2 - a^2)}{2l}$$

由质点系动能定理的积分形式 $T_2 - T_1 = \sum W_i$,有

$$\frac{1}{2}mv^2 = \frac{mg(l^2 - a^2)}{2l}$$

解得

$$v = \sqrt{\frac{g}{l}(l^2 - a^2)}$$

【例 9.8】如图 9.20(a)所示,均质圆盘半径为 R,质量为 m,外缘上缠绕不可伸长的无重细绳,绳子水平地固定在墙上。盘心作用一较大的水平恒力 $\boldsymbol{F}$,使盘心 C 向右加速运动。圆盘与水平地面间动摩擦因数为 f,初始静止。求当盘心走过路程 s 时,圆盘盘心 C 的加速度。

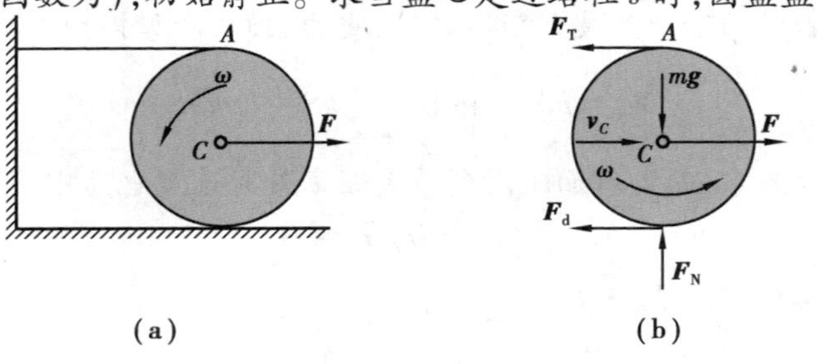

图 9.20

【解】由于绳不可伸长,因此圆盘的运动如同沿水平绳索作纯滚动。圆盘的运动及受力分析如图 9.20(b)所示。点 A 为速度瞬心,由运动学有

$$\omega = \frac{v_C}{R}$$

圆盘由静止开始作平面运动,动能为

$$T_1 = 0, T_2 = \frac{1}{2}mv_C^2 + \frac{1}{2}\cdot\frac{1}{2}mR^2\cdot\omega^2 = \frac{3}{4}mv_C^2$$

绳拉力 $\boldsymbol{F}_T$ 因其作用在速度瞬心而不做功;$m\boldsymbol{g}$ 和 $\boldsymbol{F}_N$ 因力与其作用点位移垂直而不做功。当盘心走过路程 s 时,力 $\boldsymbol{F}$ 所做功为 Fs;动滑动摩擦力 $\boldsymbol{F}_d$ 在空间的位移为 s,但圆盘上力作用点的位移不是 s,而是 $2s$,它所做的功为 $-2mgfs$。因此有

$$\sum W_i = (F - 2mgf)s$$

由质点系动能定理的积分形式 $T_2 - T_1 = \sum W_i$,有

$$\frac{3}{4}mv_C^2 = (F - 2mgf)s \tag{a}$$

解得盘心的速度大小为

$$v_C = 2\sqrt{\frac{F - 2mgf}{3m}s}$$

式(a)对任意 s 都成立,将其对时间 t 求导得

$$\frac{3}{2}mv_C\dot{v}_C = (F - 2mgf)\dot{s}$$

注意到 $v_C = \dot{s}$,并整理得盘心 C 的加速度为

$$a_C = \dot{v}_C = \frac{2}{3m}(F - 2mgf)$$

【例 9.9】如图 9.21(a)所示,质量为 m 的物块 A 系在不可伸长的绳索上;绳索跨过定滑轮 B,另一端系在滚子 C 的轴上;滚子 C 沿固定水平面纯滚动。已知滑轮 B 和滚子 C 均是半径为 r、质量为 m 的均质圆盘,假设滚子 C 上作用有矩为 M 的力偶,使得系统由静止开始运动。试求物块 A 被提升距离 s 时的速度 $\boldsymbol{v}$ 和加速度 $\boldsymbol{a}$。

【解】研究整个系统,其受力及运动分析如图 9.21(b)所示。

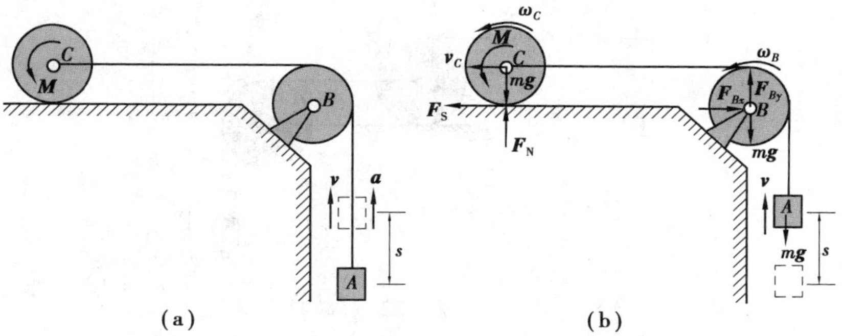

图 9.21

由运动学知

$$v_C = v = \omega_B r = \omega_C r$$

系统由 3 个刚体组成，物块 A 作平移，定滑轮 B 作定轴转动，滚子 C 作平面运动，系统的动能为

$$T_1 = 0$$

$$T_2 = \frac{1}{2}mv^2 + \frac{1}{2}\left(\frac{1}{2}mr^2\right)\omega_B^2 + \left[\frac{1}{2}mv_C^2 + \frac{1}{2}\left(\frac{1}{2}mr^2\right)\omega_C^2\right] = \frac{3}{2}mv^2$$

因为点 B 没有位移，所以力 $\boldsymbol{F}_{Bx}$、$\boldsymbol{F}_{Bx}$ 和 B 轮的重力不做功；滚子 C 沿固定水平面纯滚动，其与地面接触点（速度瞬心）速度为零，因此作用于该点的法向约束力 $\boldsymbol{F}_{\mathrm{N}}$ 和静摩擦力 $\boldsymbol{F}_{\mathrm{S}}$ 不做功；滚子的重力因与作用点位移始终垂直而不做功。此系统只受理想约束，且内力做功之和为零，仅有物块的重力和力偶做功，两者做功之和为

$$\sum W_i = M\frac{s}{r} - mgs = \left(\frac{M}{r} - mg\right)s$$

由质点系动能定理的积分形式 $T_2 - T_1 = \sum W_i$，有

$$\frac{3}{2}mv^2 = \left(\frac{M}{r} - mg\right)s \tag{a}$$

解得

$$v = \sqrt{\frac{2}{3}\left(\frac{M}{mr} - g\right)s}$$

系统运动过程中，物块的速度 v 和路程 s 都是时间 t 的函数，将式(a)两端对时间 t 求一阶导数，有

$$3mv\dot{v} = \left(\frac{M}{r} - mg\right)\dot{s}$$

注意到 $v = \dot{s}$，并整理得物块的加速度为

$$a = \dot{v} = \frac{1}{3}\left(\frac{M}{mr} - g\right)$$

【例 9.10】如图 9.22 所示系统，弹簧刚度系数为 k，两均质圆轮的质量均为 M，半径均为 R，物块的质量为 m，轮在地面上纯滚动，不计轴承摩擦，试给出物块的运动微分方程。

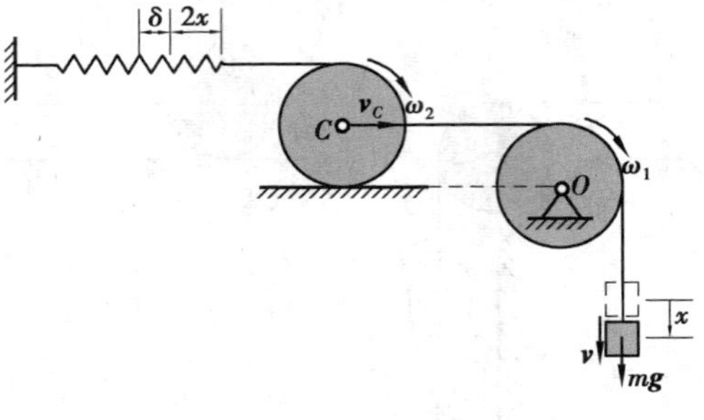

图 9.22

【解】设物块静平衡时弹簧的伸长量为 δ，以静平衡位置为原点建立坐标 x，系统的运动分析如图 9.22 所示。

任意时刻,即物块向下移动 x 时,系统的动能为

$$T=\frac{1}{2}mv^2+\frac{1}{2}\left(\frac{1}{2}MR^2\right)\omega_1^2+\frac{1}{2}Mv_C^2+\frac{1}{2}\left(\frac{1}{2}MR^2\right)\omega_2^2$$

由运动学知

$$\omega_1=\frac{v}{R},\ v_C=v,\ \omega_2=\frac{v}{R}$$

将其代入上式并整理得

$$T=\frac{1}{2}(2M+m)v^2$$

对于该系统,仅有弹簧力和物块的重力做功,由运动学易知弹簧力作用点的速度为 $2v$,则所有力功率之和为

$$\sum P_i=mgv-k(\delta+2x)\cdot 2v=(mg-2k\delta-4kx)v$$

由静平衡条件知,$mg=2k\delta$,于是得

$$\sum P_i=-4kxv$$

由功率方程 $\frac{\mathrm{d}T}{\mathrm{d}t}=\sum P_i$,得

$$(2M+m)v\dot{v}+4kxv=0$$

上式消去 v 并注意到 $\dot{v}=\ddot{x}$,得到物块的运动微分方程为

$$(2M+m)\ddot{x}+4kx=0$$

功率方程给出了动能变化率与功率的关系。动能与速度有关,其变化率含有加速度项,因而功率方程也就给出了加速度与作用力之间的关系。因功率方程不含理想约束的约束力,故用功率方程求解系统的加速度、建立系统的运动微分方程是很方便的。

9.4 机械能守恒定律

▶9.4.1 势力场

如果存在某一部分空间,当质点进入该部分空间时,就受到一个大小和方向都完全由所在位置确定的力作用,那么可将这部分空间称为**力场**。例如,质点在地球表面附近的任何位置都要受到一个确定的重力的作用,称地球表面附近的这部分空间为重力场。当距地球表面较远时,质点将受到万有引力的作用,引力的大小和方向也完全决定于质点的位置,故将这部分空间称为万有引力场,等等。

当质点在某力场中运动时,如果作用于质点的力所做的功只与质点的起始和末了位置有关,而与质点运动的路径无关,则称该力场为**势力场**或**保守力场**。在势力场中,质点所受到的力称为**有势力**或**保守力**。重力、弹性力及万有引力的功均与质点运动路径无关,同属于有势力,相应的力场都是势力场。

之所以有势力的功与质点运动路径无关,而只与质点的始末位置有关,是因为有势力的

元功可表示为质点位置的某个函数的全微分的缘故。如以 $-U(x,y,z)$ 表示该函数(函数的自变量 x,y,z 为确定质点位置的坐标),则有

$$\delta W = \mathrm{d}(-U) = -\left(\frac{\partial U}{\partial x}\mathrm{d}x + \frac{\partial U}{\partial y}\mathrm{d}y + \frac{\partial U}{\partial z}\mathrm{d}z\right) \tag{9.29}$$

称函数 $U(x,y,z)$ 为**势函数**或**力函数**。

比较式(9.10)和式(9.29),得

$$F_x = -\frac{\partial U}{\partial x},\ F_y = -\frac{\partial U}{\partial y},\ F_z = -\frac{\partial U}{\partial z} \tag{9.30}$$

即有势力在某一直角坐标轴上的投影等于势函数对于相应坐标的偏导数并冠以负号。

显然,势函数 $U(x,y,z)$ 对坐标的偏导数 $\frac{\partial U}{\partial x}$、$\frac{\partial U}{\partial y}$ 和 $\frac{\partial U}{\partial z}$ 也是质点位置坐标的函数,故式(9.30)验证了质点所受有势力的大小和方向完全取决于质点在势力场中的位置。

当质点在势力场中从 A_1 位置运动到 A_2 位置时,有势力的功为

$$W_{12} = \int_{A_1}^{A_2} \delta W = -\int_{U_1}^{U_2} \mathrm{d}U = U_1 - U_2 \tag{9.31}$$

式中:U_1 和 U_2 分别表示势函数在 A_1 和 A_2 位置时的值。上式表明,质点在势力场中运动时,**有势力的功等于质点在其运动的始末位置的势函数值之差**。

►9.4.2 势能

比较式(9.28)和式(9.31)可知,势函数与动能是同等量,但势函数与运动无关,仅决定于质点在势力场中的相对位置。

在势力场中,质点的位置改变时,有势力就要做功。因此,将质点在势力场中某位置时有势力所具有的做功能力,称为质点在该位置的**势能**或**位能**。可在势力场中任选一点 A_0 作为**势能零点**(即 A_0 位置的势能为零),将质点从任一 A 位置运动到 A_0 位置的臆想过程中,有势力做的功定义为质点在 A 位置相对于 A_0 位置的势能,以 V 表示,即

$$V = W_{A\to A_0} = \int_A^{A_0} \boldsymbol{F}\cdot \mathrm{d}\boldsymbol{r} = \int_A^{A_0} (F_x\mathrm{d}x + F_y\mathrm{d}y + F_z\mathrm{d}z) = U - U_0 \tag{9.32}$$

式中:U 和 U_0 分别表示势函数在 A 和 A_0 位置时的值。**在势力场中,势能的大小是相对零势能点而言的**。零势能位置 A_0 可以任意选取,对于不同的零势能位置,势力场中同一位置可有不同的势能值。

当质点在势力场中从 A_1 位置运动到 A_2 位置时,将 $V_1=U_1-U_0$、$V_2=U_2-U_0$ 与式(9.31)联立可得用势能计算有势力的功的表达式为

$$W_{12} = V_1 - V_2 \tag{9.33}$$

式中:V_1 和 V_2 分别表示质点在 A_1 和 A_2 位置时的势能。上式表明,质点在势力场中运动时,**有势力的功也等于质点在其运动的始末位置的势能之差**。

如令 $V=C$,则从数学上看,这一方程表示某一曲面(或平面),质点位于该面上任何位置,其势能都相等,因而称该面为**等势面**。由式(9.32)知,等势面上各点的势函数值相等。给予不同的 C 值,可得到一簇等势面。若取 $C=0$,则该面即为经过零势能位置的等势面,称为**零势能面**。质点在零势能面上任何位置的势能都等于零,因而零势能面上任何一处都可作为零势能位置。由式(9.33)知,当质点在等势面上运动时,有势力的功恒等于零。这表明**有势力的**

方向恒与等势面垂直。

下面分别讨论质点(系)在重力场和弹性力场中的势能,关于万有引力场中的势能,请读者自行思考。

1)重力势能

建立 z 轴铅直向上的直角坐标系。取 $A_0(x_0,y_0,z_0)$ 为重力势能的零势能位置,则质量为 m 的质点在 $A(x,y,z)$ 位置具有的重力势能为

$$V = W_{A\to A_0} = mg(z - z_0) \tag{9.34}$$

式中:z 及 z_0 分别为质点在给定位置和零势能位置的 z 坐标。可见,重力场的等势面为水平面,如图 9.23 所示。

对于质点系,则有

$$V = mg(z_C - z_{C0}) \tag{9.35}$$

式中:m 为质点系的质量;z_C 和 z_{C0} 分别为质点系在给定位置和零势能位置的质心 z 坐标。

2)弹性力势能

设弹簧一端固定铰接,另一端与质点相连,刚度系数为 k。取弹簧自然状态时质点所在位置 A_0 为零势能位置,则质点在任意位置 A 处的弹性力势能为

$$V = W_{A\to A_0} = \frac{1}{2}k\delta^2 \tag{9.36}$$

式中:δ 为质点在 A 位置时弹簧的变形量。可见,弹性力场的等势面为以固定点为心的球面,如图 9.24 所示。

也可先求势函数 U,再通过势能函数与势函数之间的关系 $V=U-U_0$ 求势能 V,请读者思考。

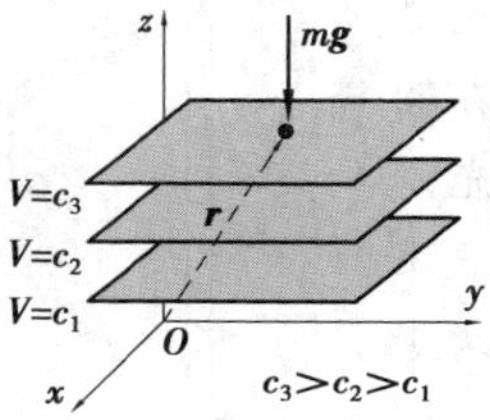

图 9.23

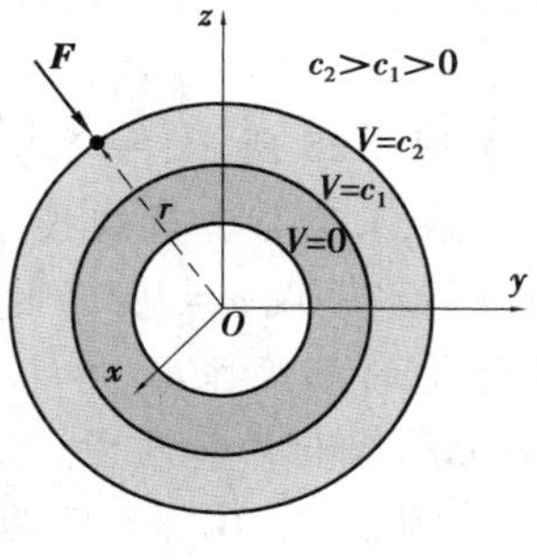

图 9.24

▶9.4.3　机械能守恒定律

设质点系在运动过程的初始和末了瞬时的动能分别为 T_1 和 T_2,仅有势力做功,全部有势力在该过程中所做的功为 W_{12},由动能定理得

$$W_{12} = T_2 - T_1 \tag{9.37}$$

有势力的功还可由势能计算。设由 n 个质点组成的质点系共有 N(N 不一定等于 n)个有势力做功,第 j 个有势力的功为

$$W_{12}^j = V_1^j - V_2^j$$

式中：V_1^j 和 V_2^j 分别为第 j 个有势力作用的质点在运动过程的初始和末了位置的相应势能。于是，全部有势力所做的功为

$$W_{12} = \sum V_1^j - \sum V_2^j = V_1 - V_2 \tag{9.38}$$

式中：$V_1 = \sum V_1^j$ 和 $V_2 = \sum V_2^j$ 分别为质点系在初始和末了位置的总势能。

由式(9.37)和式(9.38)合并移项得

$$T_1 + V_1 = T_2 + V_2 \tag{9.39}$$

质点系在某位置时的动能和势能的代数和 $T+V$ 称为系统的**机械能**。上式表明，**质点系仅在有势力作用下运动时，机械能保持不变**，此即为机械能守恒定律的数学表达式。仅有势力做功的质点系称为**保守系统**。机械能守恒定律也可表述为：**保守系统的机械能保持不变**。

若保守系统的动能和势能为时间的函数，则机械能守恒定律也可表达为

$$\frac{\mathrm{d}}{\mathrm{d}t}(T + V) = 0 \tag{9.40}$$

有非保守力做功的质点系，称为**非保守系统**，非保守系统的机械能不守恒。设保守力所做的功为 W_{12}，非保守力所做的功为 W'，由动能定理有

$$T_2 - T_1 = W_{12} + W'$$

注意到 $W_{12} = V_1 - V_2$，并移项得

$$(T_1 + V_1) - (T_2 + V_2) = W' \tag{9.41}$$

由此易知，当质点系受到摩擦阻力等力作用时，W' 是负功，质点系在运动过程中机械能减小，称为**机械能耗散**；当质点系受到非保守的主动力作用时，若 W' 是正功，则质点系在运动过程中机械能增加，这时外界对系统输入了能量。

从能量观点来看，无论什么系统，总能量是不变的，这是能量守恒原理。质点系运动过程中，机械能的增或减，只说明在该过程中机械能与其他形式的能量（如热能、电能等）有了相互转化而已。

【例 9.11】如图 9.25 所示，一无重套筒套在一光滑固定竖杆上，均质杆 AB 在 A 端与套筒铰接，在 B 端与均质圆盘在圆心处铰接。在杆与水平成 $\varphi=30°$ 角时由静止释放，A 端沿光滑竖杆下落。设弹簧的刚度系数为 k，圆盘在水平面上只滚不滑，若不考虑其他摩擦和弹簧质量，且套筒与弹簧碰撞后两者不分离，已知杆 AB 重为 G_1，长度为 l，圆盘重为 G_2，试求：(1)当套筒刚碰到弹簧（即杆 AB 位于水平位置）时，杆 AB 的角速度 ω；(2)弹簧的最大压缩量 Δ。

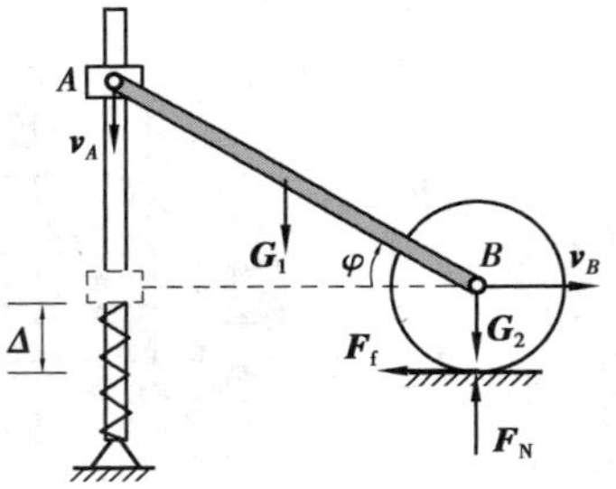

图 9.25

【解】系统所受约束均为理想约束，且内力做功之和等于零。在整个运动过程中，只有重力、弹簧力做功，故机械能守恒。

(1)求杆与弹簧刚接触时的角速度 ω

杆与弹簧刚接触时，由运动学知，杆 AB 的速度瞬心为 B 点，故 $v_B=0$。于是系统的动能为

$$T_2 = \frac{1}{2} \cdot \frac{1}{3}\frac{G_1}{g}l^2 \cdot \omega^2 = \frac{G_1 l^2 \omega^2}{6g}$$

取此瞬时位置为零势能位置，则

$$V_2 = 0$$

而在初始时刻系统的动能 $T_1=0$，势能为

$$V_1 = G_1 \frac{l}{2}\sin 30° = \frac{G_1 l}{4}$$

由机械能守恒定律 $T_2+V_2=T_1+V_1$，有

$$\frac{G_1 l^2 \omega^2}{6g} = \frac{G_1 l}{4}$$

解得

$$\omega = \sqrt{\frac{3g}{2l}}$$

(2)求弹簧的最大压缩量 Δ

当弹簧达到最大压缩量时，$v_A=0$，对杆应用速度投影定理易得 $v_B=0$，故杆 AB 静止不动，轮 B 也静止不动，于是此时系统的动能 $T_3=0$，系统的势能为

$$V_3 = \frac{k}{2}\Delta^2 - G_1 \frac{\Delta}{2}$$

由机械能守恒定律 $T_3+V_3=T_1+V_1$，有

$$\frac{k}{2}\Delta^2 - G_1 \frac{\Delta}{2} = \frac{G_1 l}{4}$$

即

$$2k\Delta^2 - 2G_1\Delta - G_1 l = 0$$

上式为关于未知量 Δ 的一元二次代数方程，注意到此时 $\Delta>0$，解得

$$\Delta = \frac{2G_1 + \sqrt{4G_1^2 + 8kG_1 l}}{4k} = \frac{G_1 + \sqrt{G_1^2 + 2klG_1}}{2k}$$

注意：在本例中的这两种特殊情形，其结果均与圆盘无关，虽然它参与了能量的转换过程。

【例 9.12】用机械能守恒定律建立例 9.10 中物块的运动微分方程。

【解】系统所受约束均为理想约束，且内力做功之和等于零。因为仅有弹簧力和物块的重力做功，所以该系统机械能守恒。

设物块静平衡时弹簧的伸长量为 δ，以静平衡位置为原点建立坐标 x，系统的运动分析如图 9.26 所示。

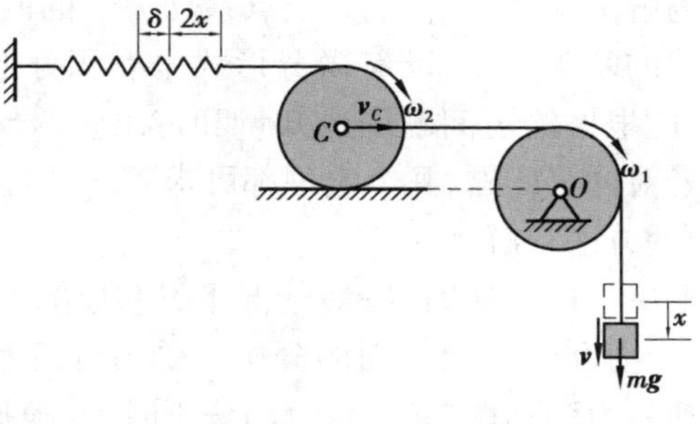

图 9.26

在任意时刻，即物块向下移动 x 时，系统的动能为

$$T = \frac{1}{2}mv^2 + \frac{1}{2}\left(\frac{1}{2}MR^2\right)\omega_1^2 + \frac{1}{2}Mv_C^2 + \frac{1}{2}\left(\frac{1}{2}MR^2\right)\omega_2^2$$

由运动学知

$$\omega_1 = \frac{v}{R}, v_C = v, \omega_2 = \frac{v}{R}$$

将其代入上式并整理得

$$T = \frac{1}{2}(2M + m)v^2$$

取系统静平衡位置为零势能位置，则任意时刻系统的势能为

$$V = -mgx + \frac{k}{2}[(\delta + 2x)^2 - \delta^2] = -mgx + 2k\delta x + 2kx^2$$

由静平衡条件知 $mg = 2k\delta$，于是得

$$V = 2kx^2$$

由机械能守恒定律 $\frac{\mathrm{d}}{\mathrm{d}t}(T+V) = 0$，有

$$(2M + m)v\dot{v} + 4kxv = 0$$

将上式消去 v 并注意到 $\dot{v} = \ddot{x}$，得到物块的运动微分方程为

$$(2M + m)\ddot{x} + 4kx = 0$$

9.5 动力学普遍定理的综合应用

动量定理、动量矩定理和动能定理统称为**动力学普遍定理**。每个定理只建立了质点（系）的某一方面的运动特征量（动量、动量矩、动能）和与之对应的力特征量（力系的主矢、主矩、功）之间的关系，即动力学三大普遍定理从不同的侧面反映了物体机械运动的一般规律。动力学三大普通定量既有共性，又有各自的特点和适用范围。例如，动量定理和动量矩定理为矢量形式，不仅能求出运动量的大小，还能求出其方向；质点系动量和动量矩的变化只取决于外力的主矢和主矩而与内力无关；而动能定理是标量形式，不反映运动量的方向性，做功的外力和内力都会改变质点系的动能。

动力学三大普遍定理为解决动力学，特别是质点系动力学的两大类问题提供了依据。它们都是建立在牛顿第二定律的基础之上，既有微分形式也有积分形式，解题时选择的灵活性强，没有一定的严格格式。应根据给定问题的已知量和待求量，合理地选择某一定理或应用两个以上定理联立求解。若对同一问题，几个定理都可求解时，将出现一题多种解法，这时应经过比较分析，选取最简便的方法求解。

应用动力学普遍定理解决具体问题时，一般情况下，应从给定问题的待求量是力还是运动量着手，对研究对象进行受力和运动两方面的分析。受力分析时，要注意分清主动力和约束力，内力和外力，以及做功的力和不做功的力；运动分析时，要根据约束条件，弄清研究对象作何种运动，然后选用能将待求量和已知量联系起来的定理求解。如果已知主动力求质点系

的运动,对于理想约束系统,特别是多刚体系统,应首选动能定理求解,其次考虑有无动量守恒、质心运动守恒或动量矩守恒的情况,或选用其他定理求解。如果已知质点系的运动求未知力,可选取质心运动定理、动量矩定理或刚体平面运动微分方程。对于既求运动又求力的动力学问题,一般先根据已知力求出系统的运动量,再根据已求的运动量求解未知力。

还应注意到,动力学三大普遍定理并不是完全独立的。例如,对于刚体的平面运动,从代数方程角度看,可以给出 2 个动量方程、1 个动量矩方程和 1 个动能方程,这样一来就可以由其动力学三大定理列出 4 个方程,而实际上只有 3 个是独立的(因为此时只有 3 个未知函数)。知道这一事实是有用的,特别对较复杂的动力学问题,有时会在列出独立的动力学方程后,发现其未知数仍然多于方程数,虽然还可以从其他动力学定理列出有关方程,但是新写出的方程对于求解问题是没有用的。在此情况下,就需要从运动学或几何角度去寻找补充方程,使独立方程数与未知量数相等。

因为动力学问题本身的复杂性及多样性(它可以包含静力学及运动学中的内容和方法),并且动力学普遍定理概念性强,应用时又特别灵活,所以,只有通过解题实践,举一反三,提高分析问题和综合应用的能力,才能熟练运用动力学普遍定理灵活解题。

下面通过一些例题来说明动力学普遍定理的综合应用。

【例 9.13】建立例 9.10 中物块的运动微分方程。

【解】在例 9.10 和 9.12 中,分别应用功率方程和机械能守恒定律建立了物块的运动微分方程,现在运用刚体的平面运动微分方程建立该方程。

设物块静平衡时弹簧的伸长量为 δ,以静平衡位置为原点建立坐标 x,如图 9.27 所示。

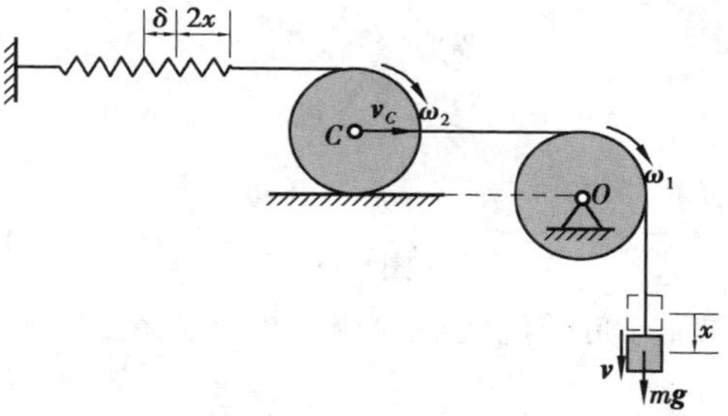

图 9.27

物块平移,受力及运动分析如图 9.28(a)所示,其运动微分方程为

$$ma = mg - F_1$$

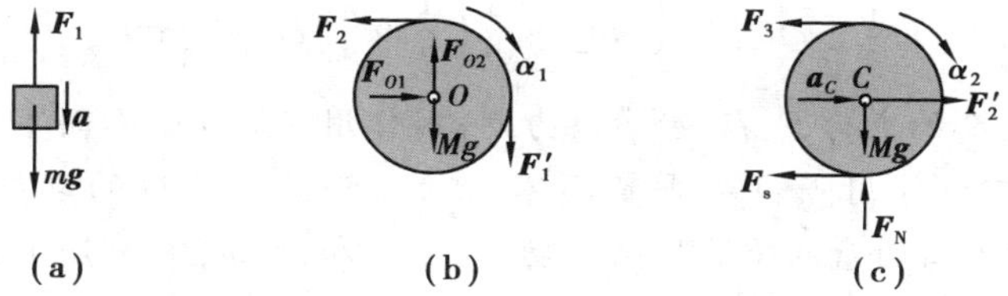

图 9.28

轮 O 定轴转动,受力及运动分析如图 9.28(b)所示,其运动微分方程为

$$\frac{1}{2}MR^2\alpha_1 = (F_1 - F_2)R$$

轮 C 平面运动,受力及运动分析如图 9.28(c)所示,其运动微分方程为

$$Ma_C = F_2 - F_S - F_3$$

$$\frac{1}{2}MR^2\alpha_2 = (F_S - F_3)R$$

式中:$F_3=k(\delta+2x)$。

由运动学知

$$\alpha_1 = \frac{a}{R}, a_C = a, \alpha_2 = \frac{a}{R}$$

联立上面各式整理得

$$(2M + m)a + 2k(\delta + 2x) - mg = 0$$

由静平衡条件知 $2k\delta=mg$,注意到 $a=\ddot{x}$,于是得到物块的运动微分方程为

$$(2M + m)\ddot{x} + 4kx = 0$$

通过该例题可见,同一个问题可用不同的理论求解,结果是相同的。

【例 9.14】如图 9.29(a)所示,均质滑块 A 质量为 m,均质圆盘 B 质量为 m、半径为 r,两者用与斜面平行的无重杆 AB 铰接,斜面倾角为 θ,摩擦系数为 f,圆盘 B 沿斜面作纯滚动。试求滑块的加速度 a_A 及圆盘与斜面间的摩擦力。

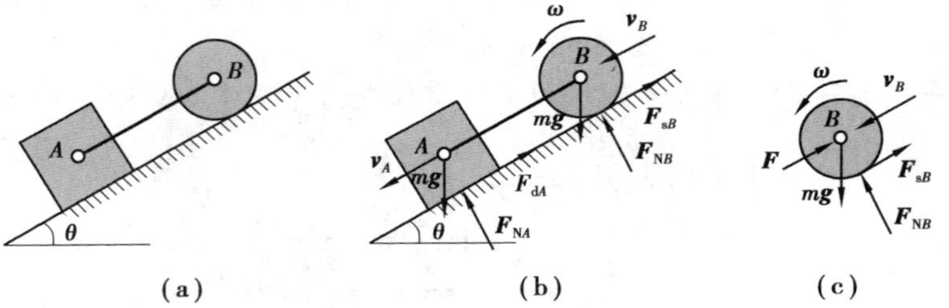

图 9.29

【解】为求滑块的加速度,可用动能定理。研究整个系统,其运动及受力分析如图9.29(b)所示。由运动学易知

$$v_B = v_A, \omega = \frac{v_B}{R} = \frac{v_A}{R}$$

滑块 A 作平移,圆盘 B 作平面运动,则在任意瞬时 t,系统的动能为

$$T = \frac{1}{2}mv_A^2 + \frac{1}{2}mv_B^2 + \frac{1}{2}\left(\frac{1}{2}mr^2\right)\omega^2 = \frac{5}{4}mv_A^2$$

斜面对圆盘的法向约束力 $\boldsymbol{F}_{NB}$ 和静摩擦力 $\boldsymbol{F}_{sB}$ 因作用在速度瞬心而不做功;斜面对滑块的法向约束力 $\boldsymbol{F}_{NA}$ 因与力作用点位移垂直而不做功。斜面对滑块的动摩擦力做负功,功率为 $-mgf\cos\theta\cdot v_A$;滑块与圆盘的重力均做正功,功率之和为 $2mg\sin\theta\cdot v_A$。因此有

$$\sum P_i = mg(2\sin\theta - f\cos)v_A$$

由功率方程 $\frac{\mathrm{d}T}{\mathrm{d}t} = \sum P_i$,有

$$\frac{5}{2}mv_A\dot{v}_A = mg(2\sin\theta - f\cos)v_A$$

消去 v_A，得到滑块的加速度 a_A 为

$$a_A = \dot{v}_A = \frac{2}{5}(2\sin\theta - f\cos\theta)g$$

为求圆盘与斜面间的摩擦力，可取圆盘为研究对象，其运动及受力分析如图 9.29(c)所示。应用对质心的动量矩定理，即

$$\frac{\mathrm{d}}{\mathrm{d}t}\left(\frac{1}{2}mr^2\cdot\omega\right) = F_{sB}r$$

可得

$$F_{sB} = \frac{1}{2}mr\alpha = \frac{1}{2}ma_B = \frac{1}{2}ma_A$$

代入 a_A 的值，得圆盘与斜面间的摩擦力为

$$F_{sB} = \frac{1}{5}(2\sin\theta - f\cos\theta)mg$$

由此例可看出，为求系统运动时的作用力，需先计算加速度，为此可用动能定理的微分形式；而求作用力时，可应用动量定理或动量矩定理。当然，对于该问题，也可以分别对滑块和圆盘列出相应的运动微分方程，再联立求解力与加速度。但由于本问题只需求解圆盘与斜面间的摩擦力，用上述求解方法相对简便。

【例 9.15】如图 9.30(a)所示，长度为 l、质量为 m 的均质细杆静止直立于光滑水平地面上。若杆受微小扰动而倒下，求杆刚刚到达地面时的角速度和地面约束力。

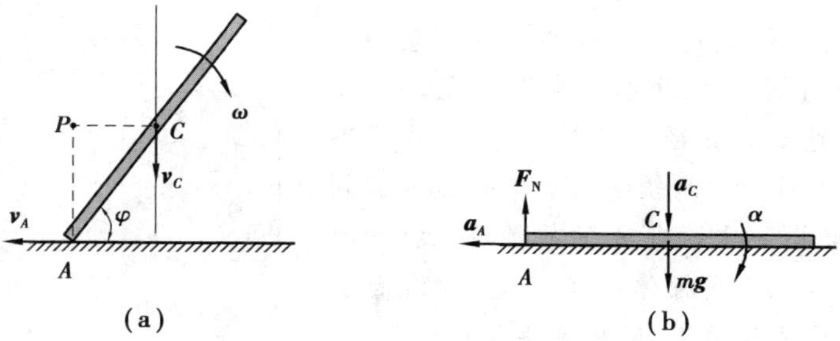

图 9.30

【解】由于地面光滑，所以直杆在水平方向上不受力，倒下过程中质心将铅直下落。设杆与地面成任一角度 φ 时，P 为杆的速度瞬心，如图 9.30(a)所示。由运动学知，杆的角速度为

$$\omega = \frac{v_C}{PC} = 2\frac{v_C}{l\cos\varphi}$$

此时杆的动能为

$$T = \frac{1}{2}mv_C^2 + \frac{1}{2}J_C\omega^2 = \frac{1}{2}m\left(1 + \frac{1}{3\cos^2\varphi}\right)v_C^2$$

初始动能为零，该过程只有重力做功 $mg\dfrac{l}{2}(1-\sin\varphi)$，由动能定理有

$$\frac{1}{2}m\left(1 + \frac{1}{3\cos^2\varphi}\right)v_C^2 = mg\frac{l}{2}(1 - \sin\varphi)$$

当 $\varphi=0$ 时，解得杆刚刚到达地面时质心的速度为

$$v_C = \frac{\sqrt{3gl}}{2}$$

从而得到杆刚刚到达地面时的角速度为

$$\omega = \frac{2v_C}{l} = \sqrt{\frac{3g}{l}}$$

在倒下过程中,杆作平面运动。刚刚达到地面瞬间,杆的受力及运动分析如图 9.30(b)所示,由刚体平面运动微分方程,有

$$mg - F_N = ma_C \tag{a}$$

$$\frac{ml^2}{12}\alpha = F_N \frac{l}{2} \tag{b}$$

由运动学知,杆上两点的加速度矢量满足如下关系

$$\boldsymbol{a}_C = \boldsymbol{a}_A + \boldsymbol{a}_{CA}^n + \boldsymbol{a}_{CA}^\tau$$

点 A 的加速度 $\boldsymbol{a}_A$ 沿水平方向,由质心运动守恒定律知,质心 C 的加速度 $\boldsymbol{a}_C$ 沿竖直方向。将该矢量式在竖直方向上投影,得

$$a_C = a_{CA}^\tau = \alpha \frac{l}{2} \tag{c}$$

联立式(a)、式(b)及式(c),解得杆刚刚到达地面时的地面约束力为

$$F_N = \frac{mg}{4}$$

【例 9.16】一半径为 R、对回转轴的转动惯量为 J_z 的圆柱体航天器处于无力矩状态。在圆柱壁的 A、B 两处(AB 为中心圆截面的直径),各拴一等长、质量不计的软绳,如图 9.31 所示。两软绳同沿中心截面圆周缠绕,其另一端各连接一质量为 m 的质量块。初始时质量块分别锁紧于 C、D,圆柱体以角速度 ω_0 绕自旋轴 z 转动。在控制系统作用下,两质量块同时释放,至软绳与 AB 垂直时释放结束。试问:软绳长度 l 要满足什么条件,才能使释放后航天器的角速度为零?

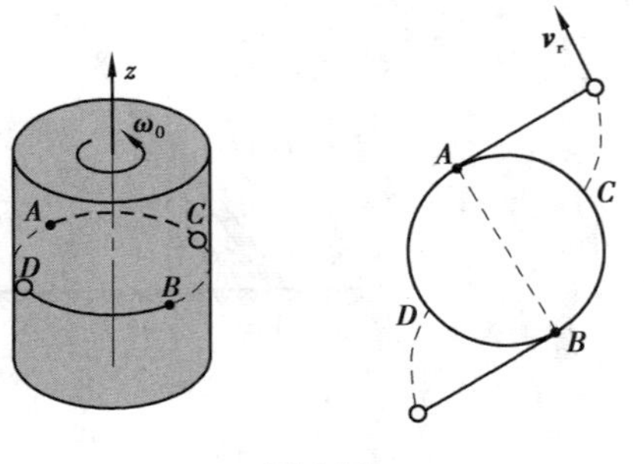

图 9.31

【解】首先分析系统的运动。软绳释放开始瞬间,圆柱体角速度为 ω_0,质量块的速度为 $\omega_0 R$。软绳释放结束瞬间,圆柱体角速度为零,从而有 $v_e=0$,故质量块的速度 $v_a=v_r$,如图 9.31 所示。

其次分析系统的受力。具有两个特点:①无外力矩;②约束力不做功。特点①使得系统对 z 轴的动量矩守恒;特点②使得系统的机械能守恒。利用对 z 轴的动量矩守恒定律和机械能守恒定律,有

$$2mv_r l = J_z\omega_0 + 2m(\omega_0 R)R$$

$$2 \times \frac{1}{2}mv_r^2 = \frac{1}{2}J_z\omega_0^2 + 2 \times \frac{1}{2}m(\omega_0 R)^2$$

消去 v_r,得

$$l = \sqrt{R^2 + \frac{J_z}{2m}}$$

由以上两例可见,求解动力学问题常需要利用运动学知识分析速度、加速度之间的关系,有时还要先判明是否属于动量或动量矩守恒情况。如果是守恒的,则要利用守恒条件给出的结果,才能进一步求解。

【例 9.17】如图 9.32 所示,弹簧两端各系一物块 A 和 B,置于光滑的水平面上。弹簧刚度系数为 k,质量不计,物块 A 和 B 重分别为 G 和 W。若先将弹簧拉长 Δ,然后无初速地释放,求当弹簧恢复到原长时,物块 A 和 B 的速度大小为多少?

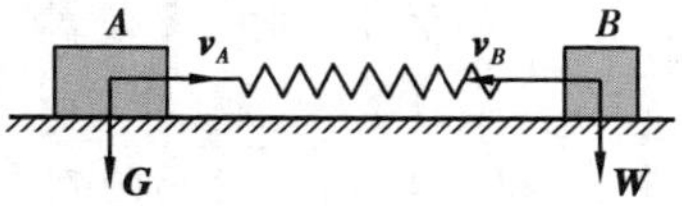

图 9.32

【解】整个运动过程中,仅弹簧力做功,故系统的机械能守恒。

系统初始静止,动能 $T_1=0$,取弹簧自然长度位置为零势能位置,初始时系统的势能为

$$V_1 = \frac{k}{2}\Delta^2$$

弹簧恢复到原长时,系统的动能和势能分别为

$$T_2 = \frac{1}{2}mv_A^2 + \frac{1}{2}mv_B^2 = \frac{1}{2g}(Gv_A^2 + Wv_B^2)$$

$$V_2 = 0$$

由机械能守恒定理 $T_2+V_2=T_1+V_1$,有

$$\frac{1}{2g}(Gv_A^2 + Wv_B^2) = \frac{k}{2}\Delta^2 \tag{a}$$

水平面光滑,系统在水平方向上不受力,因而在此方向上动量守恒,于是得

$$\frac{G}{g}v_A - \frac{W}{g}v_B = 0 \tag{b}$$

联立式(a)和式(b),解得

$$v_A = \frac{\Delta\sqrt{kgW}}{\sqrt{G^2 + GW}}, v_B = \frac{\Delta\sqrt{kgG}}{\sqrt{W^2 + WG}}$$

【例 9.18】如图 9.33 所示,质量为 m、半径为 R 的均质薄圆环,初始时静止在绝对粗糙的桌边,且 $\varphi=0$,受到小扰动后无滑动地滚下。求圆环脱离台面那一瞬时的角度 φ。又问:如果桌边是理想光滑的,则结果怎样?

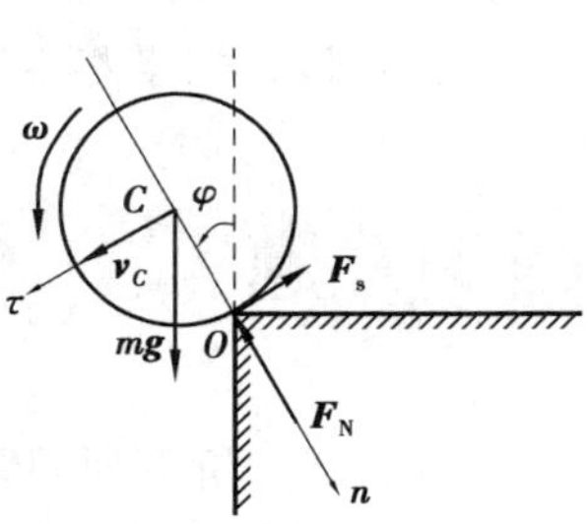

图 9.33

【解】首先,假设摩擦足够大,能阻止任何滑动,接触点 O 处出现的是静摩擦力,在脱离之前圆环绕桌边作定轴转动。圆环对桌边的转动惯量为

$$J_O = J_C + mR^2 = mR^2 + mR^2 = 2mR^2$$

初始静止,圆环的动能 $T_1=0$。脱离桌边前的任一瞬时,圆环的受力及运动分析如图 9.33 所示。此时圆环的动能为

$$T_2 = \frac{1}{2}J_O\omega^2 = \frac{1}{2}\cdot 2mR^2\cdot\omega^2 = mR^2\omega^2$$

在该过程中,接触点 O 处的法向约束力 $\boldsymbol{F}_{\mathrm{N}}$ 和静摩擦力 $\boldsymbol{F}_{\mathrm{s}}$ 均不做功,重力所做的功为 $W_{12}=mgR(1-\cos\varphi)$。由动能定理 $T_2-T_1=W_{12}$,有

$$mR^2\omega^2 = mgR(1-\cos\varphi) \tag{a}$$

圆环脱离前,质心 C 作以 O 为中心的圆周运动,法向加速度 $a_C^n=R\omega^2$。由质心运动定理得

$$mR\omega^2 = mg\cos\varphi - F_{\mathrm{N}} \tag{b}$$

联立式(a)和式(b),整理得

$$F_{\mathrm{N}} = mg(2\cos\varphi - 1)$$

圆环离开台面时,应有 $F_{\mathrm{N}}=0$,于是得

$$2\cos\varphi - 1 = 0$$

解得 $\varphi=60°$,即圆环脱离绝对粗糙台面那一瞬时的角度为 $60°$,与半径无关。

其次,如果桌边是理想光滑的,圆环将不会转动。圆环沿桌边滑下的过程中,始终作平移。脱离桌边前任一瞬时的动能为

$$T_2 = \frac{1}{2}mv_C^2$$

该情况下,式(a)写成

$$\frac{1}{2}mv_C^2 = mgR(1-\cos\varphi) \tag{c}$$

圆环脱离前,质心 C 也作以 O 为中心的圆周运动,法向加速度 $a_C^n=v_C^2/R$。由质心运动定理得

$$m\frac{v_C^2}{R} = mg\cos\varphi - F_{\mathrm{N}} \tag{d}$$

联立式(c)和式(d),整理得

$$F_{\mathrm{N}} = mg(3\cos\varphi - 2)$$

圆环离开台面时,也应有 $F_{\mathrm{N}}=0$,于是得

$$3\cos\varphi - 2 = 0$$

解得 $\varphi\approx48°$,即圆环脱离理想光滑台面那一瞬时的角度为 $48°$,也与半径无关。

请读者思考:若摩擦因数小于 1,该如何求解?

习　题

9.1　试分析下列问题:

(a)摩擦力在什么情况下做功?摩擦力一定做负功吗?请举例说明。

(b)均质圆柱体放在斜坡上,由静止释放。请问:对于斜面绝对粗糙和绝对光滑两种情况,哪种情况下圆柱体先到达坡底?为什么?

(c)如图所示,均质杆 OA 和 OB 的 O 端用铰链连接,中点间连有弹簧,AB 间系有绳子。初始时,弹簧处于压缩状态,该系统静止地放在光滑的水平面上。如果绳子突然断了,请问系统的动量如何变化,对任意点的动量矩如何变化,系统的动能如何变化?

(d)如果质点系的动量守恒,对任意点的动量矩亦守恒,那么其动能是否变化呢?

(e)质量为 m 的均质圆盘放在光滑水平面上,其上缠有相对圆盘无滑动的绳子,初始静止。如果分 3 种情况施加作用力(如图所示),经过相同时间后,哪种情况下圆盘的动能最大?

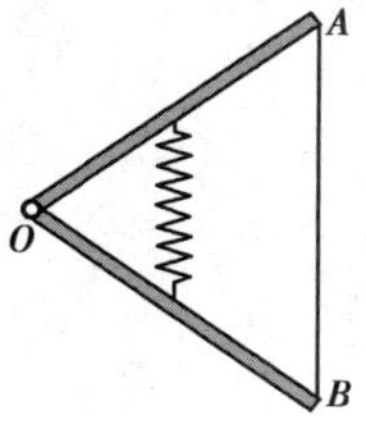

习题 9.1(c)图

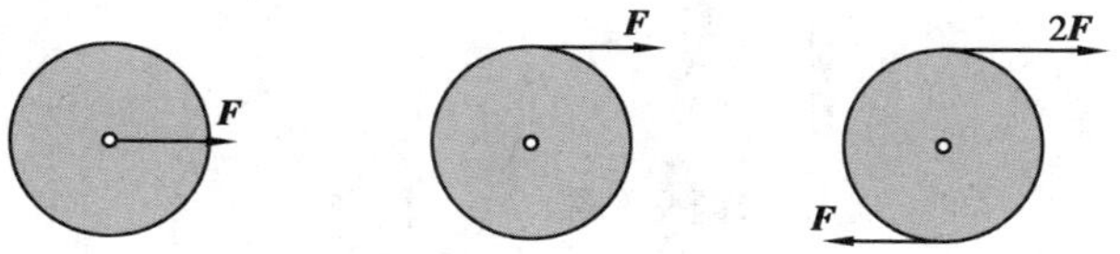

习题 9.1(e)图

(f)动力学三大普遍定理所列出的方程能相互独立吗?为什么?

(g)能量与力的功之间有什么关系?常有如下表述:"能量不灭""能量耗散"和"机械能守恒",这些表述各自基于何种意义?逻辑上是否存在矛盾?

(h)何为保守力与非保守力?这种分类对于动力学分析有怎样的作用?

(i)质点在弹簧力作用下运动,设弹簧自然长度为 l,刚度系数为 k。如果将弹簧拉长至 $l+2\delta$ 时释放,问弹簧的变形量从 2δ 到 δ 和从 δ 到 0,弹簧力所做的功是否相同?

(j)平面运动刚体的动能,是否等于刚体随任意基点作平移的动能与绕过基点并垂直于运动平面的轴转动的动能之和?为什么?

(k)同一质点由点 A 以大小相同但方向不同的初速度抛出,如图所示。如不计空气阻力,质点落到水平面上时,3 种情况下的速度大小是否相等?重力的功是否相等?重力的冲量大小是否相等?

9.2 如图所示,T 形架由等长且平行的均质细杆 AB 和 CD 支持,上面静放着一物块 M。杆 AB 和 CD 的长度为 l,杆、T 形架及物块的质量均为 m。已知图示瞬间杆的转动角速度为 ω,求此时系统的动能。

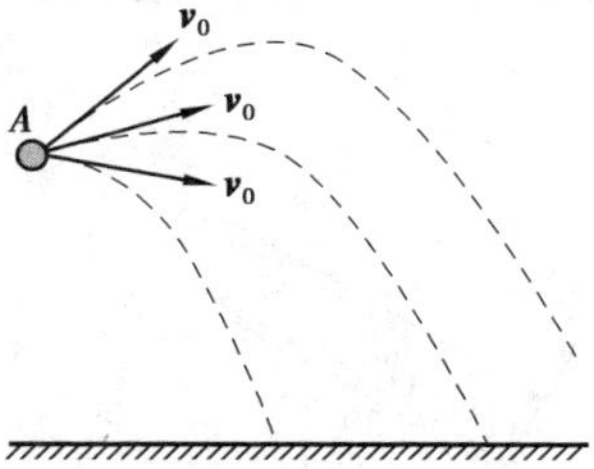

习题 9.1(k)图

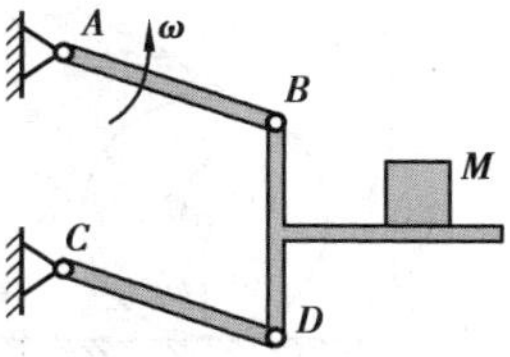

习题 9.2 图

9.3 如图所示,L 形钢构件由两根相同的均质细钢杆焊接而成,绕与其垂直的轴 O 转动,角速度为 ω。已知两杆长度均为 l,质量均为 m,轴 O 位于一杆的四等分点处,求该构件的动能。

9.4 如图所示,质量为 m、半径为 R 的均质圆轮 A 在水平地面上作纯滚动,圆轮中心处铰接一质量为 m、长为 l 的均质细杆 AB。当杆 AB 与铅垂线的夹角为 φ 时,圆轮中心的速度为 $\boldsymbol{v}$,杆 AB 的角速度为 ω,求此时系统的动能。

9.5 已知质点在力 $\boldsymbol{F}=y^2\boldsymbol{i}+x^2\boldsymbol{j}$ 作用下沿曲线 $\boldsymbol{r}=a\cos t\boldsymbol{i}+b\sin t\boldsymbol{j}$ 运动,求从 $t=0$ 到 $t=\pi$ 的过程中力所做的功。

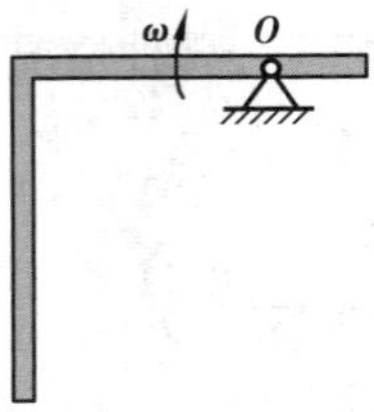

习题 9.3 图

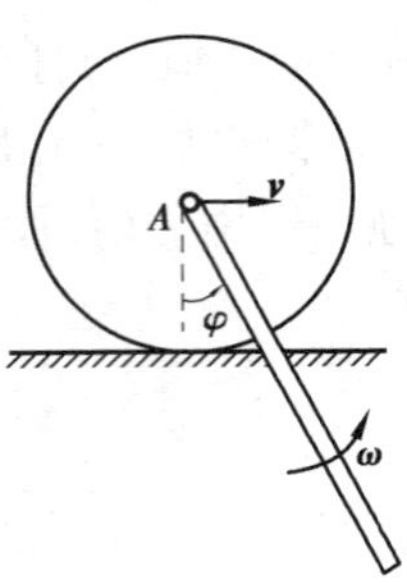

习题 9.4 图

9.6　如图所示，质量为 4 kg、长为 0.5 m 的均质细杆 OA 可绕水平轴 O 转动。弹簧 AB 原长为 0.5 m，刚度系数 $k=10$ N/m。求 OA 从 $\varphi=0°$转到 $\varphi=90°$的过程中，重力和弹性力所做功之和。

9.7　如图所示，皮带轮半径为 0.5 m，皮带拉力分别为 $F_1=1\ 800$ N 和 $F_2=600$ N。已知皮带轮转速为 $n=120$ r/min，求皮带拉力的功率。

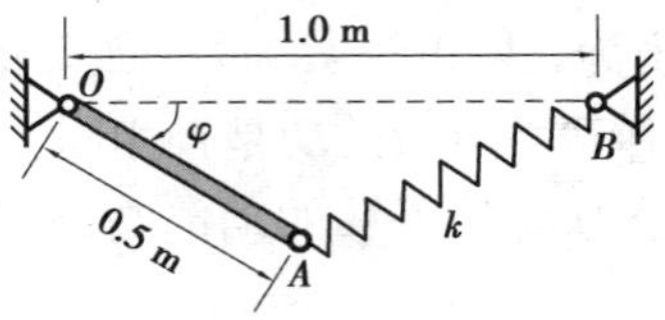

习题 9.6 图

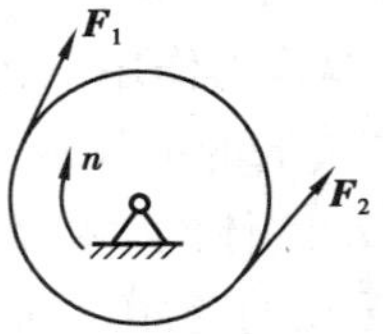

习题 9.7 图

9.8　如图所示，质量为 m、半径为 R 的均质圆轮在绳端常力 $\boldsymbol{F}$ 的作用下沿水平面作纯滚动。已知拉力 $\boldsymbol{F}$ 与水平面成 30°角，圆轮与水平面间的摩擦因数为 f，滚动摩阻系数为 δ，求轮心 C 走过路程 s 的过程中力的功。

9.9　如图所示安放的弹射器，弹簧自然长度与筒长相等，均为 20 cm，刚度系数为 2 N/cm，质量可忽略不计。如果将弹簧压缩到 10 cm 后静止释放，求质量为 30 g 的小球离开弹射器筒口时的速度。

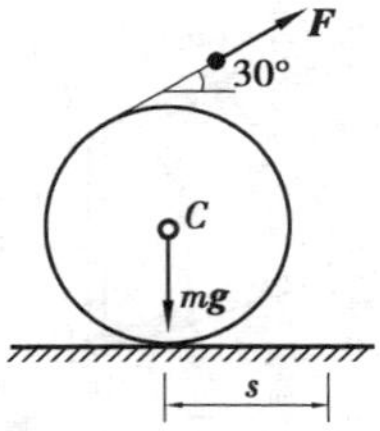

习题 9.8 图

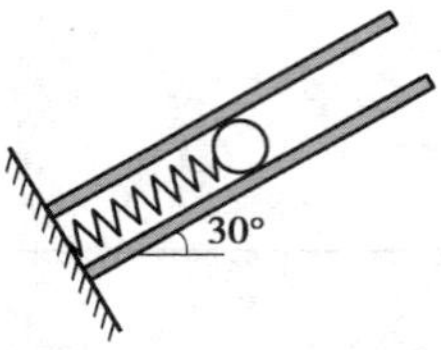

习题 9.9 图

9.10　如图所示，细绳 OA 的一端固定，另一端拴一小球 A。如果小球以速度 $\boldsymbol{v}_0$ 从 OA 处于水平位置开始运动，当摆至铅垂位置时，细绳碰到固定点 O_1 处的钉子。已知绳长为 l，$OO_1=h$，求小球达到与点 O_1 等高的点 B 处时的速度。

9.11　如图所示，绕在绞车鼓轮上的绳子拉着放在斜面上的物块。鼓轮 O 的质量为 m_1，半径为 r，物块 A 质量为 m_2，斜面倾角为 θ，物块与斜面间的滑动摩擦因数为 f，绳子质量不计，鼓轮可视为均质圆柱。作用于鼓轮上、矩为 M 的力偶使得系统由静止开始运动，求鼓轮转过

φ 角时的角速度和角加速度。

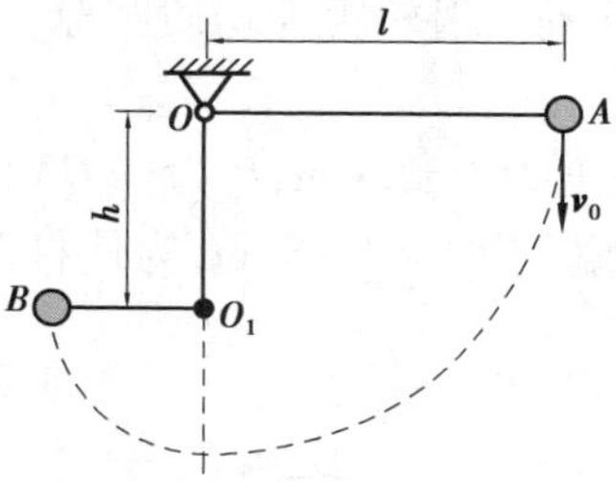

习题 9.10 图

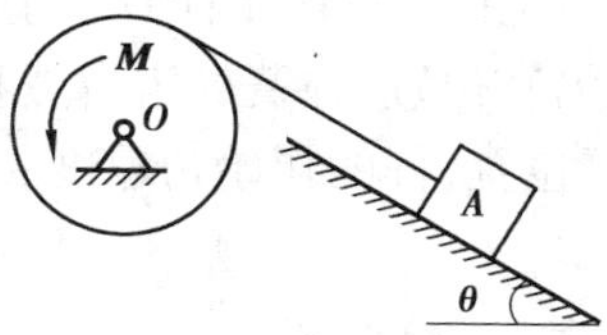

习题 9.11 图

9.12 如图所示,行星轮系传动机构放在水平面内。已知定齿轮的半径为 r_1;动齿轮的半径为 r_2,质量为 m_2;曲柄 OA 的质量为 m_3。一矩为常量 M 的力偶作用于曲柄上,使机构由静止开始运动,求曲柄转过 φ 角时的角速度和角加速度。齿轮视为均质圆盘,曲柄视为均质细杆,不计摩擦。

9.13 如图所示的机构中,均质细杆 AB 和 BC 的质量均为 $m=2$ kg,长度均为 $l=1$ m;均质圆轮 C 的质量 $m_1=4$ kg,半径 $R=0.25$ m,沿水平面作纯滚动;弹簧两端分别连接在杆 AB 和 BC 的中点位置,自然长度 $l_0=1$ m,刚度系数 $k=50$ N/m。如在点 B 施加一铅垂常力 $\boldsymbol{F}$($F=60$ N),求系统从 $\varphi=60°$ 静止开始运动到 $\varphi=0$ 时两杆的角速度。

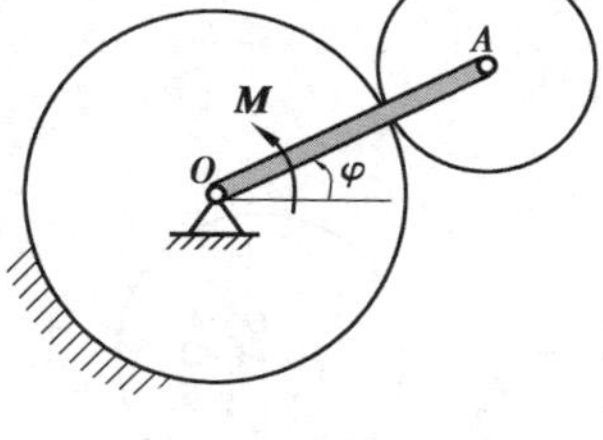

习题 9.12 图

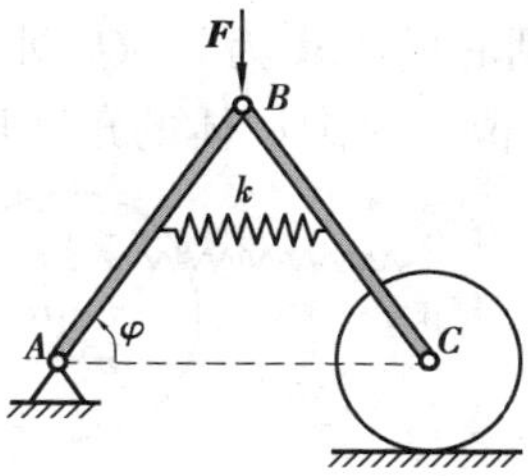

习题 9.13 图

9.14 如图所示,均质细杆 AB 的质量为 m,长度为 l,上端 B 靠在光滑墙壁上,下端 A 铰接于均质圆盘的中心。圆盘质量为 m,半径为 r,在粗糙水平面只滚不滑。初始时系统静止,杆与水平面的夹角为 $\theta=45°$,求点 A 在初瞬间的加速度。

9.15 如图所示,(a)、(b)分别为在铅垂面内两种支持情况的均质细杆,其质量均为 m,长度均为 l,初始时均处于静止状态。受微小扰动后均沿顺时针方向倒下,不计摩擦,求处于水平位置时两杆的角速度。

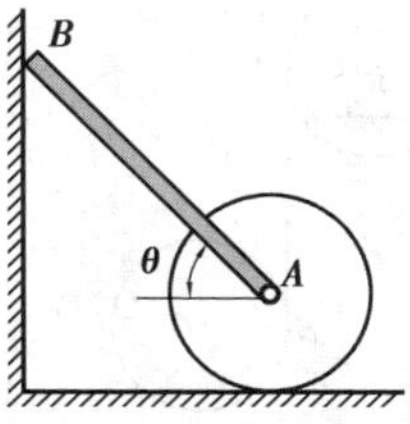

习题 9.14 图

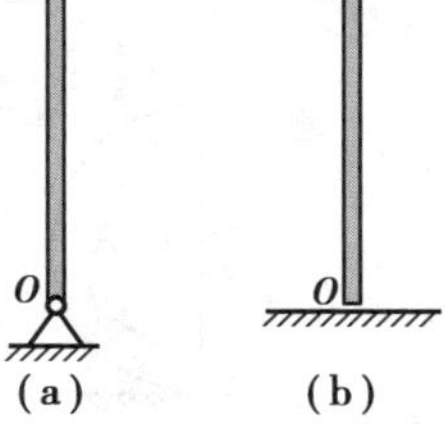

习题 9.15 图

9.16 如图所示,链条全长 $l=1$ m,单位长度的质量 $q_G=20$ N/m,对称悬挂在重为 $G=10$ N、半径 $r=0.1$ m 的滑轮上,受微小扰动由静止开始运动。滑轮视为均质圆盘,设链条与滑轮间无相对滑动,求链条离开滑轮时的速度。

9.17 如图所示,均质杆 OA 的质量为 $m=30$ kg,长度为 $l=2.4$ m,B 为杆 OA 的中点。初始时,杆在铅直位置,弹簧处于自然状态。设弹簧刚度系数为 $k=3$ kN/m,为使杆能由铅直位置转至水平位置,杆的初始角速度 ω_0 至少多大?

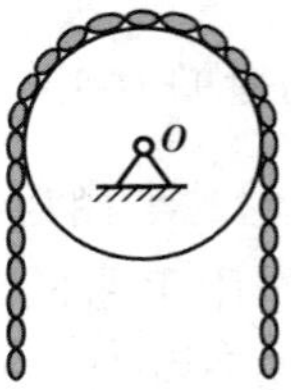

习题 9.16 图

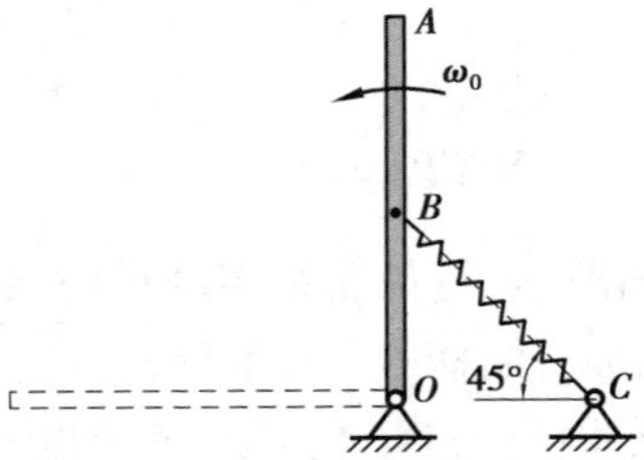

习题 9.17 图

9.18 如图所示,均质圆盘质量为 m_1,半径为 R,可绕水平固定轴 O 转动。重物 A 的质量为 m_2,弹簧 BC 的刚度系数为 k。$OB=R/2$,当 OB 铅垂时,弹簧水平,系统处于平衡状态。求重物 A 受扰而上下微小振动时系统的周期。

9.19 如图所示,均质圆柱体质量为 m_1,半径为 R,其端面上点 A 处固结一质量为 m_2 的小球,A 点至圆心的距离为 r。OA 水平时,系统由静止释放。设圆柱体沿水平面作纯滚动,求小球位于最低位置时圆柱体的角速度。

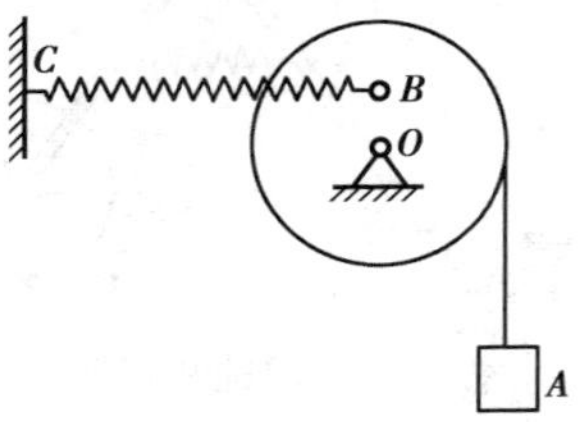

习题 9.18 图

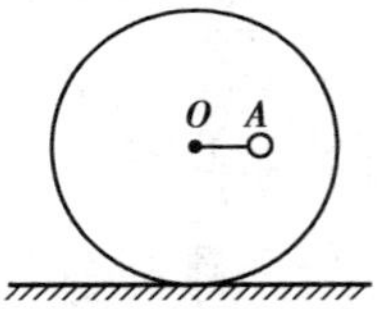

习题 9.19 图

9.20 如图所示,均质半圆柱体的半径为 R,在直径边竖直时将其由静止释放。设半圆柱体沿水平面纯滚动,求直径边水平时半圆柱体的角速度。

9.21 如图所示,两个相同的均质圆轮,质量均为 m,半径均为 R,用不计质量的细绳缠绕连接。绳 AB 段竖直时系统由静止开始运动,求轮质心 C 的速度 v 与下落距离 s 之间的关系。

习题 9.20 图

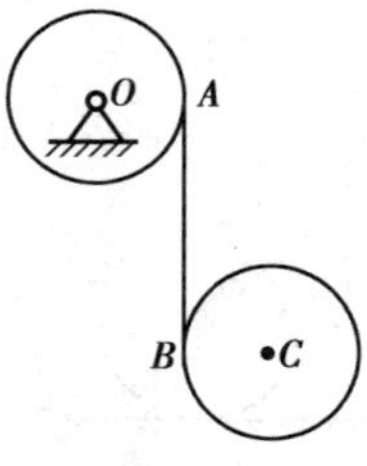

习题 9.21 图

9.22 如图所示，轮 A、B 可视为均质圆盘，当物块 C 至地面的距离为 h 时，系统处于平衡状态。已知轮 A、B 和物块 C 的质量均为 m，弹簧的刚度系数为 k，绳质量不计且与轮之间无相对滑动。问要给物块 C 多大向下的初速度 v_0，才能使其恰好到达地面？

9.23 如图所示，质量为 m_1 的均质圆管上绕细绳挂着一质量为 m_2 的物块 M，静止地放在两块倾斜的直板上。设圆管与板间无相对滑动，问板倾角 θ 满足什么条件圆管才会沿板向上滚动？若圆管由静止开始沿板向上滚动，求圆管中心的速度 v 与路程 s 之间的关系。

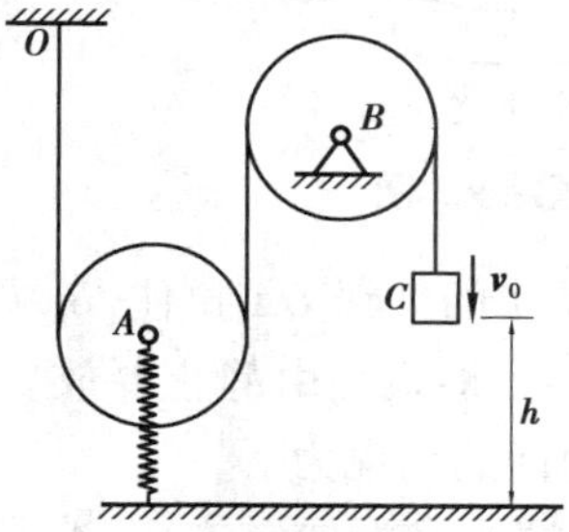

习题 9.22 图

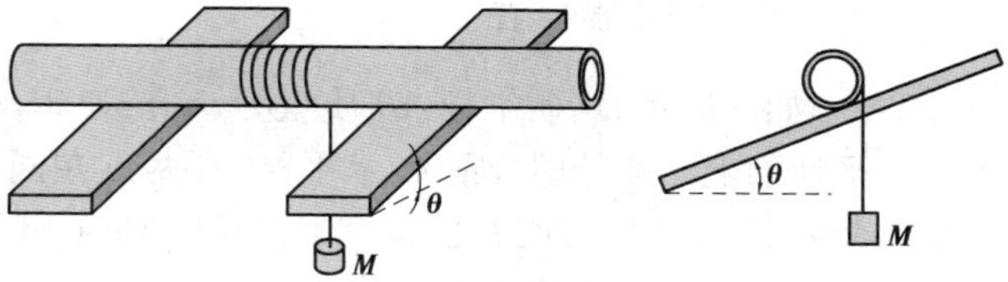

习题 9.23 图

9.24 如图所示的机构，直杆 AB 质量为 m_1，楔块 C 质量为 m_2，倾角为 θ。不计各处摩擦，杆 AB 在自重作用下铅垂下降，推动楔块 C 作水平运动，求杆 AB 与楔块 C 的加速度。

9.25 如图所示，质量为 m、半径为 R 的均质圆柱体放在倾角为 60°的斜面上，一端固定在点 O 的细绳缠绕在圆柱体上，绳段 OA 与斜面平行。已知圆柱体与斜面间的摩擦因数 $f=1/3$，求圆柱体轴心的加速度 a_C。

9.26 如图所示，将长为 l，质量为 m 的两根均质杆 AC 与 BC 在 C 端铰接，垂直放置在水平面上。已知初始时刻系统静止，C 端距水平面的高度为 h，忽略一切摩擦，求两杆处于水平时 C 点的速度。

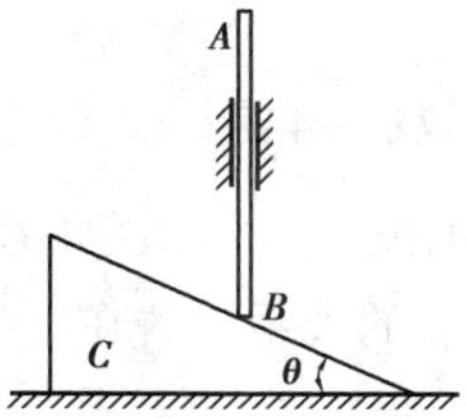

习题 9.24 图

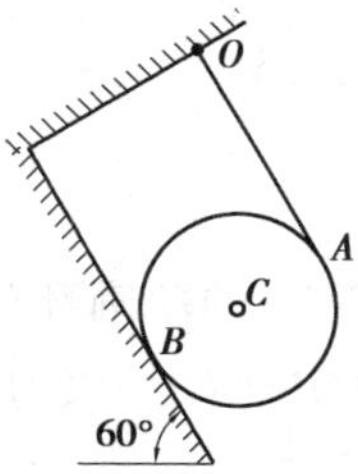

习题 9.25 图

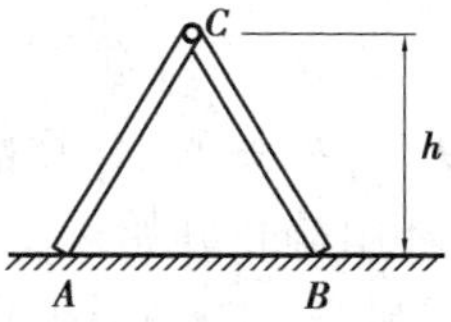

习题 9.26 图

动力学普遍定理综合应用习题

综 9.1 如图所示，均质细杆 OA 质量为 m，长为 $2l$，O 端用光滑铰链与天花板连接，将杆由水平位置无初速地释放，当杆摆到竖直位置时，O 端铰链突然脱落。求铰链脱落后，杆的角速度和杆中心的运动轨迹。

综 9.2 如图所示，质量为 m、半径为 r 的均质圆轮，受到轻微扰动后，在半径为 R 的圆弧形轨道上作往复滚动。设轨道表面足够粗糙使得圆轮在滚动时无相对滑动，分别运用刚体的平面运动微分方程、功率方程及机械能守恒定律给出圆轮质心 C 的运动微分方程。

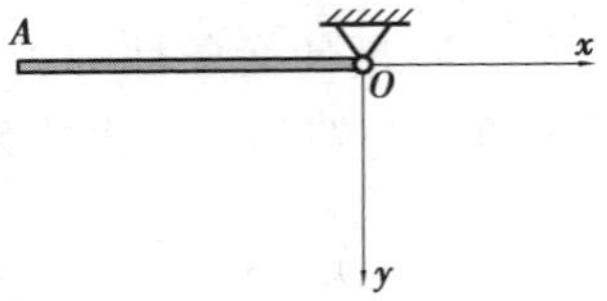

习题综 9.1 图

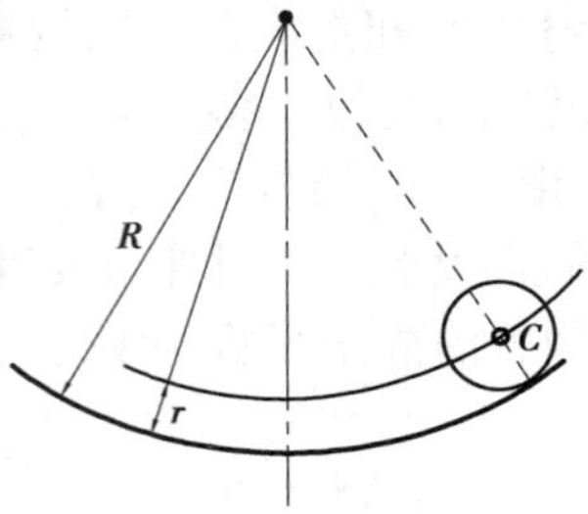

习题综 9.2 图

综 9.3　如图所示，均质细杆 AB 质量为 m，长为 $2l$，A 端用长为 l 的细绳 OA 拉住，B 端放在光滑水平地面上。初始时，绳 OA 水平，O、B 两点在同一铅垂线上，将系统由静止释放。求当 OA 运动到竖直位置时，点 B 的速度以及该瞬时绳子的拉力和地面的约束力。

综 9.4　如图所示，均质细直杆 OA 重 $P=100$ N，长 $l=4$ m，O 端为光滑铰链支座，A 端用刚度系数 $k=20$ N/m 的弹簧连于 B 点，初始杆 OA 竖直，弹簧处于自然状态。若在杆上施加矩为 $M=20$ N·m 的力偶，使杆由静止开始转动，求杆转到水平位置时 O 处支座的约束力。

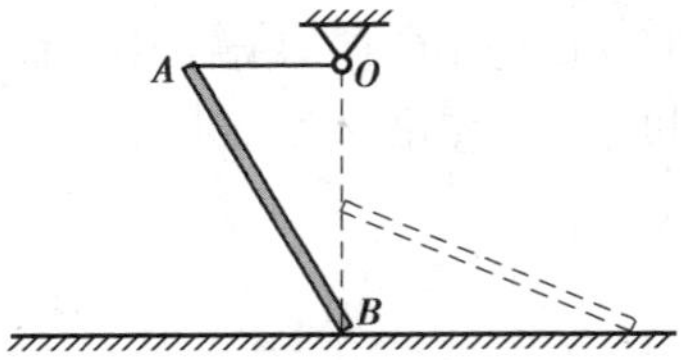

习题综 9.3 图

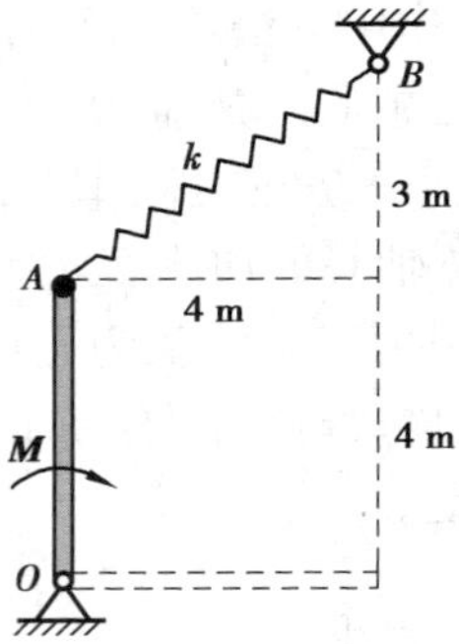

习题综 9.4 图

综 9.5　如图所示，质量为 m、半径为 R 的薄圆环可绕水平轴 O 转动。当 OC 处于水平位置时，圆环由静止开始运动，求运动过程中轴 O 约束力与圆环转角 φ 的关系。若在 $\varphi=45°$时，轴 O 突然破坏，求此后圆环的运动。

综 9.6　如图所示，质量为 m_1、半径为 R 的环形管以初角速度 ω_0 绕铅直轴转动，其对铅直轴的转动惯量为 J。管内有质量为 m_2 的小球由静止开始自最高处 A 下落，忽略一切摩擦，求小球到达 B 处和 C 处时管的角速度和小球的速度大小。

综 9.7　如图所示，质量为 m_1、对中心轴的回转半径为 ρ 的鼓轮置于摩擦因数为 f 的粗糙水平面上，并靠在光滑铅垂墙面上。已知重物 A 的质量为 m_2，求重物 A 的加速度和鼓轮受到的约束力。

综 9.8　如图所示，质量为 m 的均质杆 AB 在两端用两根等长平行的细绳悬挂在天花板上。如果其中一根绳子突然断了，求此瞬间另一绳的张力。

综 9.9　如图所示，质量为 m、半径为 r 的均质圆柱体，由静止开始自 A 点沿斜面向下作纯滚动，当它滚到半径为 R 的圆弧 BC 上时，求在任意位置上对圆弧轨道的正压力和摩擦力。

（已知点 A、O 和 C 在同一高度上）

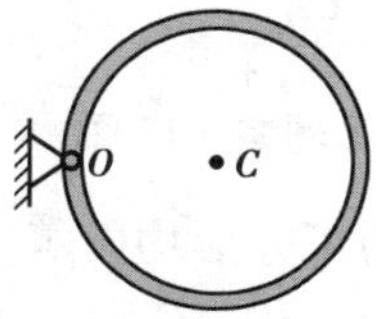

习题综 9.5 图

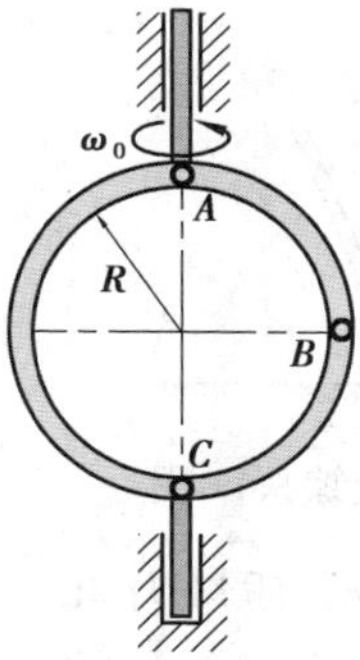

习题综 9.6 图

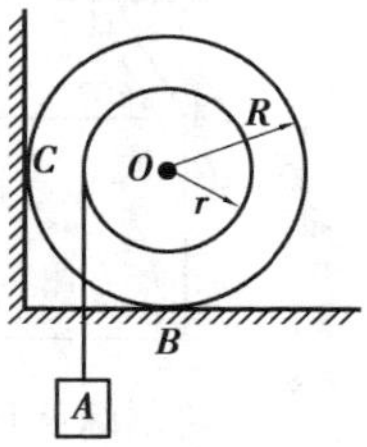

习题综 9.7 图

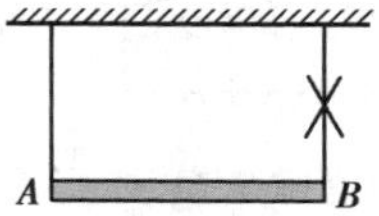

习题综 9.8 图

综 9.10　如图所示，质量为 m、长为 l 的均质细杆，起初静止紧靠在铅垂墙壁上，由于微小扰动，上端 A 沿光滑墙面向下滑，下端 B 沿光滑水平面向右滑。求 A 端离开墙面前，细杆在任一角度 φ 时的角速度、角加速度及 A 和 B 处的约束力。

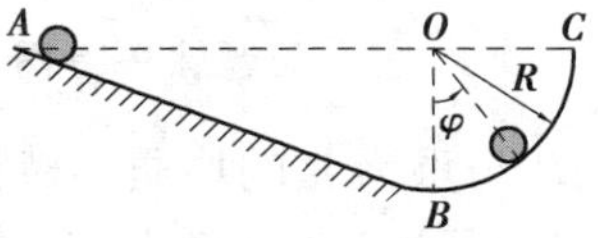

习题综 9.9 图

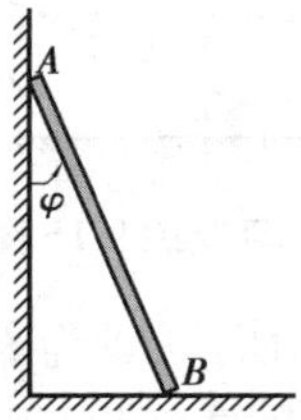

习题综 9.10 图

综 9.11　如图所示，质量为 m、长为 l 的均质细杆，起初静止紧靠在铅垂墙壁上，由于微小扰动，杆绕 B 点倒下。不计摩擦，求：(1)B 端离开墙面前，细杆在任一角度 φ 时的角速度、角加速度及 B 处的约束力；(2)B 端离开墙面时的角度 φ_1；(3)杆着地时质心的速度及杆的角速度。

综 9.12　如图所示，曲柄滑槽机构中，均质曲柄 OA 绕水平轴 O 作匀速转动。已知曲柄 OA 的质量为 m_1，长为 l；滑槽 BD 的质量为 m_2，质心在点 C。滑块 A 的质量和各处摩擦忽略不计。求当曲柄与水平成 φ 角时，滑槽 BD 的加速度、轴承 O 的约束力以及作用在曲柄上的力偶矩 M。

综 9.13　如图所示，质量为 m_1 的滚子 A 沿倾角为 θ 的斜面向下只滚不滑，用一跨过滑轮 B 的细绳提升质量为 m_2 的物块 C。滚子 A 和滑轮 B 质量相等，半径相等，均可视为均质圆盘,求滚子质心的加速度和绳对滚子的拉力。

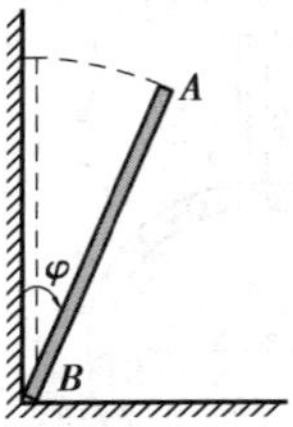

习题综 9.11 图

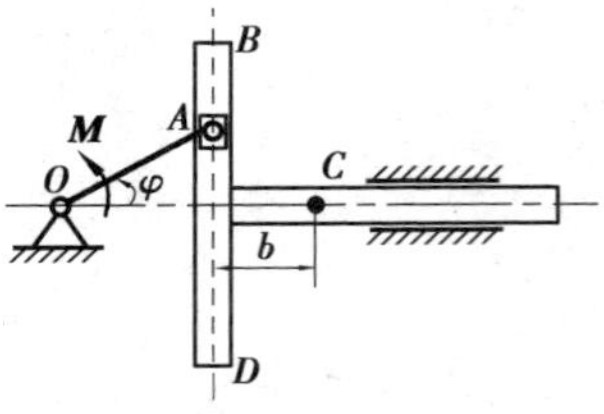

习题综 9.12 图

综 9.14　如图所示,质量为 40 kg、边长为 100 mm 的正方形均质等厚板,在铅直平面内用 3 根细绳拉住。求:(1)绳 DE 被剪断瞬间,板的加速度以及绳 AG 和 BH 的拉力;(2)当绳 AG 和 BH 摆到竖直位置时,板的加速度以及两绳的拉力。

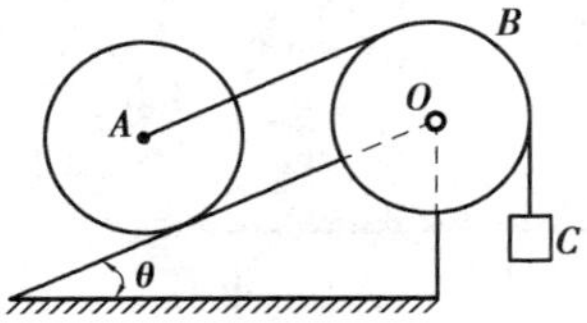

习题综 9.13 图

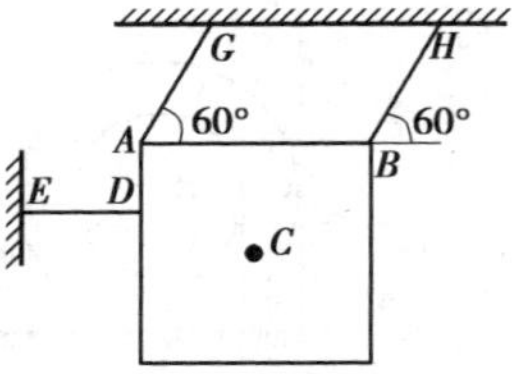

习题综 9.14 图

综 9.15　如图所示,三棱柱 B 沿三棱柱 A 的斜面滑动,A 和 B 的质量分别为 m_1 和 m_2,三棱柱 A 的斜面与水平面成 θ 角。忽略摩擦,系统由静止开始运动,求三棱柱 A 的加速度。

综 9.16　如图所示,质量为 m_1 的三棱柱 A 放在光滑的水平面上。质量为 m_2 的均质圆柱体 B 由静止沿三棱柱 A 的斜面向下作纯滚动,设斜面与水平面成 θ 角。求三棱柱 A 的加速度。

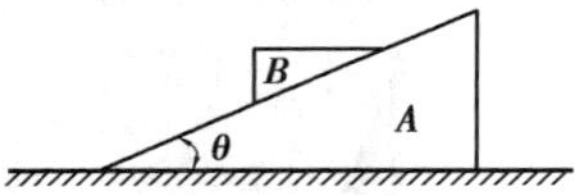

习题综 9.15 图

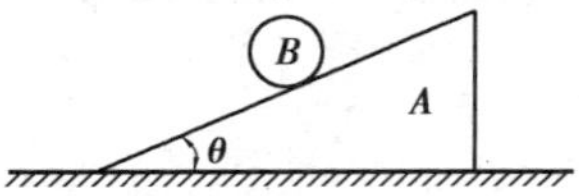

习题综 9.16 图

综 9.17　如图所示,重为 P_1、长为 l 的均质杆 AB 与重为 P 的均质三棱柱用光滑铰链 B 相连,三棱柱置于光滑的水平面上。初始杆 AB 处于铅垂位置,系统静止。在微小扰动下,杆 AB 绕铰链 B 摆动,三棱柱则沿水平面滑动。当杆 AB 摆至水平位置时,求:(1)杆 AB 的角加速度;(2)铰链 B 对杆 AB 的约束力在铅垂方向的投影大小。

综 9.18　如图所示,半径为 r 的均质圆盘 C 自桌角 O 滚离桌面。初始 $\varphi=0°$,因受微小扰动,均质圆盘由静止开始运动,当 $\varphi=30°$时,发生滑动现象。求圆盘与桌角间的摩擦因数。

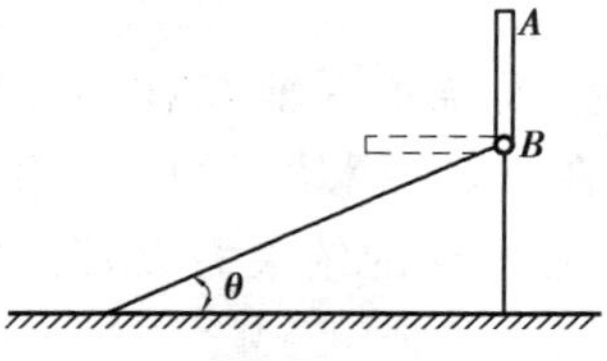

习题综 9.17 图

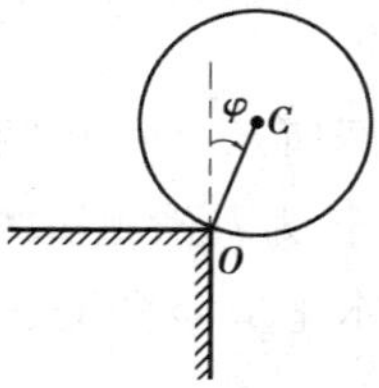

习题综 9.18 图

综 9.19　如图所示,质量为 m、半径为 r 的均质圆盘放在倾角为 30°的斜面上。圆盘与斜